高职高专国家骨干院校
重点建设专业(机械类)核心课程"十二五"规划教材

Pro/E 野火版 4.0 经典案例教程

主　编　陈建荣

副主编　万晓丹　胡正胜

　　　　唐　宁

合肥工业大学出版社

内容简介

本书是作者根据多年产品设计经验和教学经验，按照最新的职业教育教学改革要求编写而成。本书以 Pro/E 野火版 4.0 为操作平台，介绍其基础知识、草绘、基准特征、工程特征、编辑特征、高级特征、曲面设计、装配设计、创建工程图等内容。

本书可作为高职高专院校的模具专业、数控专业、机电一体化专业及其他机械专业教材，亦可作为工程设计人员的参考用书。

本书实例源文件可登录网站下载，内容除书中范例、练习源文件外，为方便读者快速入门，还提供了大量的视频演示文件。

图书在版编目(CIP)数据

Pro/E 野火版 4.0 经典案例教程/陈建荣主编 . —合肥:合肥工业大学出版社,2012.8
ISBN 978 - 7 - 5650 - 0749 - 1

Ⅰ.①P… Ⅱ.①陈… Ⅲ.①机械设计—计算机辅助设计—应用软件—教材
Ⅳ.①TH122

中国版本图书馆 CIP 数据核字(2012)第 124547 号

Pro/E 野火版 4.0 经典案例教程

陈建荣　主编　　　　　　　　　　　　责任编辑　马成勋

出　版	合肥工业大学出版社	版　次	2012 年 8 月第 1 版
地　址	合肥市屯溪路 193 号	印　次	2012 年 8 月第 1 次印刷
邮　编	230009	开　本	787 毫米×1092 毫米　1/16
电　话	总　编　室:0551—2903038	印　张	21
	市场营销部:0551—2903198	字　数	500 千字
网　址	www.hfutpress.com.cn	印　刷	安徽省瑞隆印务有限公司
E-mail	hfutpress@163.com	发　行	全国新华书店

ISBN 978 - 7 - 5650 - 0749 - 1　　　　　　　　　定价：48.50 元

如果有影响阅读的印装质量问题,请与出版社发行部联系调换。

前　言

Pro/E 作为高端三维软件的代表,功能强大、使用简单、易学易用,目前已经被机械设计、家电设计、模具设计等行业所普遍采用。同以往国内使用最多的 AutoCAD 等通用绘图软件相比,该软件直接采用了统一数据库和关联性处理、三维建模同二维工程图相关联等技术。应用 Pro/E 可以迅速提高企业的设计效率、优化设计方案、减轻技术人员的劳动强度、缩短设计周期以及加强设计的标准化。

本书是我们根据多年产品设计、从事教学以及 Pro/E 认证培训中的心得与体会,综合软件教学的特点而编写的。在内容组织上充分考虑教学规律,由浅入深、系统性强、重点突出、举例典型、条理清楚,对读者具有较强的指导性。

本书主要包括 Pro/E 野火版 4.0 中文版界面基本操作、2D 参数化草图的绘制及编辑技巧、基准特征的创建、三维实体基础特征和工程特征、编辑特征、高级实体造型特征的创建、曲面特征的创建、参数化模型的创建、装配的创建和二维工程图的创建等内容,每章配有范例和练习题。

本书内容全面,包含了产品元件创建、曲面创建、装配体创建、工程图创建等多种命令;条理清晰,从命令的操作到实例的运用,使读者更好地掌握各功能的运用;实例丰富,抽取具有典型性的实例产品进行讲解;讲解详细,不仅讲解产品中各个步骤的创建过程,而且通过附带的光盘进行视频讲解;实用性强,所讲述的内容与工程使用内容息息相关,所列举的实例增加了本书的实用性和可操作性。

读者可以登录 www. press. hfut. edu. cn 下载实例源文件。实例源文件放置"chap♯"文件夹(♯代表各章章号)中,供参考学习之用的操作视频文件放在光盘根目录下的"视频演示"文件夹中,操作视频文件为 avi 格式,读者可以通过相关的视频播放软件观看。注意本书配套光盘中的实例所使用的软件版本是 Pro/E 野火版 4.0,请使用 Pro/E 野火版 4.0 及以上的版本打开文件。

　　本书由江西现代职业技术学院陈建荣任主编,由江西教育学院万晓丹、赣西科技职业学院胡正胜、唐宁任副主编。其中第 2 章、第 4 章、第 8 章、第 10 章由陈建荣编写,第 1 章、第 3 章由万晓丹编写,第 5 章、第 6 章由胡正胜编写,第 7 章、第 9 章由唐宁编写。全书由陈建荣统稿和定稿,本书在编写过程中得到了南基塑胶模具(深圳)有限公司总工程师蒋兴宏、以莱特空调(深圳)有限公司高级工程师史文峰、斯洛模具(深圳)有限公司高级工程师陈亚明等专家的指导,在此表示感谢!

　　由于时间仓促,加之水平有限,错误之处在所难免,恳请广大读者批评指正。我们的联系方式是 E－mail:kandychen2000@163.com

编　者

2012 年 08 月

目　录

第1章　Pro/E 野火版 4.0 基本操作 ·································· （1）

1.1　Pro/E 野火版 4.0 功能简介 ································ （1）

1.2　Pro/E 野火版 4.0 的启动与退出 ························ （3）

1.3　Pro/E 野火版 4.0 的界面 ······························ （4）

1.4　鼠标的基本操作 ·· （10）

1.5　基本的文件管理操作 ······································ （10）

1.6　设置工作目录 ·· （16）

1.7　模型视图基础 ·· （17）

1.8　层的应用 ·· （22）

1.9　Config. pro 配置基础 ···································· （23）

思考与练习 ·· （24）

第2章　二维草图绘制 ·· （25）

2.1　草绘工作界面 ·· （25）

2.2　绘制图形 ·· （29）

2.3　编辑图形 ·· （40）

2.4　几何约束 ·· （43）

2.5　标注 ·· （46）

2.6　修改尺寸 ·· （50）

2.7　草绘综合应用实例 ·· （51）

思考与练习 ·· （60）

第3章　基准特征 ·· （65）

3.1　基准特征概述 ·· （65）

3.2　创建基准平面 ·· （66）

3.3　创建基准轴 ·· （70）

3.4　创建基准曲线 ·· （73）

3.5　创建基准点 ································ (76)

3.6　创建坐标系 ································ (80)

3.7　基准特征综合实例 ······················ (84)

思考与练习 ···································· (91)

第 4 章　基础特征建模 ······················ (92)

4.1　基础知识 ································· (92)

4.2　拉伸特征 ································· (94)

4.3　旋转特征 ································· (99)

4.4　扫描特征 ································ (102)

4.5　混合特征 ································ (110)

4.6　基础特征综合实例 ······················ (119)

思考与练习 ··································· (125)

第 5 章　工程特征建模 ······················ (130)

5.1　孔特征 ·································· (130)

5.2　壳特征 ·································· (138)

5.3　倒圆角特征 ······························ (140)

5.4　自动倒圆角特征 ·························· (144)

5.5　倒角特征 ································ (146)

5.6　筋特征 ·································· (148)

5.7　拔模特征 ································ (151)

5.8　工程特征综合应用实例 ·················· (152)

思考与练习 ··································· (159)

第 6 章　特征的操作与修改 ·················· (162)

6.1　镜像 ···································· (162)

6.2　复制特征 ································ (163)

6.3　阵列 ···································· (168)

6.4　编辑特征综合实例 ······················ (174)

思考与练习 ··································· (185)

第 7 章　高级特征 ·························· (187)

7.1　可变剖面扫描特征 ······················ (187)

7.2　螺旋扫描特征 ···························· (192)

7.3　扫描混合特征 ···························· (199)

7.4　骨架折弯特征 ···························· (204)

7.5　环形折弯特征 ･･･ (205)

7.6　综合实例 ･･ (207)

思考与练习 ･･ (216)

第8章　曲面设计 ･･ (218)

8.1　曲面的创建方式 ･････････････････････････････････････ (218)

8.2　与实体特征相似的曲面特征 ･･････････････････････････ (220)

8.3　边界混合曲面 ･･･････････････････････････････････････ (228)

8.4　曲面复制 ･･ (232)

8.5　延伸曲面 ･･ (234)

8.6　曲面修剪 ･･ (236)

8.7　曲面偏移 ･･ (241)

8.8　曲面合并 ･･ (243)

8.9　曲面加厚 ･･ (244)

8.10　实体化 ･･･ (246)

8.11　曲面特征综合实例 ･････････････････････････････････ (248)

思考与练习 ･･ (263)

第9章　零件装配 ･･ (265)

9.1　新建组件文件 ･･･････････････････････････････････････ (265)

9.2　元件放置 ･･ (266)

9.3　装配约束 ･･ (268)

9.4　装配过程 ･･ (272)

9.5　装配相同零件 ･･･････････････････････････････････････ (287)

9.6　组件分解 ･･ (289)

思考与练习 ･･ (293)

第10章　工程图 ･･･ (295)

10.1　工程图环境简介 ･･･････････････････････････････････ (295)

10.2　工程图设置 ･･･････････････････････････････････････ (296)

10.3　创建工程图模板 ･･･････････････････････････････････ (300)

10.4　图形的创建、尺寸标注及技术要求的标注和编写 ･･････ (302)

10.5　工程图图形的其他创建方法 ･･･････････････････････ (317)

思考与练习 ･･ (326)

参考文献 ･･ (328)

第 1 章　Pro/E 野火版 4.0 基本操作

本章主要介绍 Pro/E 野火版 4.0 简体中文版的一些入门知识。

1.1　Pro/E 野火版 4.0 功能简介

Pro/E 系统是美国 PTC 公司推出的全参数化大型三维 CAD/CAM 一体化通用软件包。PTC 公司 1985 年成立于波士顿,现已发展成为全球 CAD/CAE/CAM/PDM 领域最具代表性的著名软件公司,其软件产品的总体设计思想代表了 MDA(Mechanical Design Automation)软件的发展趋势,所采用的新技术比其他 MDA 软件优越。

Pro/E 是同步工程(Concurrent Engineering)观念的产物,也为实现同步工程创建了良好的软件环境。所谓同步工程是指以已有的系统步骤来整合产品设计及相关的制造和支援程序,以便大幅度缩短产品的设计时间,降低产品生产、测试成本的工程。

PTC 公司提出的单一数据库、参数化、基于特征、全相关及工程数据库再利用等概念改变了 CAD 的传统观念,这种全新的概念已成为当今世界机械 CAD/CAE/CAM 领域的标准。利用该概念开发出来的第三代机械 CAD/CAE/CAM 产品——Pro/E 野火版软件能将产品从设计至生产全过程集成到一起,让所有的用户能够同时进行统一产品的设计制造工作,即所谓的并行工程。Pro/E 野火版软件的功能非常强大,有 80 多个专用模块,为工业产品设计提供了完整的解决方案,集零件设计、产品装配、模具开发、NC 加工、钣金设计、铸件设计、造型设计、逆向工程、自动测量、机构仿真、应力分析、产品数据库管理等功能于一体。它主要包括三维实体造型、装配模拟、加工仿真、NC 自动编程以及有限元分析等常规功能模块,同时也有模具设计、钣金设计、电路布线和装配管路设计等专有模块,以实现 DFM(Design For Manufacturing)、DFA(Design For Assemble)、ID(Inverse Design)以及 CE(Concurrent Engineering)等先进的设计方法和模式,广泛应用于机械、电子、汽车、模具、航空、航天、家电、工业设计等行业。

1.1.1 Pro/E 野火版系统的参数化设计特性

Pro/E 野火版参数式设计的特性如下：

1. 三维实体模型

三维实体模型除了可以将设计概念以最真实的模型方式在计算机上呈现出来，用户还可随时计算产品的面积、体积、质心、重量、惯性矩等，以了解产品的真实性，并补足传统面框架、线框架的不足。在产品设计的过程中，用户可以随时掌握以上重点，设计物理参数，并减少人为计算时间。

2. 单一数据库

Pro/E 野火版可随时由三维实体模型产生二维工程图，而且自动标注工程图尺寸，在三维或二维图形上做尺寸修正时，其相关的二维图形或三维实体模型均自动修改，同时装配、制造等相关设计也会自动修改，这样可确保数据的正确性，并避免重复修改浪费时间。由于采用的是单一数据库，所以提供了双向关联性的功能，此功能符合现代产业中的同步工程理念。

3. 以特征作为设计单位

Pro/E 野火版是一个基于特征的实体模型建模工具。它可根据工程设计人员的习惯思维模式，以各种特征（Feature）作为设计的基本单位，方便地创建零件的实体模型。如孔（Hole）、倒角（Chamfer）、倒圆（Round）、筋板（Rib）和抽壳（Shell）等，均为零件设计的基本特征。用这种方法来建立形体，更自然、更直观，无须采用复杂的几何设计方式；可以随意勾画草图，轻松改变模型。这一功能也被称为特征驱动。

此外，因为以特征作为设计的单元，工程技术人员可以在设计过程中导入实际制造观念，在模型中可随时对特征做合理、不违反几何规则之顺序调整（Reorder）、插入（Insert）、删除（Delete）、重新定义（Redefine）等修正操作。

图 1-1 所示即为由一个个特征创建的模型。

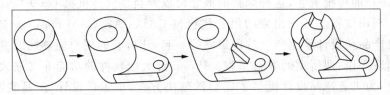

图 1-1

4. 参数式设计

Pro/E 野火版是一个参数化系统，在工程设计中，用可变参数而不是固定尺寸表达零件形状或部件装配关系，即通过设置参数就可以表达零件形状或部件装配关系，同时也允许通过改变参数以完成零件的形状或部件的装配关系的修改。这样，工程设计人员可任意建立形体尺寸和功能之间的关系。任何一个参数改变，其相关的特征也会自动修正，以保持设计者的设计意图。当特征之间存在参考关系时，特征之间即产生所谓的父/子（parent/ child）关系。同时，模型参数不仅表达模型的形状，而且具有实际的物理意义。通过引用系统参数（System parameters）或设置用户定义参数（User－defined parameters），设计人员可以方便地得出模型的面积、体积、质心、重量、惯性矩。Pro/E 野火版是第一个采用参数化实体建模系统的软件，而参数化设计已成为 CAD/CAM 系统的发展趋势。

正因为采用参数化设计，在设计过程中，工程技术人员可以随时改变模型的驱动尺寸，还可以通过加入关系式（relations）增加特征之间的参数关系。关系式是数学方程，用于驱动模型，并提高捕捉设计意图层次的关联尺寸或其他参数，通过关系式可以减少模型的独立驱动尺寸，这样在修改模型时可以减少逐一修改尺寸的工作，并可减少错误发生。

1.1.2　Pro/E 野火版的基本设计模式

在 Pro/E 野火版中，要将某个设计从构想变成所需的产品时，通常要经过 3 个基本的 Pro/E 设计环节，即零件设计环节、组件设计环节和绘图设计环节。每个基本设计环节都被视为独立的 Pro/E 模式，拥有各自的特性、文件扩展名和与其他模式之间的关系。

1. 零件设计模式

零件设计模式的文件扩展名为 .prt。在零件设计模式下可以创建和编辑拉伸、旋转、扫描、混合、倒圆角和倒角等特征，这些特征便构成了零件模型。

2. 组件设计模式

组件设计模式的文件扩展名为 .asm。零件创建好之后，可以使用组件设计模块创建一个空的组件文件，并在该组件文件中装配各个零件，以及为零件分配其在成品中的位置。同时，为了更好地检查或显示零件关系，可以在组件中定义分解视图。

在组件设计模式下，还可以很方便地规划组件框架等，例如，使用骨架模型，从而实现自顶而下设计。

在组件中可以使用模型分析工具来测量组件的质量属性和体积等，分析整个组件中的各个元件之间是否存在干涉现象，以便完善组件设计。

3. 绘图设计模式

绘图设计模式也俗称工程图模式，其文件扩展名为 .drw。在绘图设计模式下，可直接根据三维零件和组件文件中所记录的尺寸，为设计创建成品精确的机械工程图。在 Pro/E 野火版绘图设计模式下，用户可以根据设计情况有选择性地显示和拭除来自三维模型中的尺寸、形位公差和注释等项目。

1.2　Pro/E 野火版 4.0 的启动与退出

1.2.1　启动 Pro/E 野火版 4.0

有如下三种方法：

（1）按照说明安装 Pro/E 野火版 4.0 软件，在 Windows 操作系统桌面上双击 Pro/E

野火版 4.0 快捷方式图标,即可启动 Pro/E 野火版 4.0。

(2)进入 Windows 后,执行"开始"→"程序"→"PTC"→"Pro ENGINEER"→"Pro ENGINEER"命令,即可打开 Pro/E 野火版 4.0 系统。

(3)双击运行 Pro/E 野火版系统安装路径中 Bin 文件夹下的"proe. bat"文件。

启动时首先出现如图 1-2 所示的初始化界面。

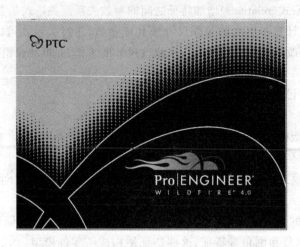

图 1-2

1.2.2　退出 Pro/E 野火版 4.0

可以有如下两种主要方式:

(1)在菜单栏中,选择"文件"→"退出"命令。

(2)单击 Pro/E 野火版 4.0 界面右上角的 ✕ (关闭)按钮。

提示:

在默认配置环境下,系统退出时并不提示"是否保存尚未保存的文件",使用"退出"命令前,应首先保存文件,然后再单击"是"执行退出。若要在退出时有提示保存文件的功能,需在系统的配置文件中设置"Prompt_on_exit"的值为"Yes"。

1.3　Pro/E 野火版 4.0 的界面

启动 Pro/E 野火版 4.0 程序,新建一个文件或者打开一个已存在的文件,便可以看到一个完整的主操作界面。

Pro/E 野火版 4.0 的工作界面由标题栏、菜单栏、工具栏、导航区、图形区域(即用于显示模型的图形窗口)、信息区等组成,如图 1-3 所示。各组成部分的主要功能及含义如下。

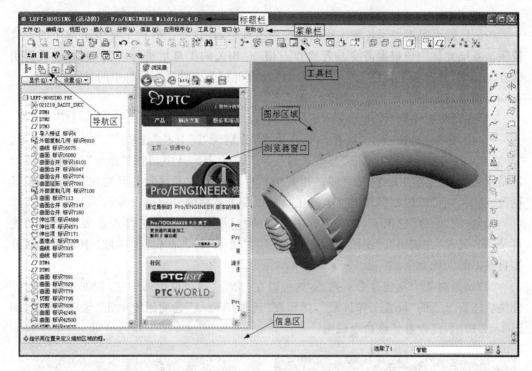

图 1-3

1. 标题栏

标题栏位于 Pro/E 野火版 4.0 主窗口界面的最上方,标题栏中显示了当前应用程序(软件)名称。当新建或打开模型文件时,在标题栏中还显示出该文件的名称,若该文件是当前活动的,则在该文件名称后面显示"活动的"字样。如果同时打开多个相同或不同的模型窗口,则只能有一个窗口是活动(激活)的。

在标题栏右侧部位,提供了几个实用的按钮,包括 ▬(最小化)按钮、▢(最大化)按钮和 ✕(关闭)按钮。

2. 菜单栏

菜单栏又称主菜单栏,它位于标题栏的下方。通常,不同设计模式的菜单栏项目会有所不同。例如,在零件设计主模式下,菜单栏上包含 10 个主菜单项目,分别为"文件"、"编辑"、"视图"、"插入"、"分析"、"信息"、"应用程序"、"工具"、"窗口"和"帮助",如图 1-4 所示;在草绘模式下,菜单栏上包含的主菜单项目有"文件"、"编辑"、"视图"、"草绘"、"分析"、"信息"、"应用程序"、"工具"、"窗口"和"帮助",如图 1-5 所示。

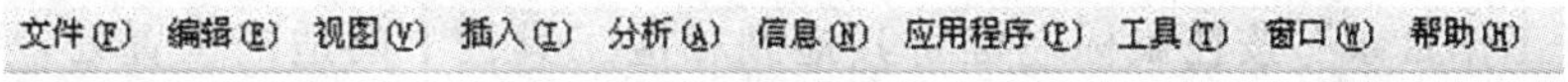

文件(F)　编辑(E)　视图(V)　插入(I)　分析(A)　信息(N)　应用程序(P)　工具(T)　窗口(W)　帮助(H)

图 1-4

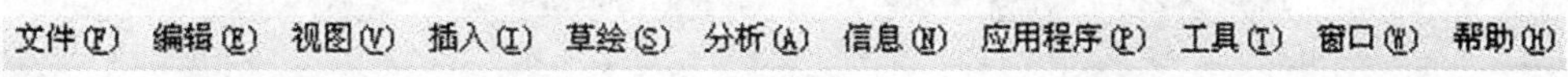

文件(F)　编辑(E)　视图(V)　插入(I)　草绘(S)　分析(A)　信息(N)　应用程序(P)　工具(T)　窗口(W)　帮助(H)

图 1-5

3. 工具栏

Pro/E 野火版提供了各种实用而直观的工具栏,在这些工具栏上集中了常用的工具按钮。系统允许用户根据需要或者操作习惯,对相关的工具栏进行设置,例如设置调用哪些工具栏,自定义工具栏上的命令按钮以及设置相关工具栏在屏幕中的显示位置等。

下面讲解一下自定义工具栏的一般方法。

(1)在菜单栏中选择"工具"→"定制屏幕"命令,打开如图 1-6 所示的"定制"对话框。

(2)在"定制"对话框上,具有 5 个选项卡,分别为"工具栏"选项卡、"命令"选项卡、"导航选项卡"选项卡、"浏览器"选项卡和"选项"选项卡。其中,利用"命令"选项卡,可以定制相关工具栏上的工具按钮(即在相关工具栏上添加或者移除工具按钮);利用"工具栏"选项卡,则可以定制屏幕界面上的工具栏以及工具栏的显示位置等。

(3)进入"命令"选项卡,在对话框中左部的"目录"列表框中选择所需要的分类功能目录,如"文件"、"编辑"、"视图"等,则在右部的"命令"列表框(选项区域)中显示出该分类目录下的功能命令。

(4)如果对某个功能命令不熟悉,则可以在"命令"列表框中选中它,例如选择"文件"分类功能目录下的"设置工作目录",然后在"选取的命令"选项组中单击"说明"按钮,如图 1-7 所示,便查看了该命令说明。

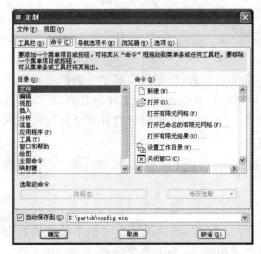

图 1-6

图 1-7

(5)如果要给主窗口的相关工具栏添加新的快捷方式的工具按钮,例如在"文件"工具栏中添加 (设置工作目录)按钮,效果如图 1-8 所示,那么需要在"命令"列表框中查找到"设置工作目录",按住鼠标左键将其拖到相应工具栏上的适当位置处,释放鼠标左键即可。

图 1-8

　　(6)如果要移除主窗口相关工具栏上的某一个工具按钮,则可以在此时将鼠标光标移至该工具按钮处,按住鼠标左键将其从工具栏中拖出,然后释放鼠标左键即可。

　　(7)进入"工具栏"选项卡,如图 1-9 所示,可以设置相关的工具栏是否出现在屏幕窗口上,以及其在屏幕窗口的部位。

图 1-9

　　(8)勾选"自动保存到"复选框,并设置定制信息的保存地址,保存的文件为 config. win。

　　(9)单击"定制"对话框的"确定"按钮,完成定制操作。如果想恢复系统默认的工作窗口,则可以在"定制"对话框上单击"缺省"按钮。

　　4. 导航区

　　在系统默认状态下,导航区位于主操作界面(窗口)的左侧位置。导航区内一共具有4 个选项卡,从左到右分别为 （模型树）、 （文件夹浏览器）、 （收藏夹）和 （连接）选项卡,如图 1-10 所示。

　模型树　　　　文件夹浏览器　　　　收藏夹　　　　连接

图 1-10

表 1-1 给出了导航区各选项卡的主要功能与用途。

表 1-1　导航区各选项卡主要功能与用途

导航区选项卡	主要功能和用途
🎛（模型树）	模型结构以分层（树）形式显示，根对象（当前零件或组件）位于树的顶部，附属对象（零件或特征）位于下部
📑（文件夹浏览器）	"文件夹浏览器"是一个可扩展的树，通过它可以浏览文件系统以及计算机上可供访问的其他位置；导航某个文件夹时，该文件夹中的内容就出现在 Pro/E 野火版的浏览器中
🌟（收藏夹）	可将所喜爱的链接保存到"收藏夹"导航器中；在"收藏夹"导航器中可包含到目录、Web 位置或"Windchill 属性"页面的链接
🖥（连接）	快速访问有关 PTC 解决方案的页面和服务程序、或任何频繁访问的重要连接

　　单击导航区右侧的 ‹ 按钮可以临时隐藏导航区，从而获得更大的图形区域或者浏览器窗口；而单击 › 按钮，则可以重新展开导航区。

　　用户可以执行"工具"→"定制屏幕"命令，打开"定制"对话框，利用"定制"对话框的"导航选项卡"来设置导航区的放置位置、导航窗口的宽度等，如图 1-11 所示。

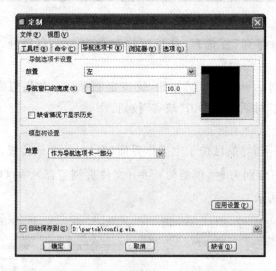

图 1-11

5. 浏览器窗口

　　在浏览器中，可以浏览 PTC 官方网站上的资源中心，获取技术支持等信息。更为重要的是，通过浏览器还能查阅到相关元件或特征的详细信息。当进入具体的设计模式时，浏览器可由相应的图形窗口替代，即在该区域中，显示草绘的图形或者模型特征等。用户也可以调整浏览器的大小，使得浏览器和图形窗口可以同时显示在屏幕中。

6. 图形区域

图形区域,也称图形窗口或者模型窗口,它是设计工作的焦点区域。在没有打开具体文件时,或者查询相关对象的信息时,图形区域由相应的浏览器窗口取代。图形区域与浏览器窗口之间的转换可以通过单击 ❯ 按钮或 ❮ 按钮来进行。

如果用户不满意现有默认的系统颜色,例如图形区域的背景色,则可以自行设置。下面以将图形区域的背景色设置为白色为例,其具体的设置方法如下:

(1)选择菜单命令"视图"→"显示设置"→"系统颜色",打开如图 1-12 所示的"系统颜色"对话框。

(2)在"图形"选项卡上,取消"混合背景"复选框的勾选状态。

(3)单击"背景"复选框左侧的颜色按钮,打开如图 1-13 所示的"颜色编辑器"对话框。在"颜色编辑器"对话框中,将颜色设置为白色,然后单击"关闭"按钮。

图 1-12　　　　　　　　　　　图 1-13

(4)单击"系统颜色"对话框中的"确定"按钮,接受新配色方案。

7. 信息区

信息区包括信息提示区、操控板以及状态栏等,如图 1-14 所示,注意有些资料将信息提示区称为消息区,并将其归纳在操控板的范畴中。初学者应该多留意信息提示区显示的内容,以便能够更好地掌握命令操作。

图 1-14　信息区

对于不同的提示信息,系统在文字图标也不相同。系统将提示的信息分为 5 类,表 1-2 中列出了系统提供的 5 类信息。"信息提示栏"非常重要,在创建模型过程中,应该时时注意"信息提示栏"的提示,从而掌握问题所在,知道下一步应该做何选择。

在信息区的状态栏中,具有一个实用的选择过滤器列表框,它的功能是使用户根据设置的过滤条件快捷地在图形区域中选择所需的对象。例如,在零件设计模式的某特定操作状态下的选择过滤器列表框如图 1-15 所示,假设从该列表框中选择"基准"选项,那么则只能在图形区域中选择基准特征。

表 1-2 "信息提示栏"系统提示信息种类

图标	信息种类
●	信息(Informational)
⇨	提示(Prompts)
⚠	警告(Warning)
☒	错误(Error)
⊗	严重错误(Critical)

图 1-15

1.4 鼠标的基本操作

在 Pro/E 野火版中使用的鼠标是一个很重要的工具,通过与其他键组合使用,可以完成各种图形要素的选择,还可以用来进行模型截面的绘制工作。需要注意的是,Pro/E 中使用的是有滚轮的三键鼠标。

一般情况下,鼠标各个按键部位及组合键操作的功能如下。

● 左键:用于选择菜单、工具按钮、明确绘制图素的起始点与终止点、确定文字注释位置、选择模型中的对象等。

● 中键:单击鼠标中键表示结束或完成当前的操作,一般情况下与菜单中的"确定"选项、对话框中的"是"按钮、命令操控板中的 ✅ 按钮的功能相同。此外,鼠标中键还用于模型的动态浏览。

● 右键:选中对象如绘图区、模型树中的对象、模型中的图素等;在绘图区,单击鼠标右键显示相应的快捷菜单。

● 滚轮:在图形区域放大或缩小模型。

1.5 基本的文件管理操作

常用的文件操作包括新建文件、打开文件、保存文件、拭除文件、删除文件和关闭文件等,这些基本的文件操作命令都位于"文件"菜单中。

1.5.1 新建文件

在工具栏中单击 ▯(创建新对象)按钮,或者在"文件"菜单中选择"新建"命令,可通过打开的"新建"对话框来创建一个新的文件。在 Pro/E 野火版系统中,可以创建多种类型的文件,见表 1-3。

表 1-3　在 Pro/E 野火版文件类型

创建的文件类型	创建文件说明	文件后缀扩展名
草绘(Sketch)	创建二维图形	. sec
零件(Part)	创建实体零件、饭金件和主体零件等	. prt
组件(Assembly)	创建各类组件,包括"设计"、"互换"、"校验"、"处理计划"、"NC 模型"和"模具布局"等子类型组件	. asm
制造(Manufacturing)	创建三维零件及三维装配体的加工流程、模具型腔和铸造型腔等	. mfg
绘图(Drawing)	制作二维工程图	. drw
格式(Format)	制作工程图格式	. frm
报表(Report)	创建报表文件	. rep
图表(Diagram)	创建图表文件	. dgm
布局(Layout)	产品装配规划	. lay
标记(Markup)	创建标记文件	. mrk

下面以新建一个实体零件文件为例,说明具体的操作步骤。

(1)单击 □ (创建新对象)按钮,打开"新建"对话框。

(2)在"新建"对话框的"类型"选项组中,选中"零件"单选按钮;在"子类型"选项组中,选中"实体"单选按钮;在"名称"文本框中输入文件名 chap01,取消选中"使用缺省模板"复选框,以取消使用缺省模板,此时"新建"对话框如图 1-16 所示。然后单击"确定"按钮。

(3)弹出"新文件选项"对话框,在"模板"选项组中选择 mmns_part_solid,如图 1-17所示,单击"确定"按钮。

图 1-16

图 1-17

（4）进入零件设计模式，此实休零件文件中存在着预定义好的 3 个基准平面（RIGHT基准平面、TOP 基准平面、FRONT 基准平面）和一个基准坐标系（PRT_CSYS_DEF），如图 1－18 所示。

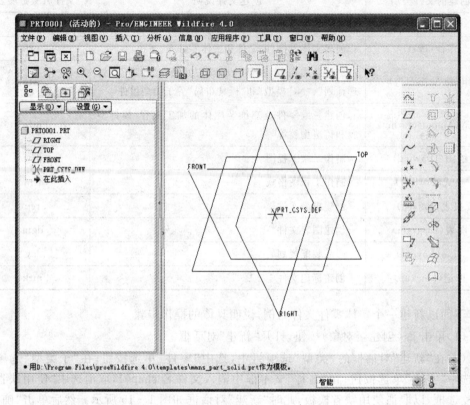

图 1－18

1.5.2 打开文件

运行 Pro/E 野火版系统后，在主操作界面的菜单栏中选择"文件"→"打开"命令，或者在工具栏中单击 ☞（打开现有对象）按钮，弹出"文件打开"对话框，查找到所需要的模型文件后，可以单击 预览▼ 按钮来预览模型，如图 1－19 所示。最后单击 **打开** ▼ 按钮，完成文件的打开操作。

如果在"文件打开"对话框上单击 ■在会话中 按钮，则那些存在系统进程内存中的文件便显示在对话框的文件列表框中，此时从中选择所需要的文件来打开即可。

提示：

从启用 Pro/E 野火版系统到关闭 Pro/E 野火版系统，可以将这个过程理解为一个进程。在这期间，用户创建的或者打开的模型文件（即使用过的模型文件），都会存在于系统进程内存中，除非用户执行相关命令将其从内存中拭除。

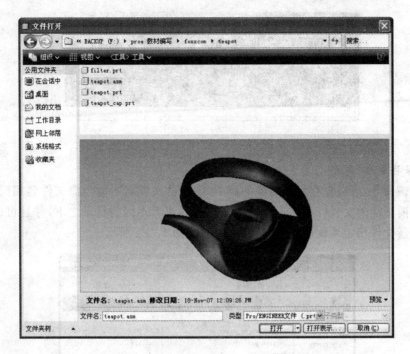

图 1-19

1.5.3　保存文件

在 Pro/E 野火版系统中，保存文件的命令主要有 3 种："保存"、"保存副本"和"备份"。下面介绍"保存"、"保存副本"和"备份"命令的应用。

1."保存"命令

该命令的主要功能是将文件以原名的形式保存在其原来的目录下或在当前设定的工作目录下。该命令对应的工具按钮为 (保存)。选择"保存"命令，将打开"保存对象"对话框，第 1 次保存时可以指定文件存放的位置，当再次执行"保存"命令时就不可以更改了。选择"保存"命令每保存一次，先前的文件并没有被覆盖，而是系统会创建新的文件版本并附加一个数字式的文件扩展名来注明版本号。例如，第 1 次保存文件名为chap01_1.prt.1，而第 2 次保存文什名则为 chap01_1.prt.2，以此类推。这种保存方式有利于文件在出现问题时进行恢复。

提示：

这些通过保存而生成的同名文件（这些同名文件称为版本文件或过程文件）会占用一定的内存。若要清除当前工作目录下的这些旧的版本文件，可以这样处理：在"窗口"菜单中选择"打开系统窗口"命令，在打开的窗口中输入 purge 命令，如图 1-20 所示，然后按 Enter 键。有关设置工作目录的方法将在本章第 6 节中介绍。也可以选择"文件"菜单下的相关命令"删除"→"旧版本"来清除目录中除最新版本以外的其他所有版本。

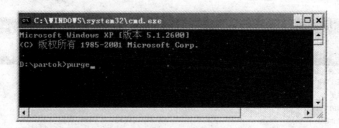

图 1-20

2. "保存副本"命令

使用该命令,可以保存活动对象的副本,副本的文件名不能与源文件名相同,也就是可以将当前活动的文件以新名形式保存在相同的或者不同的目录之下,并且可以根据设计需要为新文件指定系统所认可的数据类型,如图 1-21 所示。

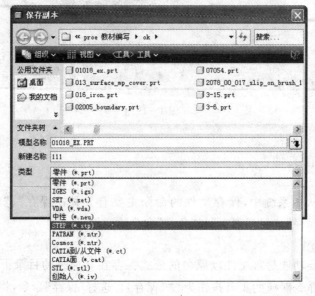

图 1-21

提示:

"保存副本"命令执行后,当前文件并不会转变为保存的副本文件,这一点与 Word 等其他 Windows 程序中的"另存为"命令完全不同。

3. "备份"命令

该命令将当前文件同名备份到当前目录或一个其他目录中,它与"保存副本"命令的区别是:如果当前文件是一个装配文件,"保存副本"命令只保存当前的文件,"备份"命令却可以将所有的有关零件都复制到新目录中去。

4. 重命名

选择该命令可实现对当前工作界面中的模型文件重新命名。"重命名"对话框如图 1-22 所示。在"新名称"栏中输入新的文件名称,然后根据需要相应选择"在磁盘上和进程中重命名"(更改模型在硬盘及内存中的文件名称)或"在进程中重命名"(只更改模型在内存中的文件名称)选项。

提示：

任意重命名模型会影响与其相关的装配模型或工程图，因此重命名模型文件应该特别慎重。

● **1.5.4　拭除文件**

选择"拭除"命令可将内存中的模型文件删除，但并不删除硬盘中的原文件。拭除文件的菜单命令如图 1-23 所示。

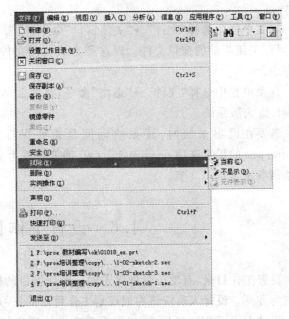

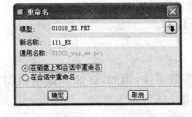

图 1-22　　　　　　　　　　　　　　　图 1-23

"当前"：将当前工作窗口中的模型文件从内存中删除。

"不显示"：将没有显示在工作窗口中，但存在于内存中的所有模型文件从内存中删除。

提示：

正在被其他模块使用的文件不能被拭除。

1.5.5　删除文件

删除文件和拭除文件是有区别的，删除文件是指将相应文件从磁盘中永久地删除。

当选择"文件"→"删除"→"旧版本"命令时，出现如图 1-24 所示的提示信息，输入对象名称或接受默认对象，然后单击 [图标]（接受）按钮，则删除该文件所有旧版本。

当选择"文件"→"删除"→"所有版本"命令时，弹出"删除所有确认"对话框，单击

"是"按钮,此时系统在信息区会出现删除结果的信息,如图 1－25 所示。

图 1－24   图 1－25

1.5.6 关闭文件与退出系统

在菜单栏中选择"文件"→"关闭窗口"命令,或者在菜单栏中选择"窗口"→"关闭"命令,可以关闭当前的窗口文件。以这类方式关闭文件后,其模型数据仍然存在系统进程内存中。

在菜单栏中选择"文件"→"退出"命令,或者在标题栏中单击▣(关闭)按钮,可以退出 Pro/E 野火版系统。

若要在退出系统时,让系统询问是否要保存文件,那么需要将系统配置文件 Config. pro 的配置选项 prompt_on_exit 的值设置为 yes。有关系统配置文件选项的设置方法请参考本章 1.9 节。

1.6 设置工作目录

设置工作目录,有助于管理属于同一设计项目的模型文件,例如,存储和读取模型文件较为方便。设计人员应该养成规划工作目录的好习惯。

启动 Pro/E 野火版后,可以根据现有设计项目的需要,设置相应的工作目录。设置方法是:

(1)从主菜单栏的"文件"菜单中选择"设置工作目录"命令,打开如图 1－26 所示的"选取工作目录"对话框。

(2)在"选取工作目录"对话框中选择所需要的现有目录,或者单击对话框中的 (新将目录)按钮在指定位置新建一个文件夹作为所需要的工作目录。

(3)单击"选取工作目录"对话框的"确定"按钮。

使用上述方法设置工作目录,当退出 Pro/E 野火版时,系统不会保存新工作目录的设置。

另外,还可以更改系统启动时的默认工作目录,方法如下:

(1)右击 Pro/E 野火版快捷图标或者右击程序列表中的 Pro/E 野火版程序启动命令,接着从快捷菜单中选择"属性"命令,打开如图 1－27 所示的对话框。

(2)在"快捷方式"选项卡的"起始位置"文本框中输入有效的路径,例如"D:\par-tok"。

（3）单击对话框的"确定"按钮。

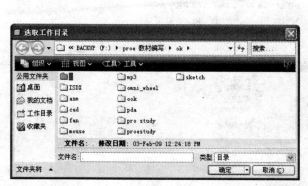

图 1-26　　　　　　　　　　　　　图 1-27

1.7　模型视图基础

在本节中将详细介绍控制模型视图的一些基础知识，包括常用的视图控制（显示）工具按钮、视图的基本操作命令、使用鼠标来调整模型视角、模型的颜色和外观等。

1.7.1　常用的视图控制工具按钮

系统提供了一些常用的视图控制工具按钮，如图 1-28 所示。

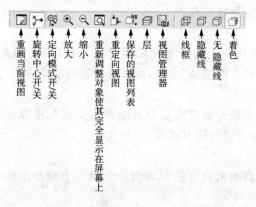

图 1-28

1.7.2　视图的基本操作命令

视图的基本操作命令位于菜单栏的"视图"下拉菜单中,如图 1-29 所示。其中的一些命令与工具栏中的工具按钮具有一一映射的关系。

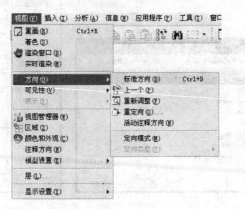

图 1-29

下面介绍"视图"下拉菜单中的常用命令。

1. 重画

该命令主要用于刷新屏幕显示,清除操作过程中图形画面可能存留的残影等。注意使用重画视图功能重新刷新屏幕时,是不用再生模型的。该命令对应的工具按钮为 ▨ (重画当前视图)按钮。

2. 着色

使用该命令,可以对图像应用临时着色,而不影响保存的模型视图。如果要对模型视图进行永久着色,请使用工具栏中的 ▨ (着色)按钮。

3. 渲染窗口

该命令只有当实体模型以着色显示时,才可以使用。它用于在窗口中以默认的设置来渲染模型,使模型显得更加逼真。

4. 实时渲染

如果已经定义投射在壁上的反射和阴影设置,则可以使用实时渲染来实时查看变化。通过选择"视图"→"实时渲染"命令,可以启用实时渲染。

5. 标准方向

使用该命令,可以将当前模型恢复至系统预定义的标准视图状态,包括模型的视角方位与缩放比例。该命令的快捷方式为 Ctrl+D。

6. 上一个

使用该命令,可以将当前模型恢复至前一个视角方位显示的状态,即恢复先前显示的视图。

7. 重新调整

该命令用于重新调整模型,使其与屏幕相适应,以便能够查看整个模型。一个由系统自动重新调整过的模型约占模型窗口的 80%。该命令对应的工具按钮为 Q（重新调整）。

8. 重定向

该命令用于对模型进行重新定向，以特定的视角方位来显示模型。其对应的工具按钮为 🕹（重定向视图）按钮。

在菜单栏中选择"视图"→"方向"→"重定向"命令，或者在工具栏中单击 🕹（重定向视图）按钮，打开如图 1-30 所示的"方向"对话框。在对话框的"类型"列表框中，提供了 3 种定向类型选项，即"按参照定向"选项、"动态定向"选项和"优先选项"选项。

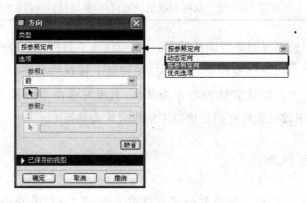

图 1-30

1.7.3　使用保存的视图列表

常用的视角包括标准方向、缺省方向、BACK、BOTTOM、TOP、FRONT、LEFT、RIGHT，这些视角的指令可保存在指定的视图列表中。在"视图"工具栏中单击 🗂（保存的视图列表）按钮，然后从打开的视图列表中选择需要的视图指令，即可以设定视角来观察模型。图 1-31 给出了几种常用视角。

缺省方向　　　　FRONT　　　　TOP

图 1-31

1.7.4　使用三键鼠标来调整视角

除了通过保存的视图列表来设置视角外，用户还可以使用三键鼠标来随意调整模型视角。巧用鼠标三键，可以对模型进行缩放、旋转和平移等实时操作。表 1-4 总结了如何用鼠标来调整模型视角。

表 1-4　鼠标对模型视图的调整操作

视图视角的控制	三键滚轮鼠标的操作方法
模型视图的缩放	方法一：将鼠标指针置于已经定位的几何区域中，然后垂直向前或者向后滚动鼠标滚轮（中键），可以对模型视图进行缩小或者放大的控制操作
	方法二：按住鼠标中键＋Ctrl 键的同时，向前或向后移动鼠标
模型视图的旋转	按住鼠标中键滚轮的同时，移动鼠标，可以随意旋转模型
模型视图的平移	按住 Shift 键＋鼠标中键滚轮的同时，移动鼠标，可以平移模型视图

在使用鼠标对模型视图进行调整操作时，需要注意工具栏上的 ⚙（旋转中心开/关）按钮处于何种状态。当 ⚙（旋转中心开/关）按钮处于被选中状态时，模型视图的缩放、旋转和平移均以模型的默认旋转中心作为基准；当没有选中 ⚙（旋转中心开/关）按钮时，则以单击鼠标中键时光标在模型窗口中的位置作为基准。

1.7.5　颜色和外观

模型设计好后，可以赋予颜色和外观。在本节中，先介绍"外观编辑器"对话框的相关选项，然后通过一个简单实例介绍如何给零件设置颜色和外观。

在菜单栏中选择"视图"→"颜色和外观"命令，打开如图 1-32 所示的"外观编辑器"对话框。

在"外观管理器"对话框中具有 3 个菜单："文件"菜单、"材料"菜单和"选项"菜单。

➤ "文件"菜单：通过该"文件"菜单可以访问系统库、Photolux 系统库中的预定义外观，同时可以打开其他外来外观文件，将当前外观保存到文件，以及进行外观的保存副本操作。

➤ "材料"菜单：通过该"材料"菜单，可以添加新外观，删除选定的外观，以及从模型中选择外观等操作。

➤ "选项"菜单：利用该"选项"菜单，可以执行的操作包括：使用硬件渲染器来渲染外观示例，使用渲染设置中的渲染器来渲染外观示例，使用默认房间来渲染示例，设置在外观列表中以何种形式显示外观等。

菜单下方是系统设定的常用颜色样板。可以通过单击右侧的 ＋ 按钮和 － 按钮添加和删除颜色样板。

图 1-32

➤ ＋：添加新的颜色样板，单击该按钮，样板区自动添加一个颜色样板。

➤ －：删除选中的颜色样板。

在"外观管理器"对话框中，除了上述菜单、颜色样板之外，还具有两个可展开/收缩的选项区域:"指定"选项区域和"属性"选项区域。

在"指定"选项区域中,可以从列表框中选择要应用外观的类型选项,如"零件"、"曲面"、"所有曲面"、"面组"、"基准曲线"等。该选项区域中的 3 个按钮的功能如下。

➢ **清除** 按钮:清除模型中当前选中的零件或曲面的选取。

➢ **应用** 按钮:对模型中选定的零件或曲面应用外观。

➢ **从模型** 按钮:可用来从模型中选取颜色样板。

在"属性"选项区域中,主要有 3 个选项卡,即"基本"选项卡、"映射"选项卡和"高级"选项卡,它们的功能及用途如下。

➢ "基本"选项卡:"基本"选项卡如图 1 - 33 所示,主要用来定义外观的颜色属性。例如,可以打开颜色编辑器来设置外观颜色,更改颜色强度与环境颜色成分,设置加亮颜色,更改加亮光亮度和加亮强度。

➢ "映射"选项卡:"映射"选项卡如图 1 - 34 所示,主要用来定义和分配材料图。利用该选项卡,可以设置打开或关闭凸缘、颜色纹理、贴花这 3 种处理效果,并且可以指定要用于这些效果的图像。

➢ "高级"选项卡:"高级"选项卡如图 1 - 35 所示,主要用于定义如"反射"、"透明"和"折射"等高级属性。

➢ "Photolux"选项卡:"Photolux"选项卡如图 1 - 36 所示,主要用于编辑如"反射度"、"颜色"、"凸缘"和"透明"等属性。

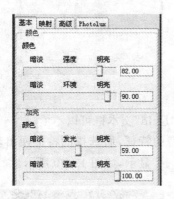

图 1 - 33

图 1 - 34

图 1 - 35

图 1 - 36

1.8 层的应用

在设计工作中,图层是必不可少的工具,常常使用层来辅助管理一些对象。例如,应用层来隐藏一些影响模型显示的基准曲线、基准点、注释、曲面等。

在工具栏中单击 ❸(层)按钮,或者从菜单栏的"视图"菜单中选中"层"命令,则在导航区显示层树,如图 1-37 所示。

下面介绍如何新建一个图层,并将一些项目添加到该层中。

(1)单击位于层树上方的"层"按钮,出现如图 1-38 所示的下拉菜单。

(2)从该下拉菜单中选择"新建层"命令,弹出如图 1-39 所示的"层属性"对话框。

图 1-37

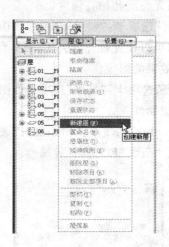

图 1-38

(3)在"名称"文本框中输入新层的名称,而"层 Id"文本框可以不填。

(4)在图形窗口中或者在模型树上选择所需的特征,而选择的特征便出现在对话框的列表中,包含在层中的项目会在状态列中以"➕"显示,如图 1-40 所示。

图 1-39

图 1-40

(5)在"层属性"对话框中,单击"确定"按钮,则新层按数字、字母顺序被放在层树中。

1.9　Config. pro 配置基础

Config. pro 是 Pro/E 野火版系统环境配置文件,它具有大量的选项,能够决定着系统运行的许多方面:如系统颜色、运行环境、运行界面、绘图、层、尺寸公差和一些高级命令工具的调用等设置。config. pro 中的每个配置文件选项都包含一个由 Pro/E 野火版设置的缺省值。如果不更改选项,Pro/E 野火版将使用缺省值。

由于 Config. pro 选项众多,本书不一一介绍,下面通过一个典型操作实例来说明系统配置文件选项的一般设置方法。例如,为了要使一些高级命令工具在菜单中显示出来,需要将配置选项"allow_anatomic_features"的值设置为"yes"(其缺省值为 no),其设置过程如下:

(1)单击"工具"下拉菜单的"选项"命令,打开"选项"对话框,如图 1 - 41 所示。

图 1 - 41

(2)在"选项"文本框中输入 allow_anatomic_features(用户也可只输入 allow,然后单击"查找"按钮,在列出的系列参数中选择 allow_anatomic_features 即可),在"值"一栏中输入"yes",如图 1 - 42 所示。

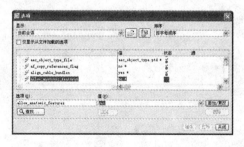

图 1 - 42

(3)单击"添加/更改"按钮,单击"应用"按钮,单击"关闭"按钮,完成"allow_anatomic _features"参数的设置。

提示:

用户可单击"选项"对话框中的 按钮,打开一个已经保存的配置文件,供当前进程使用；如果用户希望每次打开 Pro/E 时就执行预定的配置文件，则应把预定的配置文件置于 Pro/E 起始工作上目录中。

思考与练习

一、思考题

1. 如何启动和退出 Pro/E 野火版 4.0？

2. Pro/E 野火版 4.0 的工作界面主要由哪些部分组成？

3. 如何拭除文件？拭除文件和删除文件有什么区别？分别用在什么场合？

4. 设置工作目录主要有哪些好处，如何设置工作目录？

5. 简述如何使用三键鼠标来调整模型视角。

6. 重定向模型视角有哪几种类型？

7. 请简述一下 Pro/E 野火版中的"保存"、"保存副本"和"备份"三个命令之间的差异。

8. 模型树与层树有什么差别？如果要在单独的对话框中显示层树，该如何在 Pro/E 野火版系统中进行设置？

二、练习题

1. 打开 Pro/E 野火版 4.0，仔细了解各功能按钮的位置，打开并且浏览一个已经存在的文件。

2. 建立一个临时文件，单击 Pro/E 野火版 4.0 界面中的可以操作的命令按钮，感性认识各按钮的功能。

第 2 章　二维草图绘制

草绘是指对二维截面的绘制,绝大部分的三维模型是通过对二维截面的一系列特征操作的基础上产生的,在这个过程中,草图的绘制是最基础和最关键的设计步骤。只有正确地绘制系统需要的草图,才能通过拉伸、旋转、扫描和混合等特征来创建三维实体模型。同时,在设计过程中,只有熟练地掌握各种绘图工具的使用技巧,才能提高设计效率。

构成截面的两大要素为二维几何线条及尺寸。首先绘制几何线条(此为截面的大致形状,不需要真实尺寸),然后进行尺寸标注,最后再修改尺寸的数值,系统会依据新的尺寸值自动修正截面的几何形状。另外,Pro/E野火版对二维截面上的某些几何线条会自动地假设某些关联性,如对称、相等、相切等约束,这样可以减少尺寸标注的难度,并使截面外形具有充分的约束。

本章将逐一说明在目的管理模式下几何线条的绘制、标注和修改,约束的使用,尺寸数值的编辑等方法,并辅以实例说明二维截面绘制的流程和技巧。

2.1　草绘工作界面

2.1.1　进入草绘工作界面

在 Pro/E 野火版中有以下三种方法可以进入草绘模式。

(1)建立草绘文件,进入草绘界面

① 从菜单栏中,选择"文件"→"新建"命令,打开"新建"对话框。

② 在"新建"对话框的"类型"选项组中,选中"草绘"单选按钮,如图 2-1 所示,然后在"名称"文本框中输入新文件名或接受默认的文件名。

③ 单击"确定"按钮,进入草绘工作界面,如图 2-2所示。与 Pro/E 野火版系统最初工作界面不

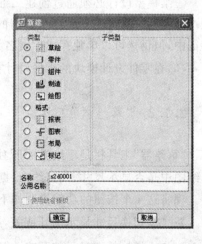

图 2-1

同的是:在主菜单中新增了"草绘"选项,取消了"插入"选项;在工具栏中新增了草绘工具栏;在工作区右侧新增了草绘命令工具栏。

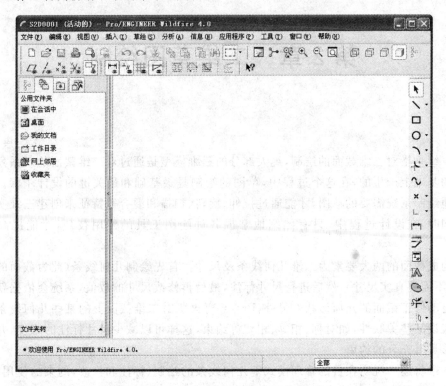

图 2-2

提示:

使用此方法建立的草绘文件可以在零件建模的草图界面中,通过选择下拉菜单"草绘"→"数据来自文件…"调用。

(2)由三维设计模块进入截面绘制界面

三维模型设计必须通过创建二维截面来进行,设计者可以通过操控面板或菜单来进入草绘界面。具体的方法将在后面的章节中介绍。由此绘制的截面将包含于每个三维特征中,但仍然可以单独存成扩展名为.sec 的文件。

(3)在零件设计模块的零件设计界面单击"草绘工具"按钮 ,进入草绘界面。

2.1.2 "草绘器"工具栏

"草绘器"工具栏是草绘界面所独有的工具栏,它们主要用来控制草绘过程,以及在草绘图中是否显示尺寸、几何约束、栅格等。"草绘器"工具栏图标为: 。

现将这 4 个按钮的功能说明如下。

➢ :切换尺寸显示的开或关,用来控制当前视图中是否显示尺寸。

➢ :切换约束显示的开或关,用于控制当前视图中是否显示约束。

➢ :切换栅格的开或关,用于控制当前视图中是否显示栅格。

➢ :切换剖面顶点显示的开或关,用于控制当前视图中是否显示不同线条的交点。

2.1.3 "草绘器诊断工具"工具栏

工具栏中新增的"草绘器诊断工具",其工具栏图标为: 。

"草绘器诊断工具"工具栏中各工具按钮的功能如下。

➢ :对草绘图元的封闭链内部着色。

➢ :加亮不为多个图元共有的草绘图元的顶点。

➢ :加亮重叠几何图元的显示。

"草绘器诊断工具"的工具按钮所对应的菜单命令位于"草绘"→"诊断"级联菜单中。

2.1.4 草绘命令工具栏

草绘命令工具栏位于屏幕右侧,该栏中将绘制草图的各种绘制命令、尺寸标注、尺寸修改、几何约束、图元镜像等命令以图标按钮的形式给出,与之对应的草绘命令也可在菜单"草绘"的下拉菜单中找到。

默认状态时,草绘命令工具栏位于屏幕右侧,该栏集中了绘制和编辑剖面图元的快捷工具按钮,如图 2-3 所示。这些工具按钮所对应的菜单命令位于"草绘"菜单或"编辑"菜单中(包括相应的内部级联菜单)。

图 2-3

现将草绘命令工具栏中各命令按钮的功能说明如下。

➢ :项目选择切换按钮,处于按下状态为选取对象模式,可用鼠标左键选取要编辑的图元。

➢ :明确两点绘制直线,单击·按钮,弹出如下 3 种绘制直线的命令按钮。

◆ :创建几何实体直线,处于按下状态时选中该命令。

◆ :创建与两实体相切的直线,处于按下状态时选中该命令。

◆ :创建中心线(辅助线),处于按下状态时选中该命令。

➢ :明确两对角点来绘制矩形,处于按下状态时选中该命令。

➢ :绘制圆,单击·按钮,弹出如下 5 种绘制圆的命令按钮。

◆ :以圆心、半径方式绘制圆,处于按下状态时选中该命令。

◆ :绘制同心圆,处于按下状态时选中该命令。

◆ :三点方式绘圆,处于按下状态时选中该命令。

◆ ◎:绘制与三个实体相切的圆,处于按下状态时选中该命令。

◆ ○:绘制椭圆,处于按下状态时选中该命令。

➤ ⌒:绘制圆弧,单击·按钮,弹出如下 5 种绘制圆弧的命令按钮。

◆ ⌒:通过 3 点绘弧,或通过在其端点与图元相切绘弧,处于按下状态时选中该命令。

◆ ﹅:绘制同心弧,处于按下状态时选中该命令。

◆ ⌒:通过确定中心和端点绘弧,处于按下状态时选中该命令。

◆ ﹉:创建与三个实体相切的弧,处于按下状态时选中该命令。

◆ ⌒:创建圆锥曲线弧,处于按下状态时选中该命令。

➤ ﹏:绘制圆角,单击·按钮,弹出如下两种绘制圆角的命令按钮。

◆ ﹏:创建与两图元相切的圆角,处于按下状态时选中该命令。

◆ ﹏:创建与两图元相切的椭圆圆角,处于按下状态时选中该命令。

➤ ∿:绘制样条线,处于按下状态时选中该命令。

➤ ×:创建参照坐标系或参照点,单击·按钮,弹出如下两种绘制参照命令按钮。

◆ ﹅:创建参照坐标系,处于按下状态时选中该命令。

◆ ×:创建参照点,处于按下状态时选中该命令。

➤ ▫:使用边界图元,单击·按钮,弹出如下两种使用边界图元的命令按钮。

◆ ▫:使用已有的几何边界作为草绘图元,处于按下状态时选中该命令。

◆ ▫:选择已有的几何边界,并给定偏移量,作为草绘图元,处于按下状态时选中该命令。

➤ ﹅:人工标注尺寸,处于按下状态时选中该命令。

➤ ⇒:修改尺寸值、样条几何或文本图元,处于按下状态时选中该命令。

➤ ▣:对图元施加几何约束,处于按下状态时选中该命令,同时系统弹出"约束"对话框,对指定图元施加相应的几何约束。

➤ Ⓐ:创建文字作为草绘图,处于按下状态时选中该命令。

➤ ◕:将调色板中的外部数据插入到当前绘图区域中。该功能是 Pro/E 野火版 3.0 以上版本新增的,可方便用户直接调用预先定制的几何图形。

➤ ﹅:修剪图元,单击·按钮,弹出如下 3 种修剪图元的命令按钮。

◆ ﹅:动态修剪图元,处于按下状态时选中该命令。

◆ ┼:交角修剪图元,处于按下状态时选中该命令。

◆ ﹅:在选取点的位置处分割图元,处于按下状态时选中该命令。

➤ ﹙﹚·操作图元,单击·按钮,弹出如下两种操作图元的命令按钮。

◆ ﹙﹚:对选定图元进行镜像,处于按下状态时选中该命令。

◆ ⊙:对选定图元进行缩放与旋转,处于按下状态时选中该命令。

2.2 绘制图形

图形是由基本的图元,如点、直线、圆、圆弧、样条曲线和圆锥曲线等多种基本几何图元元素组成的,另外还包括文本以及已经成型的几何图形(使用调色板调入)。

下面将一一介绍这些图形的绘制方法。

2.2.1 绘制点与坐标系

1. 绘制点

在进行辅助尺寸标注、辅助截面绘制、复杂模型中的轨迹定位时经常使用该命令。

绘制点的步骤如下。

步骤1:单击草绘工具栏中的绘制点按钮 ×,也可单击菜单"草绘"→"点"选项。

步骤2:在绘图区单击鼠标左键即可创建第 1 个草绘点。

步骤3:移动鼠标并再次单击鼠标左键即可创建第 2 个草绘点,此时屏幕上除了显示两个草绘点外,还显示两个草绘点间的尺寸位置关系。

步骤4:单击鼠标中键,结束点的绘制。

提示:

当草绘点多于两个时,系统在默认情况下自动标注尺寸,如图 2-4 所示。由系统自动标注的尺寸通常为弱尺寸,它默认时以灰色显示。弱尺寸与强尺寸除了在颜色上有区别外,还在编辑上有区别。弱尺寸不能删除,除非通过约束定位,它才能自动消失。弱尺寸一旦加强,就相当于给定了定位。强尺寸一旦删除,就被自动确定为弱尺寸。

2. 绘制坐标系

在"草绘器工具"工具栏中,单击创建参照坐标系按钮 ↗,然后移动鼠标光标并在草绘区域的指定位置单击,便可建立参照坐标系,可连续创建多个参照坐标系,如图 2-5 所示。

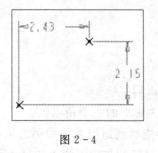

图 2-4

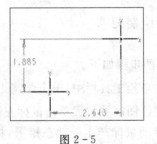

图 2-5

2.2.2 绘制直线

在所有图形元素中,直线是最基本的图形元素,在草绘命令工具栏中有 3 种形式的直线创建方式:绘制实体直线、绘制中心线、绘制与两实体相切的直线。

1. 绘制实体直线、中心线的步骤

步骤1：在草绘工具栏中，单击绘制实体直线图标 ＼。

步骤2：在草绘区域的任一位置单击鼠标左键，此位置即为直线的起点，随着鼠标的移动，一条高亮显示的直线也会随之变化。拖动鼠标至直线的终点，单击鼠标左键，即可完成一条直线的绘制，如图2-6所示。

步骤3：移动鼠标以绘制第二条直线，第一条直线的终点将自动转为第二条直线的起点，拖动鼠标至线段的终点，单击鼠标左键即可完成第二条直线的绘制。

步骤4：重复步骤3，可以连续绘制多条直线。

步骤5：完成所有的直线绘制后，单击鼠标中键即可结束直线的绘制。此时系统会自动标注各线段的尺寸。

至于中心线的绘制，在草绘器工具中单击绘制中心线图标 ┆，然后单击草绘区域两点即可完成。

2. 与两实体相切的直线的操作步骤

下面以绘制两圆切线为例讲解。

步骤1：在草绘器工具中单击直线图标 ＼。

步骤2：单击与直线相切的第1圆或圆弧，一条始终与该圆或圆弧相切的线粘附在鼠标的指针上，移动鼠标至另一个圆或圆弧的预定区域，系统通常会捕捉到相切点，此时单击鼠标左键即可创建一条相切线段，如图2-7所示。

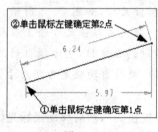

图2-6

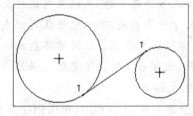

图2-7

2.2.3 绘制矩形

绘制矩形的步骤如下。

步骤1：在草绘工具栏中，单击绘制矩形按钮 □。

步骤2：在绘图区域位置单击鼠标左键，作为矩形的一个角点。

步骤3：移动鼠标产生一动态矩形，将矩形拖动到适当大小后单击鼠标左键，即确定了矩形的另一个角点，完成矩形的绘制，系统自动标注与矩形相关的尺寸和约束条件。

步骤4：单击中键，结束绘制矩形形命令，如图2-8所示。

提示：

该矩形的四条线是相互独立的。可以单独地对它们进行处理，例如裁剪、对齐等操作。

2.2.4　绘制圆与椭圆

在草绘命令工具栏中,Pro/E 野火版提供了 4 种绘制圆的方式:通过圆心和圆上一点绘制圆、绘制同心圆、通过与之相切的 3 个图元的切点绘制圆、通过圆上 3 点绘制圆。

1. 通过拾取圆心和圆上一点来创建圆

在"草绘器工具"工具栏中,单击 ⊙(圆心和点方式)按钮,在绘图区域单击一点作为圆心,然后移动鼠标单击鼠标左键另外一点作为圆周上的一点,从而确定半径,单击鼠标中键结束圆的绘制,如图 2－9 所示。

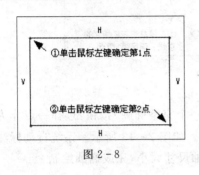

图 2－8

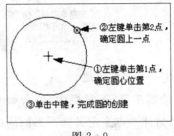

图 2－9

2. 创建同心圆

在"草绘器工具"工具栏中,单击 ◎(创建同心圆)按钮,在绘图区域中,单击一个已经存在的圆或者圆心,然后移动鼠标,单击鼠标左键便可绘制同心圆,如图 2－10 所示。可连续绘制多个同心圆,单击鼠标中键结束绘制。

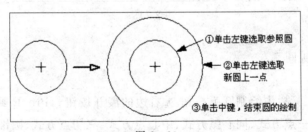

图 2－10

3. 通过拾取 3 个点来创建圆

在"草绘器工具"工具栏中,单击 ⊙(三点方式)按钮,可以通过使用鼠标左键拾取不共线的 3 个点绘制圆,如图 2－11 所示。

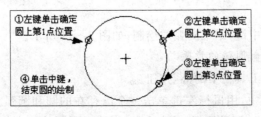

图 2－11

4. 创建与 3 个图元相切的圆

在"草绘器工具"工具栏中，单击 ○（三图元相切方式）按钮，接着在绘图区域中依次选取两个图元，单击鼠标左键，然后移动鼠标至第 3 个图元的附近区域单击鼠标左键，便可绘制与 3 个图元相切的圆，如图 2－12 所示。

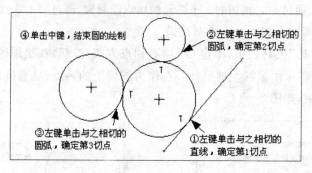

图 2－12

5. 创建一个完整椭圆

在"草绘器工具"工具栏中，单击 ○（创建一个完整椭圆）按钮，选择一点作为椭圆的中心，选择另外一点来定义椭圆形圆周的外形。如图 2－13 所示。系统自动标注出椭圆的长轴和短轴的半径尺寸。修改椭圆的 X、Y 轴尺寸大小，完成椭圆绘制。

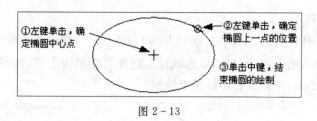

图 2－13

2.2.5　绘制圆弧

单击草绘器工具栏中绘制圆弧按钮 ╲ 右边的展开按钮·，Pro/E 野火版提供了 5 种绘制圆弧的方式：三点方式、同心弧方式、中心点方式、三切点方式、圆锥弧。

1. 三点方式绘制圆弧的步骤

步骤 1：单击草绘工具栏中的按钮 ╲。

步骤 2：在绘图区中单击鼠标左键，作为圆弧的起始点，然后单击另一个位置作为圆弧的终点，移动鼠标，在产生的动态弧上单击鼠标左键指定一点，以定义弧的大小和方向完成绘制。

步骤 3：单击鼠标中键，结束圆弧的绘制，如图 2－14 所示。

2. 同心弧方式绘制圆弧的步骤

步骤 1：单击草绘工具栏中的 ╲ 按钮。

步骤 2：在绘图区中，用鼠标左键单击一个已存在的圆和圆弧上任意一点，以该圆或圆弧的圆心为圆弧中心，移动鼠标，单击左键，以确定圆弧的起点与半径。

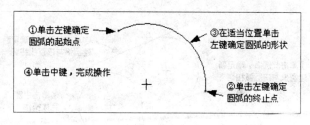

图 2-14

步骤 3:在绘图区中单击鼠标左键,作为圆弧的起始点,然后单击另一个位置作为圆弧的终点,即可完成圆弧的绘制。

步骤 4:单击鼠标中键,结束圆弧的绘制,如图 2-15 所示。

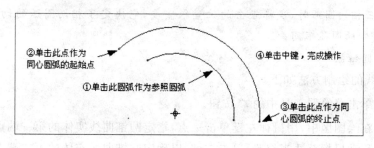

图 2-15

3. 中心点方式绘制圆弧的步骤

步骤 1:单击草绘工具栏中的ㄟ按钮。

步骤 2:在绘图区鼠标左键单击一点,指定为圆弧的中心点,然后用鼠标左键单击另外两点,分别指定圆弧的起点与终点,即可完成圆弧的绘制。

步骤 3:单击鼠标中键,结束圆弧的绘制,如图 2-16 所示。

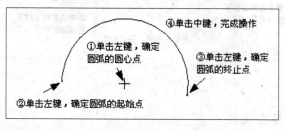

图 2-16

4. 三切点方式绘制圆弧的步骤

步骤 1:单击草绘工具栏中的ㄟ按钮。

步骤 2:在绘图区中选中一个参考图元,作为圆弧的起始切点所在图元。

步骤 3:移动鼠标选中第二个参考图元,作为圆弧的终止切点所在图元。

步骤 4:移动鼠标选中第三个参考图元,作为圆弧的中间切点所在图元,完成圆弧绘制。

步骤 5:单击鼠标中键,结束圆弧的绘制,如图 2-17 所示。

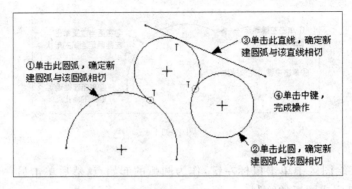

图 2-17

提示：

在绘制三相切圆弧时，鼠标点击的位置很重要，它决定了相切圆弧的切点位置。位置不一样，绘制的圆弧不同。

5. 创建圆锥弧

圆锥曲线的绘制方法如下。

步骤 1：单击草绘器工具中的 ⌒ 按钮。

步骤 2：在绘图区中，用鼠标左键单击一点，指定圆锥曲线实体的第一端点。

步骤 3：移动鼠标至适当位置，单击左键，以确定圆锥曲线实体的第二端点。

步骤 4：移动鼠标至合适的位置单击左键，确定圆锥曲线实体的肩点，即可完成圆锥曲线的绘制。

步骤 5：单击鼠标中键，结束圆锥曲线绘制，结果如图 2-18 所示。

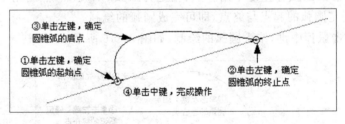

图 2-18

2.2.6 绘制样条曲线

绘制样条线的操作步骤如下。

步骤 1：单击草绘命令工具栏中的 ∿ 按钮。

步骤 2：用鼠标左键连续单击几个点，然后单击鼠标中键，系统自动绘制光滑的样条线，如图 2-19 所示。

步骤 3：双击样条曲线或点使其处于可修改状态，单击鼠标右键，在弹出的快捷菜单中单击"添加点"或"删除点"命令，在样条线上添加或删除控制点。

步骤 4：根据需要在样条线修改面板中进行相应设置，可进一步控制样条线的外观。

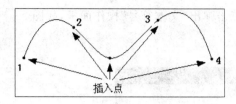

图 2－19

在 Pro/E 野火版中允许用户对样条线进行修改。在样条线上选取一点并拖动光标，可动态改变样条线的外形，若按住 Ctrl＋Alt 键，则沿样条线端点跟随光标延伸样条线。选中样条曲线或点，单击鼠标右键，在弹出的快捷菜单中选择"添加点"或"删除点"命令，在样条线上添加或删除控制点。双击样条线，系统显示如图 2－20 所示的样条线修改面板，图 2－21、图 2－22 和图 2－23 分别为"点"、"拟合"、"文件"按钮对应的面板，利用这些面板可对样条线做进一步的修改与控制。现将各功能说明如下

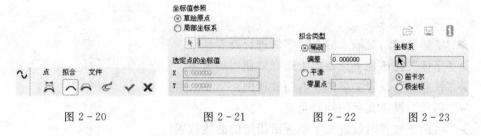

图 2－20　　　　　　　图 2－21　　　　　　图 2－22　　　　　图 2－23

➢ 点：在该按钮对应的面板（见图 2－21）中设定样条线控制点的坐标值，可使用绝对坐标（选中草绘原点）或相对坐标（选中局部坐标系）。

➢ 拟合：在该按钮对应的面板（见图 2－22）中设定样条线控制点的稀疏及样条线的平滑。

➢ 文件：在该按钮对应的面板（见图 2－23）中，可以从文件读入样条线或保存当前的样条线。

➢ 🕱：在样条线上创建可控制的外多边形，通过调整外多边形的形状调整样条曲线的形状。

➢ ⌒：用样条线的内插点修改样条线。

➢ ⌢：用样条线的控制点修改样条线。

➢ ✍：显示样条线的曲率分析图。

2.2.7　建立文本

单击草绘工具栏中的 🅰 按钮，可绘制文字图形。在绘制文字时，会弹出如图 2－24 所示的"文本"对话框。使用该对话框可设置文字内容、字体及文字放置方式等。该对话框中的各项意义如下。

➢ "文本行"：在该栏中输入显示在绘图区中的文字。

➤ **文本符号...**：点击弹出"文本符号"操作面板，如图 2-25 所示，用于在文本行输入各种文本符号。

图 2-24 图 2-25

➤ "字体"区域：对输入的文字字体进行设置。
➤ "字体"：在该栏下拉菜单中选择要使用的文字。
➤ "长宽比"：设置文字的左右缩放比例。
➤ "斜角"：设置文字的倾斜角度。
➤ "沿曲线放置"：设置文字是否沿指定的曲线放置。
➤ ✗ ：将文字反向到曲线另一侧。

绘制文字的操作步骤如下：

步骤 1：单击草绘命令工具栏中的 🄰 按钮。

步骤 2：在绘图区中，绘制一段直线，线的长度代表文字的高度，线的角度代表文字的方向。完成定义后，出现文字设置对话框。

步骤 3：在对话框的文本行栏中输入显示的文字，在字体栏中选择字型，在长宽比栏中设置文字左右缩放的比例，在斜角栏中设置文字的倾斜角度，若选择"沿曲线放置"选项，可使文字沿着所选定的曲线方向排列。

步骤 4：完成以上的设置后，单击"确定"按钮即可完成二维文字图形的绘制。

【实　例】

1. 创建新的草绘文件

(1)单击工具栏中的新建文件按钮 🗋 。

(2)在"新建"对话框中选择"草绘"类型，在"名称"栏中输入截面名称"chap02－01"，单击"确定"按钮，系统进入草绘工作环境。

2. 绘制文字

(1)单击草绘命令工具栏中的 🄰 按钮，以创建文字图形。

(2)系统提示"选择行的起始点，确定文本高度和方向"。在绘图区单击一点，作为行的第一点。

（3）选取行的第二点，确定文本高度和方向。在绘图区单击另一点，作为行的第二点，如图 2-26 所示。

（4）系统弹出如图 2-27 所示的"文本"对话框，在文本行下栏中输入文字"PRO/E 应用教程"，选择字体为"font3d"，文本控制点位置的水平方向选择"左边"、垂直方向选择"底部"。图形窗口中相应显示这些文字如图 2-28 所示。

图 2-26

图 2-27

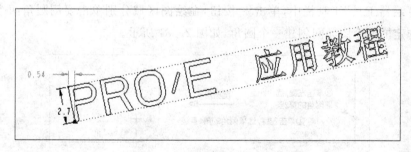

图 2-28

（5）单击"确定"按钮，关闭"文本"对话框。

（6）绘制一圆弧曲线，如图 2-29 所示。

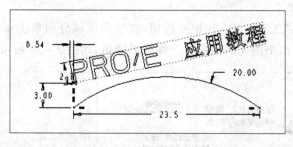

图 2-29

（7）在图形窗口中双击文字"PRO/E 应用教程"，重新打开"文本"对话框，以重新编辑文本。

(8)在"文本"对话框中选中"沿曲线放置"选项,系统提示:"选取将要放置文本的曲线"。

(9)选择绘制的圆弧线,单击"文本"对话框中的"确定"按钮,完成文本的修改;结果如图 2-30 所示。

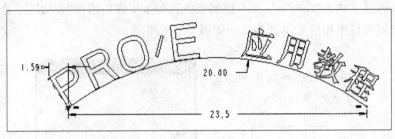

图 2-30

2.2.8 倒圆角与倒椭圆角

创建圆角有两种类型:圆弧倒角和椭圆形倒角。

1. 绘制"圆弧"倒角

具体操作步骤如下:

在"草绘器工具"工具栏中,单击 按钮,在绘图区域分别单击要倒圆角两个有效图元,便在选定的两个图元间创建一个圆角,如图 2-31 所示。

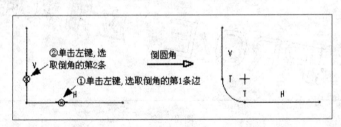

图 2-31

2. 绘制"椭圆"倒角

具体操作步骤如下:

在"草绘器工具"工具栏中,单击 按钮,在绘图区域分别单击要倒椭圆圆角两个有效图元,便在选定的两个图元间创建一个椭圆形圆角,如图 2-32 所示。

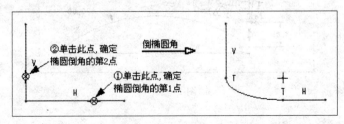

图 2-32

2.2.9　从图库插入图形

在"草绘器工具"工具栏上,单击 (调色板)按钮,打开如图 2-33 所示的"草绘器调色板"对话框。利用该对话框可以从预定义的图形库中调用图形,即可以将调色板中的外部数据插入到活动对象。注意在该对话框的各选项卡中,对着图形项目单击鼠标左键可以预览,而双击鼠标左键则可以选取该图形项目来插入到活动对象中。

下面以一个特例来介绍如何从图库向剖面插入图形,具体的操作步骤如下。

(1)单击 (调色板)按钮,打开"草绘器调色板"对话框。

(2)切换到"形状"选项卡,双击"十字型"图形项目,窗口如图 2-34 所示。

图 2-33

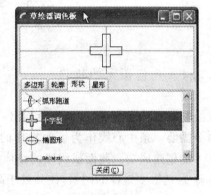
图 2-34

(3)在绘图区域中的预定位置处单击,插入图形,接着在弹出的"缩放旋转"对话框中输入比例为 2,旋转角度为 0,如图 2-35 所示。单击 按钮。

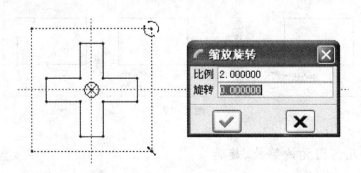
图 2-35

(4)单击"草绘器调色板"窗口中的"关闭"按钮。

(5)最后插入的图形如图 2-36 所示(可修改尺寸)。

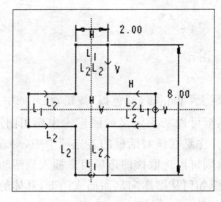

图 2-36

2.3　编辑图形

2.3.1　几何图元的镜像

在绘制对称的图形时,可以只绘制出一半图形,然后采用镜像命令把图形对称复制。镜像命令需要一条中心线作为镜像操作的参照。因此,草图中只有具有中心线以后,镜像操作才能创建成功。截面或线段的镜像操作步骤如下:

步骤 1:选取要镜像的图素,使其处于高亮选中状态。

步骤 2:单击草绘工具栏中的 按钮。

步骤 3:单击镜像的参考中心线即可完成图素的镜像。

步骤 4:单击鼠标左键结束"镜像"操作,结果如图 2-37 所示。

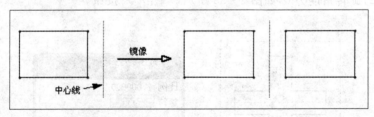

图 2-37

2.3.2　几何图元的缩放、旋转

几何图元的缩放、旋转按钮 ,主要用于对几何图元的大小、放置位置与方向进行调整。其操作步骤如下:

步骤 1:在草绘模式下,选中要编辑的几何图元,使其处于高亮选中状态。

步骤 2:单击草绘器工具中的 按钮。

步骤 3：弹出"缩放旋转"对话框，并且在几何图元周围将出现红色的编辑框，显示操作手柄，如图 2-38 所示。

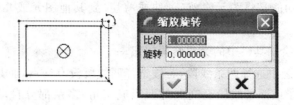

图 2-38

步骤 4：将鼠标移向图框中心位置的移动手柄，单击鼠标左键选中移动手柄，可移动指定的几何图元，再次单击鼠标左键，完成几何图元的移动。

步骤 5：将光标移向编辑框右上方的旋转手柄，单击鼠标左键选中旋转手柄，按顺时针或逆时针方向移动，从而旋转几何图元，再次单击鼠标左键完成几何图元的旋转；也可以直接在"缩放旋转"对话框输入旋转参数，单击 ✔ 完成几何图元旋转。

步骤 6：将光标移向编辑框右下方的缩放手柄，单击鼠标左键选中缩放手柄，移动光标将指定的几何图元缩小或放大，再次单击鼠标左键完成几何图元的缩放。也可以直接在"缩放旋转"对话框输入比例参数，单击 ✔ 完成几何图元缩放。

2.3.3　几何图元的修剪

修剪工具可以用来对线条进行剪切、延长以及分割。修剪命令包括：动态修剪、交角修剪和分割图元 3 个选项。

1. 动态修剪

运用"动态修剪"，系统可以自动判断出被交截的线条而进行修剪。其操作步骤如下：

步骤 1：单击草绘工具栏中的动态修剪按钮 ￥。

步骤 2：在绘图区中移动鼠标，鼠标指针的轨迹扫过部分线条，若被扫过的某线条是独立的，则该线条整体被删除；若某线条被其他线条分割，则该线条只有被扫过的一段被删除，如图 2-39 所示。

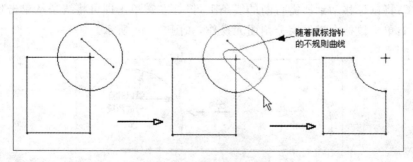

图 2-39

步骤 3：单击鼠标中键，结束动态修剪。

2. 交角修剪

"交角修剪"的功能是将图元修剪（延伸或剪切）到其他图元或几何图形。其操作步骤如下。

步骤 1：单击草绘工具栏中的交角修剪按钮 ┼ 。

步骤 2：在绘图区中选择两条线段，若被选择两线段没有交点，而其延长线上有交点，则系统自动延长一条或两条线段至交点处而形成交角，多余部分自动被剪掉；若被选择的两条线段已经相交，线段被选定的一端保留，另一端被剪掉，如图 2-40 所示。若两线段在延长线上无交点，则系统提示错误信息。

步骤 3：单击鼠标中键结束交角修剪操作。

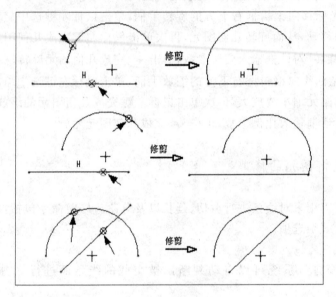

图 2-40

3. 分割图元

"分割"的功能是将线条打断。其操作步骤如下。

步骤 1：单击草绘工具栏中的分割图元按钮 ┍ 。

步骤 2：将鼠标移动到所需打断的线条上，鼠标左键单击即可将线条从单击处打断。

步骤 3：单击鼠标中键结束分割图元操作，如图 2-41 所示。

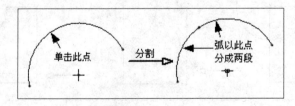

图 2-41

2.4　几何约束

一个精确的草图必须有充足的约束。约束分尺寸约束和几何约束两种类型:尺寸约束是指控制草图大小的参数化驱动尺寸;几何约束是指控制草图中几何图素的定位方向及几何图素之间的相互关系。在工作界面中,尺寸约束显示为参数符号或数字,几何约束显示为字母符号。在 Pro/E 野火版中,草绘二维截面时一般先绘制与要求的几何图元相近的图元,然后通过编辑、修改、约束来精确确定。

2.4.1　几何约束的类型

单击工具栏中的 ⊡ 按钮或选择菜单"草绘"→"约束"命令,显示如图 2-42 所示的"几何约束"对话框。选择相应的几何约束按钮,可进行相应的几何约束操作。"几何约束"对话框中的各项功能按钮的意义说明如下。

图 2-42

➤ ↕ :竖直约束,选一条斜直线,使其变为垂直线;选两个点,使两点位于同一垂直线上。

➤ ↔ :水平约束,选一条斜直线,使其变为水平线;选两个点,使两点位于同一水平线上。

➤ ⊥ :垂直约束,选两条线,使它们互相垂直。

➤ ⚲ :相切约束,选择线段和圆弧,使它们相切。

➤ ＼ :定义直线的中点,选一个点及一条直线,使点位于直线的中点。

➤ ⊙ :使两个圆或圆弧的中心共心,或者使两点共点。

➤ ⊣⊢ :对称,选中心线及两个点,使两个点关于中心线对称。

➤ ＝ :相等,选两条线使其等长,选两个弧/圆/椭圆,使其等半径。

➤ ∥ :平行,选两条线(或中心线),使其平行。

➤ 解释(E) :在草图中选定约束符号,状态栏显示该图元的几何约束信息。

➤ 关闭(C) :关闭约束对话框。

在选中了工具的情况下,具有约束的图元上会显示出相关的约束符号,详细情况见表 2-1。

表 2-1　约束显示出来的符号及其含义

约　束	符　号
中点	M
相同点	O
水平线段	H

（续表）

约　　束	符　　号
垂直线段	V
线段上的点	—O—
相切	T
线段相互垂直	⊥
线段相互平行	带有一个下标索引的//（例如//$_1$）
相等半径	带有一个下标索引的 R（例如 R_1）
具有相等长度的线段	带有一个下标索引的 L（例如 L_1）
对称	→←—
图元水平或垂直排列	▬ ▬　┃

提示：

在草图绘制过程中，移动鼠标时，系统会提示相应的几何约束（以约束符号显示）。对于不需要的约束，用户可以使用鼠标左键单击相应的几何约束符号选中该约束。然后用鼠标右键单击绘图区任意一点稍作停顿，在弹出的快捷菜单中选择"删除"命令即可。也可以使用"编辑"→"删除"命令删除几何约束。

2.4.2　解决过度约束

Pro/E 野火版系统对尺寸约束要求很严，尺寸过多或几何约束与尺寸约束有重复，都会导致过度约束，此时显示"解决草绘"对话框，如图 2-43 所示。用户可按该对话框中的提示或根据设计要求，对显示的尺寸或约束进行处理。

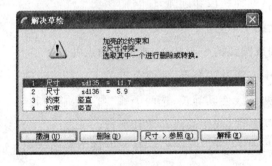

图 2-43　"解决草绘"对话框

"解决草绘"对话框各信息含义如下。

➤ 上部信息区：提示有几个约束发生冲突。

➤ 中部文本显示区：列出所有相关约束。

➤ "撤销"：取消本次操作，回到原来完全约束的状态。

➤ "删除"：删除不需要的尺寸或约束条件。

➤ "尺寸＞参照"：将某个不需要的尺寸改变为参考尺寸，同时该尺寸数字后会有 ref 符号标记（注：参考尺寸不能被修改）。

➤ "解释":信息窗口将显示该尺寸或约束条件的功能以供参考。

【实　例】

1. 打开练习文件

(1)单击工具栏中的打开文件按钮 📂 。

(2)打开配书光盘 chap02 文件夹中的文件"chap02-02. sec",如图 2-44 所示。

2. 垂直约束

(1)单击草绘命令工具栏中的几何约束按钮 🔲 。

(2)在弹出的"约束"面板中单击垂直约束按钮 ⊥ 。

(3)选择底线和左边线,同样选择底线和右边线,结果底线和左、右边线垂直,同时显示垂直符号,如图 2-45 所示。

3. 相切约束

(1)在弹出的"约束"面板中单击相切约束按钮 ❾ 。

(2)选择圆弧、左侧垂直边线,然后选择圆弧和右侧垂直边线,结果如图 2-46 所示。

4. 共心约束

(1)在"约束"面板中单击共心约束按钮 ⊙ 。

(2)单击草图中的顶部的圆弧中心和下面圆的圆心,结果顶部圆弧的中心和下面圆心的中心共心,结果如图 2-47 所示。

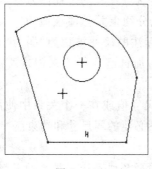

图 2-44

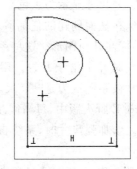

图 2-45

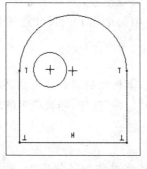

图 2-46

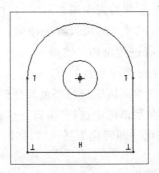

图 2-47

2.5 标 注

在 Pro/E 野火版中草绘二维截面时,系统会自动对所绘制的几何图元进行标注。但是,系统产生的尺寸标注不一定全是用户所需要的,这就需要使用草绘工具栏中的尺寸标注按钮和尺寸修改按钮进行手动标注与修改。手动标注的尺寸以及修改后的尺寸,都属于强尺寸。

由于 Pro/E 野火版是全尺寸约束且由尺寸驱动的,对草图的几何尺寸或尺寸约束有严格的要求,所以尺寸的标注显得非常重要,比其他的 CAD/CAM 软件的尺寸标注都严格。在本节将介绍有关手动标注的知识及标注尺寸的技巧。

尺寸标注的命令位于"草绘"→"尺寸"级联菜单中,同时在"草绘器工具"工具栏中提供一个通用的工具按钮 (尺寸标注)。

2.5.1 尺寸强化

在 Pro/E 野火版中,尺寸分为弱尺寸、强尺寸两类。在默认系统颜色设置条件下,弱尺寸显示为灰色,强尺寸显示为黄色(本书中,由于背景色为白色,不是系统默认的设置颜色设置,因此,强尺寸显示为黑色)。弱尺寸变为强尺寸的过程称为"尺寸强化"。

草绘器确保在截面创建的任何阶段都已充分约束并标注该截面。当草绘某个截面时,系统会自动标注几何图形。这些系统自动标注的尺寸被称为"弱"尺寸,因为系统在创建和拭除它们时并不给予警告。用户可以增加自己的尺寸来创建所需的标注布置。用户增加的尺寸被系统认为是"强"尺寸。

在整个 Pro/E 野火版中,每当修改一个弱尺寸值或在一个关系中使用它时,该尺寸就变为强尺寸。增加强尺寸时,系统自动拭除不必要的弱尺寸和约束。

提示:

退出草绘器之前,加强想要保留在截面中的弱尺寸是一个很好的习惯。这样可确保系统不会未给出提示就拭除这些尺寸。

如果在标注和约束中增加一个尺寸而导致冲突或重复,则草绘器会发出警告,通知用户拭除一个尺寸或约束以解决冲突。直到系统中每个图元的尺寸标注和约束都恰好为全约束,没有过约束和欠约束。

尺寸强化的操作步骤如下:

步骤 1:在绘图区中选择将被加强的尺寸标注,该标注将以红色高亮显示。

步骤 2:在菜单栏中选择"编辑"→"转换到"→"加强"选项,则被选中的弱尺寸由灰色变为黄色,该尺寸即转化为强尺寸,如图 2-48 所示。

说明:

加强尺寸,可以使用快捷键 Ctrl+T,即先选择需要被加强的尺寸,然后在键盘上按下 Ctrl+T 键就可以完成操作。

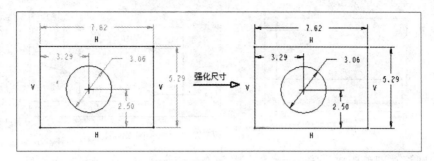

图 2-48

2.5.2 尺寸标注

Pro/ENGlNEER 野火版在草绘二维截面时,不允许出现多余的尺寸。例如,当标注出强尺寸后,系统会自动删除弱尺寸。此外,当设定好某些约束后,系统也会删除不必要的尺寸。如果出现多余的尺寸,则系统会弹出如图 2-43 所示的"解决草绘"对话框并给出提示,用户可以有选择地进行删除。

在草绘过程中,尺寸标注分为距离标注和角度标注。要标注尺寸,首先要单击草绘工具栏中的 ▭(尺寸标注)按钮,然后选择需要进行尺寸标注的线条,使用中键确认并放置所标注的尺寸。

1. 距离标注

（1）标注点与点的尺寸

标注点与点之间的尺寸可以分为 3 种,如图 2-49 所示。标注的方法是,单击 ▭(尺寸标注)按钮,单击两点,然后移动鼠标光标至放置尺寸处并单击鼠标中键。在以两点连线为对角线的矩形框外单击鼠标中键,标注出的尺寸为水平或垂直方向上的尺寸;而当在以两点连线为对角线的矩形框内单击鼠标中键时,标注出的尺寸为倾斜的距离尺寸。

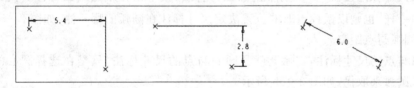

图 2-49

（2）点与直线距离

单击尺寸标注按钮 ▭,分别单击需要标注的点和直线,然后在需要放置尺寸的位置按下鼠标中键,就可以标出尺寸,如图 2-50 所示。

（3）直线与直线距离

当两条直线平行时,可以进行距离标注,不平行时则不能进行距离标注。单击尺寸标注按钮 ▭,分别单击两条直线,然后在两条直线中间按下鼠标中键标注尺寸,如图 2-51 所示。

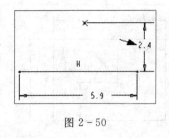

图 2-50

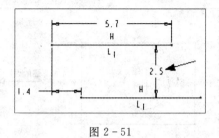

图 2-51

（4）圆弧与圆弧距离

单击尺寸标注按钮 ┝┥，单击两圆弧，按下鼠标中键，系统会弹出如图 2-52 所示的"尺寸定向"对话框。

对话框提示用户选择用竖直尺寸还是用水平尺寸来标注圆弧之间的距离，如图 2-53 所示。

至于具体用圆弧的哪一侧进行尺寸标注，是以单击圆弧时点取的位置为准的，在实践过程中可以多尝试。

图 2-52

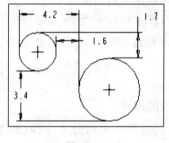

图 2-53

（5）圆弧与直线距离

单击尺寸标注按钮 ┝┥，分别单击圆弧与直线，按下鼠标中键结束标注。同圆弧与圆弧的标注一样，也是以鼠标点取的位置决定尺寸标注在圆弧的哪一侧，如图 2-54 所示。

（6）圆弧与点距离

圆弧与点的尺寸标注，实际上就是圆心与点的尺寸标注，只是在选择圆心的时候可以用选择圆弧来取代，如图 2-55 所示。

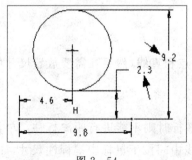

图 2-54

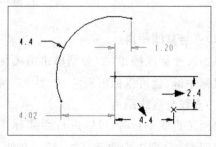

图 2-55

（7）标注截面绕中心线旋转的直径

单击尺寸标注按钮，单击需要标注的右侧边线，然后单击中心线，再单击右侧边线，最后在需要放置尺寸的位置按下鼠标中键，就可以标出尺寸，如图 2-56 所示。

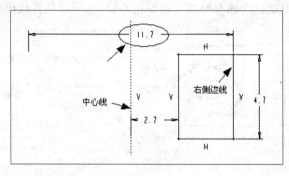

图 2-56

（8）圆弧的半径与直径

单击尺寸标注按钮，单击圆弧，再按下鼠标中键，可以得到圆弧的半径标注，如图 2-57 所示。

单击尺寸标注按钮，双击圆弧，再按下鼠标中键，可以得到圆弧的直径标注，如图 2-58 所示。

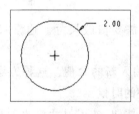

图 2-57

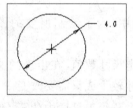

图 2-58

2. 角度标注

（1）直线与直线角度

单击尺寸标注按钮，分别单击需要标注角度的直线，然后在两条直线中间需要放置尺寸的地方按下鼠标中键即可，如图 2-59 所示。

（2）圆弧角度

单击尺寸标注按钮，单击圆弧的一个端点，单击圆弧的另一端点，单击要标注的圆弧，按下鼠标中键来放置尺寸，如图 2-60 所示。

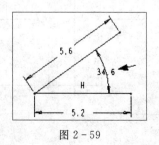

图 2-59

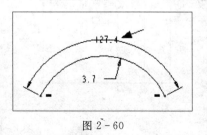

图 2-60

（3）圆锥曲线、样条曲线的相切角度尺寸

对于圆锥曲线、样条曲线，可以在其端点或中间点处创建相切角度尺寸，如图 2-61 所示。其方法是单击尺寸标注按钮▐▔▌，接着选择参照线、曲线点、曲线，然后在放置尺寸的位置处单击鼠标中键。所述参照线可以是中心线，也可以是直线段。

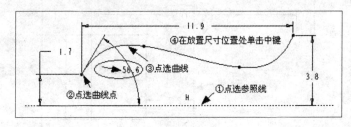

图 2-61

提示：

在标注圆锥曲线、样条曲线的相切角度尺寸时，选择的参照线、曲线点和曲线可以不分顺序。

2.6　修改尺寸

在草绘过程中，为了绘制所要的图形，常常需要修改尺寸。通常尺寸修改有两种方法。

方法一：双击尺寸数值，在出现的文本框中输入新的数值。这种方法通常用于草绘图比较简单、尺寸较少或只需要改变一、两个尺寸的时候。

方法二：单击草绘工具栏中的 ▔彐 （修改尺寸）按钮，使用尺寸修改工具。这种方法比较繁琐，但比较详细，适用于草绘图比较复杂的情况。

下面我们用图 2-62 的实例详细地讲解尺寸修改工具的使用。

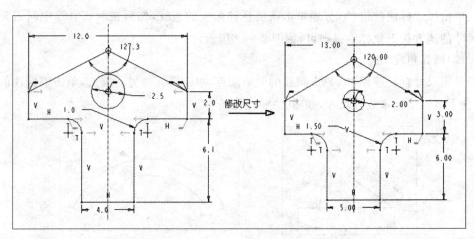

图 2-62

打开配书光盘 chap02 文件夹中的文件"chap02－03. sec"。在这个例子中,要修改 7 个尺寸来完成新的图形。首先选中要修改的尺寸,多个尺寸的选择可以使用框选的方式或者按下 Ctrl 键依次单击选取。将要修改的尺寸都选中后,单击草绘工具栏中的 ✍ (修改尺寸)按钮,系统弹出图 2-63 所示的"修改尺寸"对话框。可以看到所选的 7 个尺寸都在对话框中列出,每一个尺寸都详细地标识出了尺寸标注类型、标注编号以及当前尺寸值。通过滚动滚轮,或直接输入数值对尺

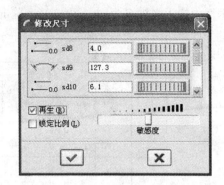

图 2-63

寸进行修改。当在对话框中对某个尺寸进行修改时,该尺寸会用一个方框显示。修改当前尺寸数值就会在绘图区动态地看到尺寸和图形的变化。修改完一个尺寸后按回车键进入下一个尺寸数值的修改。依次修改完所有的尺寸后,单击 ✔ 按钮确认退出。

"修改尺寸"对话框的具体功能如下。

➤ "再生":根据输入的新数值重新计算草绘图的几何形状。在勾选状态下,每一个尺寸的修改都会立刻反映在草绘几何图形上,如果不勾选该项,则在尺寸修改完成后单击 ✔ 按钮一起计算。系统默认为勾选,建议在使用过程中将勾选取消,因为当修改前后的尺寸数值相差太大时,立即计算出新的几何图形会使草绘图出现不可预计的形状,妨碍以后的尺寸修改。

➤ "锁定比例":使所有被选中的尺寸保持固定的比例。需要指出,勾选此项后角度尺寸也会随着距离尺寸的变化而变化,当没有角度尺寸时,改动尺寸只能改变草绘图的大小,而不能改变其形状。

➤ 灵敏度:灵敏度的功能是用来更改当前尺寸的指轮灵敏度,灵敏度越大,则使用鼠标拖动尺寸指轮时对应的尺寸变化量就相应越大。

2.7 草绘综合应用实例

2.7.1 草绘综合实例一

绘制如图 2-64 所示图形。绘制图形的步骤主线通常是先绘制大概的图形,必要时进行几何约束设置,并标注出需要的尺寸,最后是修改尺寸。对于一些复杂图形,还可以将其看作是由几部分图形组成,分别绘制。

具体操作步骤如下:

(1)在主工具栏上单击 ▫ (创建新对象)按钮,或者从"文件"菜单中选择"新建"命令,弹出"新建"对话框。在"新建"对话框的"类型"选项组中,选中"草绘"类型,在"名称"文

本框中输入文件名为 chap02－04。单击“确定”按钮，进入草绘环境。

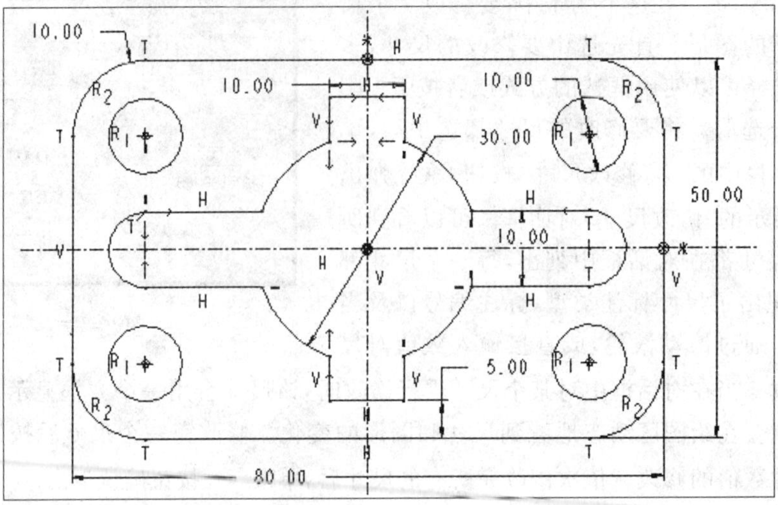

图 2-64

(2)在“草绘器工具”工具栏中单击 (调色板)按钮，选择“形状”选项中的“圆角矩形”图形，如图 2-65 所示。并双击鼠标左键，然后在图形区域单击鼠标左键，绘制如图 2-66 所示带圆角的矩形。

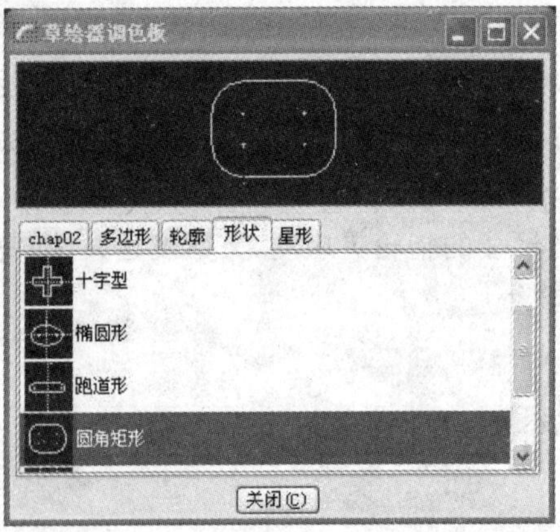

图 2-65

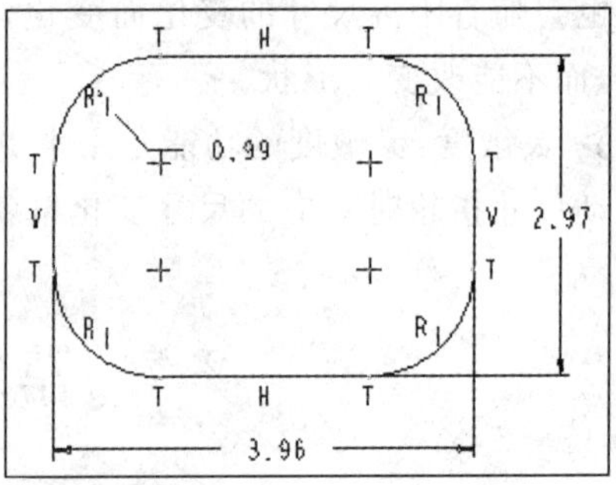

图 2-66

(3)单击 ¦ (创建 2 点中心线)按钮，在矩形水平和垂直直线的中点位置绘制一条竖直中心线和一条水平中心线，如图 2-67 所示，单击鼠标中键结束。

(4)单击 (修改工具)按钮，在出现的“修改尺寸”对话框中取消勾选“再生”复选框，对图形按尺寸进行精确标注，单击 ✔ (完成)按钮，修改尺寸后的图形如图 2-68 所示。也可以双击数值对其直接修改，以后不再赘述。

(5)单击 ○ (圆心和点方式绘制圆)按钮，以四个圆角的中心作为圆心，分别绘制四个圆，绘制时，让系统自动约束为四个圆的直径相等。如图 2-69 所示。

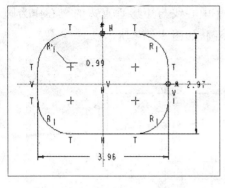

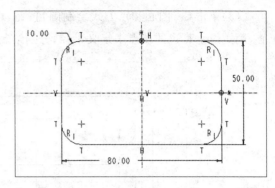

图 2-67

图 2-68

(6)再次单击 〇(圆心和点方式绘制圆)按钮,以两条中心线的交心作为圆心,绘制一个圆,如图 2-70 所示。

(7)单击 □(创建矩形)按钮,绘制两个矩形,绘制矩形时,让其相对两中心线左右、上下对称,如图 2-71 所示(注意矩形相应的约束关系)。

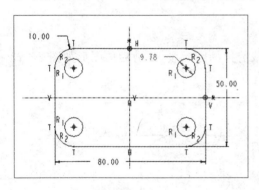

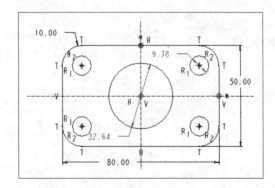

图 2-69

图 2-70

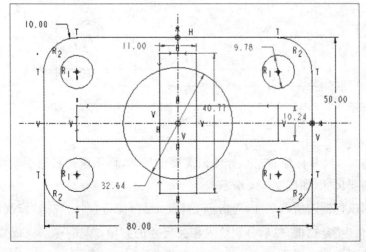

图 2-71

(8)单击 ○ (圆心和点方式绘制圆)按钮,以水平中心线与矩形垂直边的交心作为圆心,用矩形垂直边的端点来定义半径,分别绘制两个圆,如图 2-72 所示。

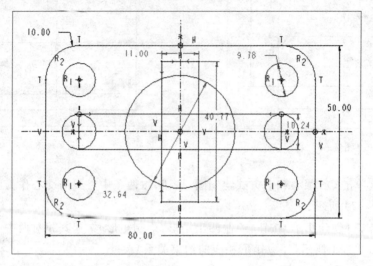

图 2-72

(9)单击 ✂ (动态修剪)按钮,然后单击要裁剪掉的图元段,修剪后的图形如图 2-73 所示。

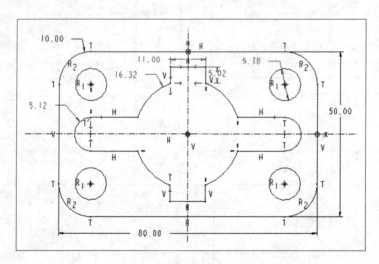

图 2-73

(10)单击 ⊢⊣ (尺寸标注)按钮,标注出需要的尺寸,而系统则根据手动标注的尺寸自动删除多余的弱尺寸,如图 2-74 所示。

(11)使用鼠标框选所有尺寸,单击 ⋥ (修改工具)按钮,在出现的"修改尺寸"对话框中取消勾选"再生"复选框,然后分别输入相关尺寸的新值,单击 ✔ (完成)按钮,修改尺寸后的图形如图 2-75 所示。

(12)单击工具栏中的保存文件按钮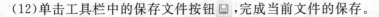，完成当前文件的保存。

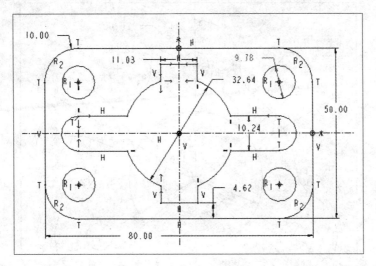

图 2-74

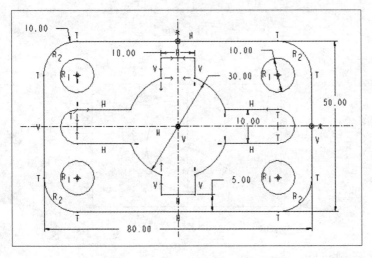

图 2-75

2.7.2 草绘综合实例二

绘制如图 2-76 所示图形，具体操作步骤如下：

(1)在主工具栏上单击 □ 按钮，在"新建"对话框的"类型"选项组中，选中"草绘"类型，在"名称"文本框中输入文件名为 chap02-05。单击"确定"按钮，进入草绘环境。

(2)在"草绘器工具"工具栏中单击 ⫶（创建 2 点中心线）按钮，在草绘区域中绘制 3 条中心线，如图 2-77 所示，单击鼠标中键结束。

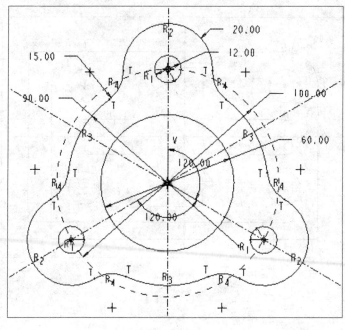

图 2-76

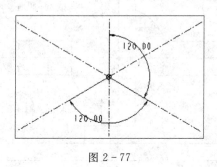

图 2-77

（3）单击 ○（圆心和点方式绘制圆）按钮，绘制如图 2-78 所示的 3 个圆。选择外围最大的那个圆，按住鼠标右键，在弹出的快捷菜单中选择"构建"，将其变为构建圆，如图 2-79 所示。

（4）再次单击 ○ 按钮，以构建圆与竖直中心线的交点为圆心绘制如图 2-80 所示的 2 个圆。

（5）选取上一步骤绘制的两个圆，然后单击 ⋂（镜像）按钮，再选择镜像中心线，完成两个圆的镜像，镜像完成后如图 2-81 所示。

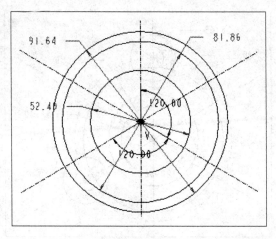

图 2-78

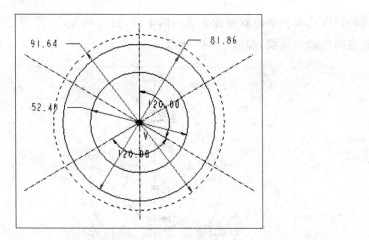

图 2-79

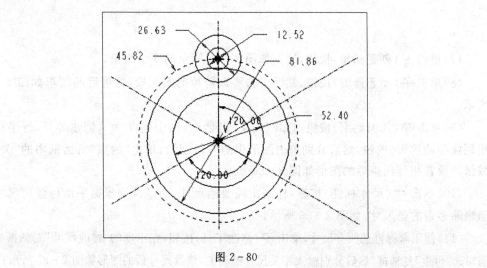

图 2-80

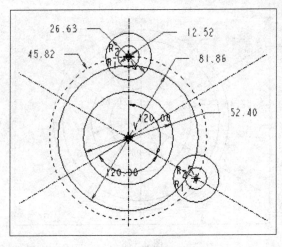

图 2-81

(6)再次选取上一步骤镜像生成的两个圆,然后单击 ⋔(镜像)按钮,再选择镜像中心线,完成两个圆的镜像,如图 2-82 所示。

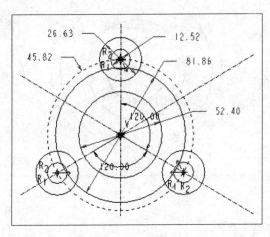

图 2-82

(7)单击 ⤙(创建圆角)按钮,绘制如图 2-83 所示的 6 个圆角。

(8)单击 ⤲(动态修剪)按钮,然后单击要裁剪掉的图元段,修剪后的图形如图 2-84 所示。

(9)单击 ⊡(几何约束)按钮,打开"约束"对话框,从中选择 =(创建等长、等半径或相同曲率的约束)按钮,然后分别单击图形中的 6 段圆角,单击"约束"对话框中的"关闭"按钮。设置相等约束后的图形如图 2-85 所示。

(10)单击 ⊨(尺寸标注)按钮,标注出需要的尺寸,而系统则根据手动标注的尺寸自动删除多余的弱尺寸,如图 2-86 所示。

(11)使用鼠标框选所有尺寸,单击 ⥱(修改工具)按钮,在出现的"修改尺寸"对话框中取消勾选"再生"复选框,然后分别输入相关尺寸的新值,修改尺寸后的图形如图 2-87 所示。

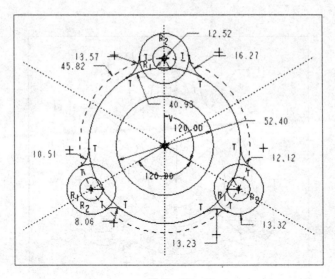

图 2 - 83

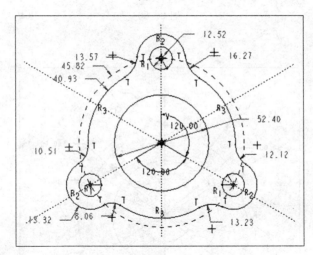

图 2 - 84

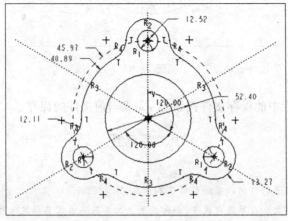

图 2 - 85

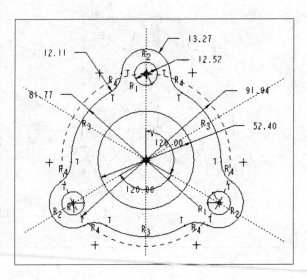

图 2-86

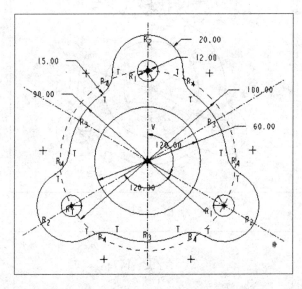

图 2-87

(12)单击工具栏中的保存文件按钮🖫,完成当前文件的保存。

思考与练习

一、思考题

1. 简述草绘二维截面的作用以及绘制的基本步骤。

2. 如何进入草绘模式？在草绘模式下,如何设置上工具箱和右工具箱显示相关工具栏？

3. Pro/E 野火版中的修剪方式主要有哪几种？它们分别用在什么情况下？

4. 简述标注图元尺寸的基本步骤。

5. Pro/E 野火版中有几种几何约束类型,各有何作用。简述设置几何约束的典型步骤。

6. 如何将一条实线转化为以虚线表示的构造线?

7. 在 Pro/E 野火版中如何修改尺寸?

二、练习题

1. 在 Pro/E 野火版 4.0 中,可以在草绘模式下使用 ▤（复制）和 ▤（粘贴）按钮来创建新的图形。请先在草绘区域中绘制一个长为80、宽为50的矩形,如图 2-88 所示,然后使用"复制"和"粘贴"的功能在截面区域的其他空白位置处绘制相同大小并且倾斜角度为 45° 的矩形,并将原矩形删除掉。最后完成的图形如图 2-89 所示。

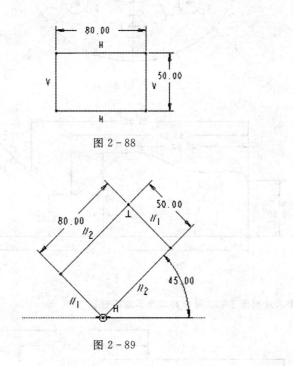

图 2-88

图 2-89

2. 按尺寸要求绘制图 2-90 所示的二维草绘图形。

3. 按尺寸要求绘制图 2-91 所示的二维草绘图形。

4. 按尺寸要求绘制图 2-92 所示的二维草绘图形。

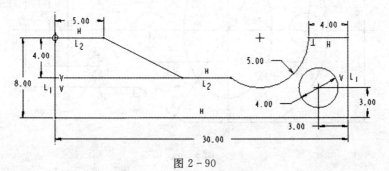

图 2-90

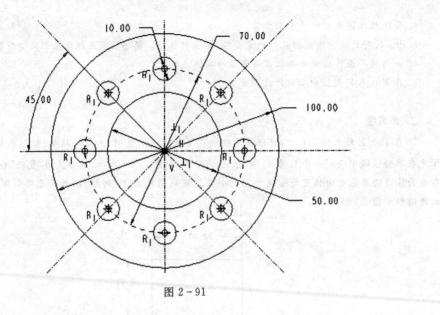

图 2-91

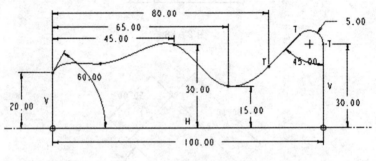

图 2-92

5. 按尺寸要求绘制图 2-93 所示的二维草绘图形。

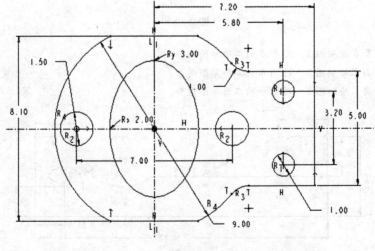

图 2-93

6. 按尺寸要求绘制图 2-94 所示的二维草绘图形。

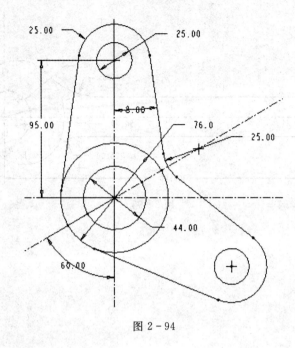

图 2-94

7. 按尺寸要求绘制图 2-95 所示的二维草绘图形。

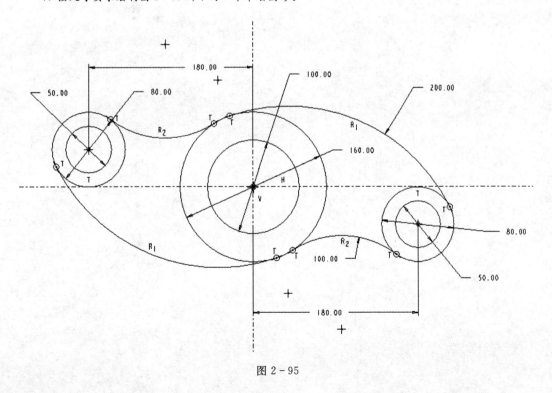

图 2-95

8. 按尺寸要求绘制图 2-96 所示的二维草绘图形。

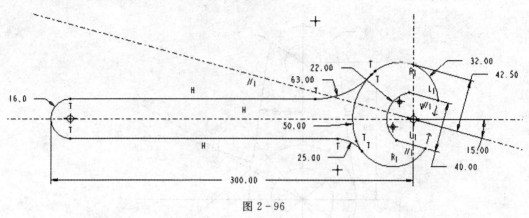

图 2-96

第 3 章　基准特征

基准是实体造型时所使用的参考数据。在 Pro/E 野火版中,基准也是一种特征,它的主要用途是为三维造型设计提供参考或基准数据,如作为截面的参考面、三维模型的定位参考面、装配零件的参考面等。

在三维建模中,基准特征是协助建模的最佳工具之一,也是一种很重要的特征。正确的建立基准是三维建模的基础。基准特征主要包括基准平面、基准轴、基准曲线、基准点和基准坐标系和草绘基准曲线。本章将详细介绍 Pro/E 4.0 系统提供的基准特征的基本概念和具体创建方法,同时将通过实例介绍其创建的具体技巧。

3.1　基准特征概述

3.1.1　创建基准特征的方法

基准特征主要包括基准平面、基准轴、基准曲线、基准点、基准坐标系和草绘基准曲线,其进入菜单是"插入"→"模型基准",或选择窗口右侧的基准特征工具栏中的相应按钮,如图 3-1 所示。

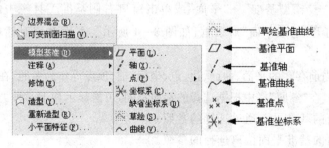

图 3-1

3.1.2　基准的显示与关闭

在工具栏位置上有一个"基准显示"工具栏,如图 3-2 所示,单击其中的一个按钮,使其变亮,则该基准显示处于打开状态,再次单击,使其变暗,则关闭该基准的显示。

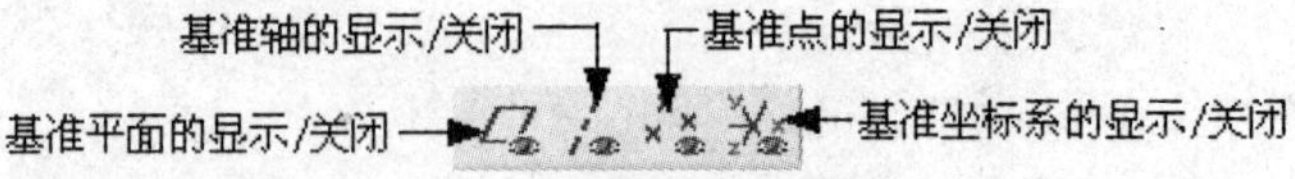

基准轴的显示/关闭
基准点的显示/关闭
基准平面的显示/关闭
基准坐标系的显示/关闭

图 3-2

3.2 创建基准平面

基准平面是一种二维的、无限延伸的平面,它在 Pro/E 野火版可以作为特征的绘图面和参考面,也可在装配状态下作为匹配、对齐、定向等配合约束条件的参考面。

(顶视平面)
TOP
(前视平面)
FRONT
PRT_CSYS_DEF
RIGHT(右视平面)

图 3-3

通常,新建一个 Pro/E 野火版零件文件时,系统会自动定义如图 3-3 所示的 3 个基准平面:TOP(顶视)基准平面、FRONT(前视)基准平面和 RIGHT(右视)基准平面。

用户可以根据设计需要创建新的基准平面,新的基准平面将以 DTM1、DTM2、DTM3…来标识。单击(基准平面工具)按钮,打开如图 3-4 所示的"基准平面"对话框。

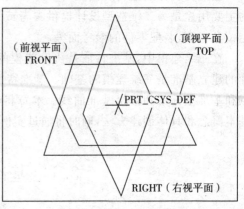

3.2.1 "基准平面"对话框

进入"插入"→"模型基准"→"平面"或单击窗口右侧基准工具栏中的基准平面工具按钮,可以打开"基准平面"对话框,如图 3-4 所示。下面对该对话框中各选项进行简要介绍。

放置:选择当前存在的平面、曲面、边、点、坐标、轴、顶点等作为参照,在"偏距"栏中输入相应的约束数据,在"参照"栏中根据选择的参照不同,可能显示如下 5 种类型的约束。

(1)穿过:新的基准平面通过选择的参照。

(2)偏移:新的基准平面偏离选择的参照。

(3)平行:新的基准平面平行选择的参照。

(4)法向:新的基准平面垂直选择的参照。

(5)相切:新的基准平面与选择的参照相切。

显示:该面板包括反向按钮(垂直于基准面的相反方向)和调整轮廓选项(供用户调节基准面的外部轮廓尺寸)。

属性:该面板显示当前基准特征的信息,也可对基准平面进行重命名。

图 3-4

3.2.2　参照选取方法和基准平面创建步骤

创建基准平面的关键是选取可以约束基准面的参照,选取参照的方法和基准平面创建步骤如下:

(1)单击窗口右侧基准工具栏中的基准平面工具按钮 $\diagup$,打开"基准平面"对话框。

(2)为了能在图形窗口中更直接地选取所需要的图素,可以在屏幕右下角的选取过滤器中进行筛选,如图 3-5 所示。

(3)在图形窗口中选取参照后,参照将显示在"基准平面"对话框的"参照"列表中,然后可以用鼠标左键单击该参照,则弹出该参照的约束类型选项下拉框,如图 3-6 所示,在下拉框中选择参照的约束类型。

图 3-5

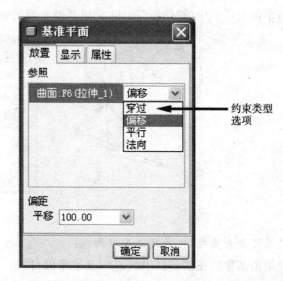

图 3-6

(4)如果需要添加多个参照,应在鼠标选取的时候同时按下 Ctrl 键。

(5)选取足够的参照后(系统将会判断是否已经完全约束),单击"基准平面"对话框

的 确定 按钮,则该基准平面创建完毕。

3.2.3 创建基准平面的主要方法

(1)插入平行面法:偏移平面一定距离确定一个平面。

(2)插入旋转面法:平面与平面外一条直线确定一个平面。

(3)经过两条直线插入平面法:两条直线确定一个平面。

(4)经过直线与直线外一点插入平面法:直线与直线外一点确定一个平面。

(5)经过不在同一直线上的三点插入平面法:穿过三点确定一个平面。

下面以一个简单例子来讲解如何使用不同的方法来创建基准平面特征。

3.2.4 基准平面特征创建实例

1. 打开文件

单击 📂(打开现有对象)按钮,选择随书光盘中的 chap03—01.prt 文件,单击对话框中的"打开"按钮,打开文件中存在的图形。

2."穿过三点"方式建立基准面

(1)在菜单栏中点选"插入"→"模型基准"→"平面"命令,或选择窗口右侧的基准特征工具栏中的 ▱(基准平面)按钮,系统弹出"基准平面"对话框。

(2)在绘图窗口中按住 Ctrl 键选取如图 3-7 所示三个点作为参照,设定约束方式为"穿过",如图 3-7 所示。图中箭头代表了基准平面的法线方向。

(3)单击对话框中的"确定"按钮,完成基准平面的创建,系统自动命名为 DTM1。

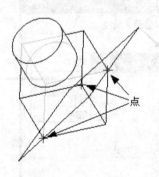

图 3-7

3."经过两条直线"方式建立基准面

(1)单击基准特征工具栏中的 ▱(基准平面)按钮,系统弹出"基准平面"对话框。

(2)在绘图窗口中左键选取如图 3-8 所示实体边作为参照,并设定约束条件为"穿过"。按住 Ctrl 键选取如图 3-8 所示曲线作为另一参照,设定约束条件为"法向"。

(3)单击对话框中的"确定"按钮,完成基准平面的创建,系统自动命名为 DTM2。

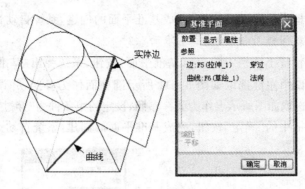

图 3-8

4."偏移平面一定距离"建立基准面

(1)单击基准特征工具栏中的 $\square$ (基准平面)按钮,系统弹出"基准平面"对话框。

(2)在绘图窗口中左键选取如图3-9所示实体平面作为参照,并设定约束条件为"偏移",并在偏移距离输入框中输入平移值25,如图3-9所示。

(3)单击对话框中的"确定"按钮,完成基准平面的创建,系统自动命名为DTM3。

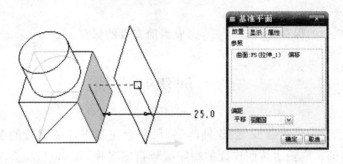

图 3-9

5."平面与平面外一条直线"建立基准面

(1)单击基准特征工具栏中的 $\square$ (基准平面)按钮,系统弹出"基准平面"对话框。

(2)在绘图窗口中左键选取如图3-10所示实体边作为参照,并设定约束条件为"穿过"。按住Ctrl键选取图所示实体面作为另一参照,设定约束条件为"偏移",并在偏移距离输入框中输入旋转值45,如图3-10所示。

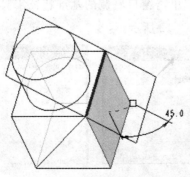

图 3-10

（3）单击对话框中的"确定"按钮，完成基准平面的创建，系统自动命名为 DTM4。

6. "与圆弧面或圆锥面相切"建立基准面

（1）单击基准特征工具栏中的 □ （基准平面）按钮，系统弹出"基准平面"对话框。

（2）在绘图窗口中左键选取如图 3-11 所示圆柱面作为参照，并设定约束条件为"相切"。按住 Ctrl 键选取如图所示点作为另一参照，设定约束条件为"穿过"，如图 3-11 所示。

（3）单击对话框中的"确定"按钮，完成基准平面的创建，系统自动命名为 DTM4。

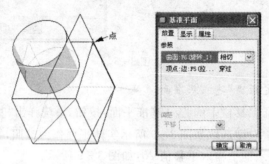

图 3-11

7. 保存文件

单击工具栏中的保存文件按钮 🖫 ，完成当前文件的保存。

3.3 创建基准轴

基准轴可以作为创建特征、创建轴阵列、尺寸标注和零件装配等的参照。在 Pro/E 野火版中，生成的基准轴也按照连续的顺序编号指定名称，如 A_1、A_2、A_3、A_4⋯，当然也可以进行重命名。基准轴可以作为旋转特征的中心线自动出现；也可以作为具有同轴特征的参考。以下几种特征系统会自动标注出基准轴：拉伸产生的圆柱特征，旋转特征，孔特征。也有例外，当创建圆角特征时，系统不会自动标注基准轴。

3.3.1 基准轴对话框

进入"插入"→"模型基准"→"轴"或单击窗口右侧的基准特征工具栏中的基准轴按钮 ╱ ，可以打开"基准轴"对话框，如图 3-12 所示。

图 3-12

3.3.2　参照选取方法及基准轴创建步骤

创建基准轴时,选取参照方法及基准轴创建步骤
如下:

(1)单击屏幕右侧的基准轴按钮  ,打开"基准轴"对
话框。

(2)在图形窗口中选取参照。选取后,参照将显示在
"基准轴"对话框的"参照"列表中。用鼠标单击列表中的
该参照,则弹出该参照的约束类型选项下拉框,如图 3 -
13 所示,在下拉框中选择参照的约束类型。

图 3 - 13

(3)如果需要添加多个参照,应在鼠标选取的时候同时按下 Ctrl 键。

(4)选取足够的参照后(系统将会判断是否已经完全约束),单击"基准轴"对话框的
确定 按钮,则该基准轴创建完毕。

3.3.3　基准轴的创建方法

基准轴的创建方法主要有以下几种。

(1)过边界法:通过寻找实体直线边界来创建轴。

(2)两点法:经过两个顶点,创建一根基准轴。

(3)过点且与平面垂直法:经过一点且与当前平面垂直。

(4)垂直指定面法:创建一根轴并垂直于平面。

(5)两平面相交法:通过两个平面相交来创建一根基准轴。

(6)过圆柱面法:经过圆柱中心轴创建一根基准轴。

下面以一个简单例子来讲解如何使用不同的方法来创建基准轴特征。

3.3.4　基准轴特征创建实例

1. 打开文件

单击 (打开现有对象)按钮,选择随书光盘中的 chap03－02. prt 文件,单击对话框
中的"打开"按钮,打开文件中存在的图形。

2."两点法"建立基准轴

(1)单击屏幕右侧的基准轴按钮 ,打开"基准轴"对话框。

(2)在绘图窗口中左键选取如图 3 - 14 所示点 1 作为参照,并设定约束条件为"穿
过"。按住 Ctrl 键选取图 3 - 14 所示点 2 作为另一参照,设定约束条件为"穿过"。

(3)单击对话框中的"确定"按钮,完成基准轴的创建,系统自动命名为 A_1。

3."过点且与平面垂直法"建立基准轴

(1)单击屏幕右侧的基准轴按钮 ,打开"基准轴"对话框。

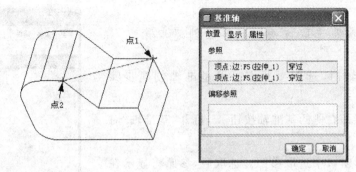

图 3-14

(2)在绘图窗口中左键选取如图 3-15 所示实体面作为参照,并设定约束条件为"法向"。单击"偏移参照"下方区域,使其获得输入焦点,按住 Ctrl 键选取图 3-15 所示实体边 1 和实体边 2 作为偏移参照,并输入如图 3-15 所示的偏移值。

(3)单击对话框中的"确定"按钮,完成基准轴的创建,系统自动命名为 A_2。

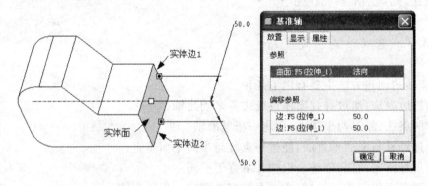

图 3-15

4."过圆柱面法"建立基准轴

(1)单击屏幕右侧的基准轴按钮 ，打开"基准轴"对话框。

(2)在绘图窗口中左键选取如图 3-16 所示圆弧面作为参照,并设定约束条件为"穿过"。

(3)单击对话框中的"确定"按钮,完成基准轴的创建,系统自动命名为 A_3。

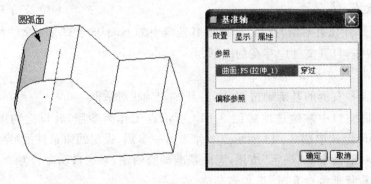

图 3-16

5."与圆弧相切＋切点"建立基准轴

(1)单击屏幕右侧的基准轴按钮 ∕ ,打开"基准轴"对话框。

(2)在绘图窗口中左键选取如图 3－17 所示实体圆弧边作为参照,并设定约束条件为"相切",按住 Ctrl 键选取如图 3－17 所示实体顶点作为另一个参照,并设定约束条件为"穿过"。

(3)单击对话框中的"确定"按钮,完成基准轴的创建,系统自动命名为 A_4。

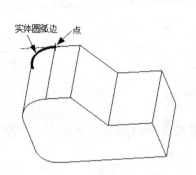

图 3－17

6. 保存文件

单击工具栏中的保存文件按钮 ,完成当前文件的保存。

3.4　创建基准曲线

基准曲线可以当做扫描特征的轨迹以及建立圆角的参考特征,除此之外,在绘制或修改曲面时也扮演着很重要的角色。绘制基准曲线有多种方法,总体而言有草绘基准曲线和非草绘基准曲线两大类。

3.4.1　草绘基准曲线

进入"插入"→"模型基准"→"草绘"或单击草绘基准曲线按钮 ,系统弹出"草绘"对话框,选定草绘平面和视图参照平面后,单击"草绘"按钮,进入草绘工作界面,然后进行曲线的绘制,读者可以自行试验。

3.4.2　基准曲线

创建基准曲线的工具按钮为 ～（基准曲线工具）,或单击"插入"→"模型基准"→"曲线"命令。系统打开如图 3－18 所示的"曲线选项"菜单,该菜单管理器提供了 4 种创建基准曲线的命令。

下面两个简单例子来讲解如何使用不同的方法来创建基准曲线特征。

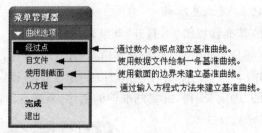

图 3-18

3.4.3 基准曲线特征创建实例一

1. 打开文件

单击 📷（打开现有对象）按钮，选择随书光盘中的 chap03-03.prt 文件，单击对话框中的"打开"按钮，该文件中存在如图 3-19 所示的图形。

2."经过点"建立基准曲线

（1）单击 〜（基准曲线工具）按钮，系统打开如图 3-18 所示的"曲线选项"菜单。

（2）选择"经过点"→"完成"命令，将打开如图 3-20 所示的"曲线：通过点"对话框和菜单管理器。默认时，选择"样条"→"整个阵列"→"添加点"命令，此时依次在模型中选择若干个点，如图 3-21 所示，在菜单管理器中选择"完成"命令，接着单击"曲线：通过点"对话框中的"确定"按钮，完成基准曲线的创建。

图 3-19

图 3-20

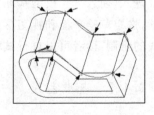

图 3-21

提示：

创建基准曲线时，可以根据设计需要，在"曲线：通过点"对话框中，选择"相切"选项，然后单击"定义"按钮，来设置曲线在端点处的相切约束条件。当在"曲线：通过点"对话框中,选择"扭曲"选项时,单击"定义"按钮,可以通过使用多面体处理的方式来调整过两点的曲线形状。请读者自行练习。

3. "使用剖截面"建立基准曲线

(1)单击 $\sim$ (基准曲线工具)按钮,打开"曲线选项"菜单。

(2)从"曲线选项"菜单中选择"使用剖截面"→"完成"命令。

(3)在出现的如图 3-22 所示的"截面名称"菜单管理器中选择"A",则创建的基准曲线如图 3-23 所示。

图 3-22　　　　　　　图 3-23

4. 保存文件

单击工具栏中的保存文件按钮 ,完成当前文件的保存。

3.4.4　基准曲线特征创建实例二

1. 建立新文件

(1)单击工具栏中的新建文件按钮 。

(2)新建一个名为 chap03—04 的零件文件,采用 mmns_part_solid 模板。

2. "从方程"建立基准曲线

(1)单击 $\sim$ (基准曲线工具)按钮,打开"曲线选项"菜单。

(2)从"曲线选项"菜单中选择"从方程"→"完成"命令。打开如图 3-24 所示的对话框和菜单。

(3)在模型树或绘图区中选择 PRT_CSYS_DEF 坐标系 。

(4)系统弹出"设置坐标类型"菜单,如图 3-25 所示。在菜单中选择"笛卡尔"命令。

图 3-24　　　　　　　图 3-25

（5）系统出现记事本窗口，在记事本中输入如图 3－26 所示的函数方程。

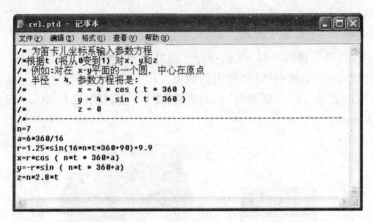

图 3－26

（6）在记事本的"文件"下拉菜单中选择"保存"命令，然后选择"文件"→"退出"命令。

（7）在"曲线：从方程"对话框中单击"确定"按钮，创建曲线如图 3－27 所示。

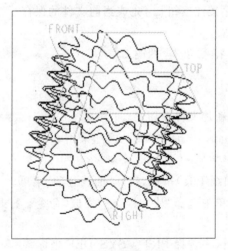

图 3－27

3. 保存文件

单击工具栏中的保存文件按钮 🔲，完成当前文件的保存。

3.5　创建基准点

基准点主要被用来进行空间定位，可以用于建构一个曲面造型，放置一个孔以及加入基准目标符号和注释，这些可能在创建管特征时都需要用到。基准点也被认为是零件特征。

基准点显示为×，编号为 PNT0、PNT1，PNT2、⋯

3.5.1　基准点的创建方式

进入"插入"→"模型基准"→"点",或单击窗口右侧的基准点按钮 ⚹ ⚹ ⚹ ⚹,Pro/
E 提供四种方式创建基准点,它们分别是创建一般点、创建草绘点、偏移坐标系创建基准
点和创建域基准点。

3.5.2　创建基准点(一般基准点)

"一般基准点"方式是创建基准点最常用的方法,是通过选取一些参照作为约束条件
来创建基准点。它的"基准点"对话框如图 3-28 所示。

下面以一个简单例子来讲解如何使用不同的方法来创建基准点特征。

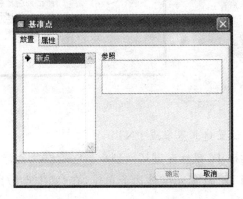

图 3-28

3.5.3　基准点特征创建实例

1. 打开文件

单击 📂(打开现有对象)按钮,选择随书光盘中的 chap03-05. prt 文件,单击对话框
中的"打开"按钮,该文件中存在如图 3-29 所示的图形。

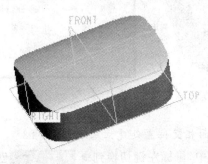

图 3-29

2. 在曲面上建立基准点 PNT0

(1) 单击 ×× (基准点工具) 按钮, 系统打开如图 3-30 所示的"基准点"对话框。

(2) 鼠标左键在顶曲面上单击, 接着拖动其中一个偏移参照控制图柄选择 FRONT 基准平面, 拖动另一个偏移参照控制图柄选择 RIGHT 基准平面, 并分别设置其相应的偏移距离, 如图 3-30 所示。

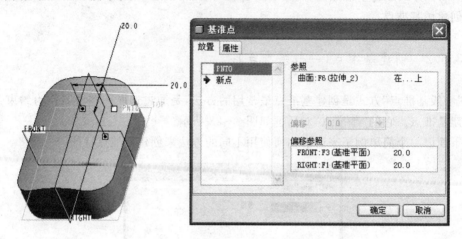

图 3-30

3. 在实体边上某一位置建立基准点 PNT1

(1) 在"基准点"对话框中, 鼠标左键切换到 → 新点 创建状态。

(2) 鼠标左键在如图 3-31 所示实体边上单击, 在"基准点"对话框中, 选择"比率"选项, 输入偏移比率为 0.6。

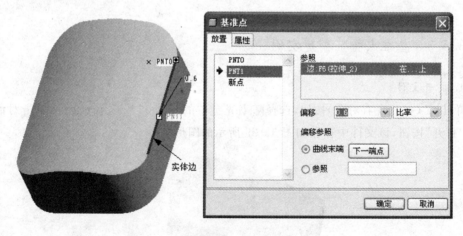

图 3-31

4. 在实体边与某一平面相交位置处建立基准点 PNT2

(1) 在"基准点"对话框中, 鼠标左键切换到 → 新点 创建状态。

(2) 鼠标左键选取如图 3-32 所示实体边并按住 Ctrl 键选取 RIGHT 基准平面。

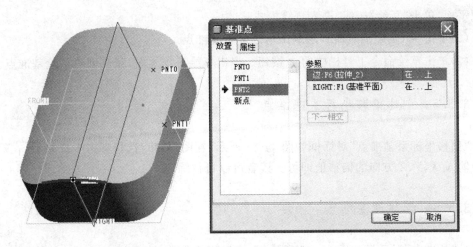

图 3 - 32

（3）单击"基准点"对话框中的"确定"按钮。创建的基准点如图 3 - 33 所示。

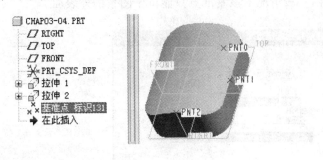

图 3 - 33

5. 保存文件

单击工具栏中的保存文件按钮 📄，完成当前文件的保存。

提示：

要在同一基准点创建对话框中添加一个新的基准点时，应首先单击"基准点"对话框左栏显示的"新点"，然后选择参照（若要添加多个参照，应按住 Ctrl 键进行选择）。

若要删除一个参照，可使用如下方法：

➤ 方法一：选中参照，单击鼠标右键，在弹出的快捷菜单中单击"移除"选项。

➤ 方法二：在图形窗口中选择一个新的参照替换原来的参照。

3.5.4 创建草绘基准点

在草绘工作界面中创建的基准点称为草绘基准点。使用草绘方式一次可草绘多个基准点，这些基准点位于同一个草绘平面，属于同一个基准点特征。

创建草绘基准点的步骤如下：

（1）单击 ▦（草绘的基准点工具）按钮，打开"草绘的基准点"对话框，选择草绘平面和参照平面,单击"草绘"按钮,进入草绘模式。

(2)单击 × (创建点)按钮,绘制 1 个或多个基准点。

(3)单击草绘命令工具栏中的 ✔ 按钮。退出草绘工作界面,完成创建草绘基准点。

3.5.5　创建偏移坐标系基准点

"偏移坐标系基准点"对话框如图 3 - 34 所示,在图形窗口选择参考坐标系后,在对话框中输入 X、Y、Z 方向的偏移值即可。读者可以自行练习。

3.5.6　创建域基准点

"域基准点"对话框如图 3 - 35 所示,生成操作非常简单,在任意图素上,只要用鼠标左键单击某一点,就可以确定基准点的位置。但这样确定的基准点位置具有较大的随意性和不确定性,一般情况下该基准点只能位于图素的外表面。

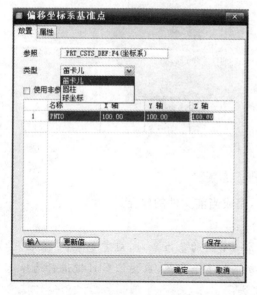

图 3 - 34

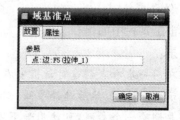

图 3 - 35

3.6　创建坐标系

基准坐标系的作用:辅助建立其他基准特征,计算模型的物理量(质量、质心、体积、惯性矩等)时的基准位,外部数据输入(如 IGS、IBL 等)时的参考位置设定,进行 NC 加工编程时的参考系统等。

在 Pro/E 中使用三种坐标系:"笛卡儿坐标系:即直角坐标系"、"圆柱坐标系"和"球坐标系"。系统默认使用"笛卡儿坐标系",并在进入系统工作时已经建立了一个默认坐标系,命名为 PRT_CSYS—DEF。如果在使用中默认坐标系被删除,可以进入"插入"→"模型基准"→"缺省坐标系"来重新建立默认坐标系。

3.6.1 "坐标系"对话框

进入"插入"→"模型基准"→"坐标系",或单击基准特征工具栏的坐标系 ✕ 按钮。打开"坐标系"对话框,如图 3 - 36 所示。

建立新坐标系主要需确定原点位置和坐标轴方向,在"坐标系"对话框中"原始"选项卡用于确定原点位置,其中"偏移类型"是当选择其他坐标系为偏移参照时有效,如图 3 - 36 所示;"定向"选项卡用于确定坐标轴方向,如图 3 - 37 所示,在"定向"选项卡中,"关于 X、Y、Z"是用来设定相对 X、Y、Z 轴旋转角度。

图 3 - 36

图 3 - 37

下面以一个简单例子来讲解如何使用不同的方法来创建坐标系。

3.6.2 坐标系创建实例

1. 打开文件

单击 (打开现有对象)按钮,选择随书光盘中的 chap03-06. prt 文件,单击对话框中的"打开"按钮,该文件中存在如图 3 - 38 所示的图形。

图 3 - 38

2."偏移坐标系"方式建立基准坐标系

(1)单击基准特征工具栏的 ✳ (基准坐标系工具)按钮,系统打开"坐标系"对话框。

(2)选择零件默认坐标系 PRT_CSYS_DEF 为参照坐标系,在"原始"选项卡中设定偏移类型为"笛卡儿",并设定沿 X、Y、Z 方向都偏移 30。在"定向"选项卡中,设定绕 X 轴旋转 45°,绕 Y、Z 轴旋转 0°,如图 3-39 所示。

(3)单击"坐标系"对话框中的"确定"按钮,完成新坐标系的创建。

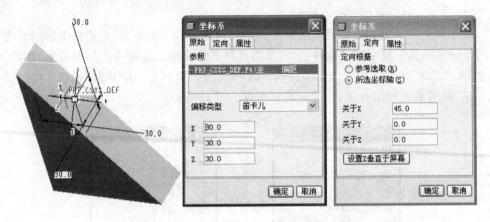

图 3-39

3."三平面"方式建立基准坐标系

(1)单击基准特征工具栏的 ✳ (基准坐标系工具)按钮,系统打开"坐标系"对话框。

(2)按住 Ctrl 键依次选择如图 3-40 所示的实体平面 1、平面 2、平面 3,系统自动以三个平面的交点作为新坐标系的原点,系统自动以第一个选择面的法线方向为"确定"方向,这里是坐标系的 X 轴方向;第二个选择面的法线方向为"投影"方向,这里是坐标系的 Y 轴方向。

(3)单击"坐标系"对话框中的"确定"按钮,完成新坐标系的创建。

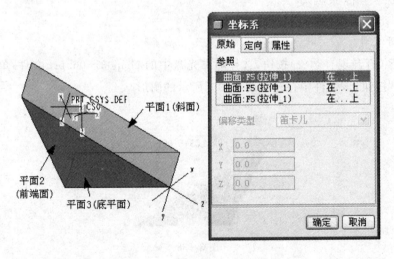

图 3-40

4."两条边或轴"方式建立基准坐标系

(1)单击基准特征工具栏中的 ✕·(基准坐标系工具)按钮,系统打开"坐标系"对话框。

(2)按住 Ctrl 键依次选择如图 3-41 所示的实体边 1、实体边 2,系统自动以两条边的交点作为新坐标系的原点,系统自动以第一条选择边的延伸方向为"确定"方向,这里是坐标系的 X 轴方向;第二条选择边的延伸方向为"投影"方向,这里是坐标系的 Y 轴方向。

(3)单击"坐标系"对话框中的"确定"按钮,完成新坐标系的创建。

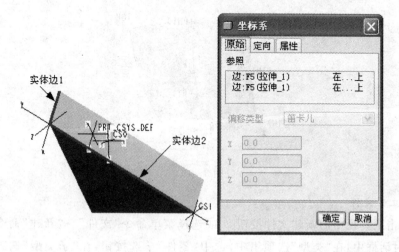

图 3-41

5."一个点+两条边或轴"方式建立基准坐标系

(1)单击基准特征工具栏的 ✕·(基准坐标系工具)按钮,系统打开"坐标系"对话框。

(2)选择如图 3-42 所示的基准点 PNT0 作为放置新坐标系原点的参照,单击"坐标系"对话框中的"定向"选项卡,依次选择如图 3-42 所示两条实体边 1、实体边 2 作为确定坐标轴的方向参照。

(3)单击"坐标系"对话框中的"确定"按钮,完成新坐标系的创建。

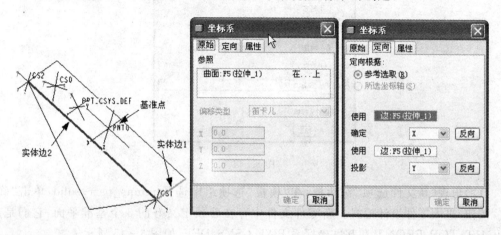

图 3-42

6. 保存文件

单击工具栏中的保存文件按钮 🖫 ,完成当前文件的保存。

3.7 基准特征综合实例

本实例应用到基准平面、基准点、基准曲线等特征创建如图 3-43 所示曲面模型。

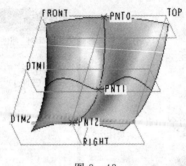

图 3-43

1. 建立新文件

(1)单击工具栏中的新建文件按钮 🗋 或选择菜单命令"文件"→"新建"命令,在弹出的"新建"对话框中,在"类型"选项组中,选中"零件"单选按钮,在"子类型"选项组中,选中"实体"单选按钮。在"名称"文本框中输入文件名为 chap03-07,取消选中"使用缺省模板"复选框以取消使用默认模板,单击"确定"按钮,如图 3-44 所示。

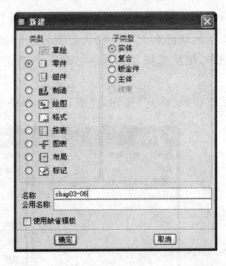

图 3-44

(2)出现"新文件选项"对话框,在"模板"选项组中选择 mmns_part_solid,单击"确定"按钮,进入零件设计模式。新零件文件中存在着预定义好的 3 个基准平面,它们是:RIGHT、TOP、FRONT 和基准坐标系 PRT_CSYS_DEF,如图 3-45 所示。

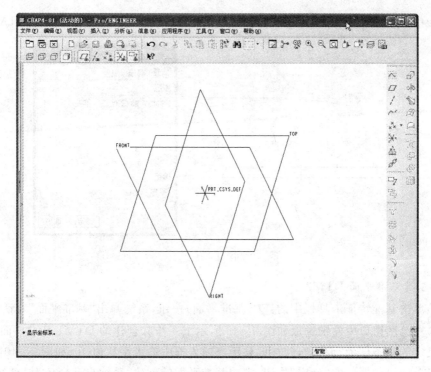

图 3-45

2.草绘基准曲线 1

(1)单击基准特征工具栏中的 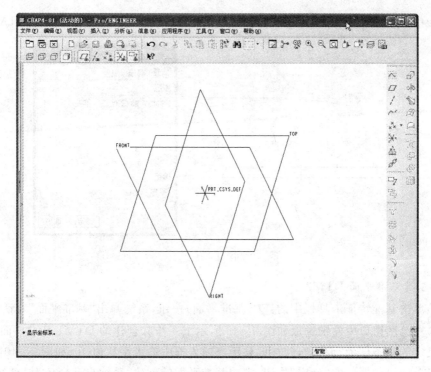（草绘工具）按钮,打开"草绘"对话框。

(2)选择 FRONT 基准平面作为草绘平面,RIGHT 基准面作为参照面,单击"草绘"按钮,进入草绘工作界面。

(3)绘制如图 3-46 所示的曲线(一段圆弧)。

(4)单击草绘命令工具栏中的 ✔ 按钮,完成草绘基准曲线 1 的绘制。按 Ctrl+D 组合键,以标准方向的视角来显示,效果如图 3-47 所示。

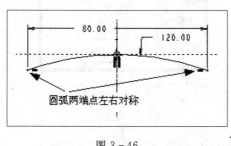

图 3-46

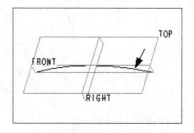

图 3-47

3.创建基准平面 DTM1

(1)单击基准特征工具栏中的 ◻（基准平面）按钮,系统弹出"基准平面"对话框。

(2)在绘图窗口中左键选取如图 3-48 所示 FRONT 基准平面作为参照,并设定约束条件为"偏移",并在偏移距离输入框中输入平移值 40,如图 3-48 所示。

(3)单击对话框中的"确定"按钮,完成基准平面的创建,系统自动命名为 DTM1。

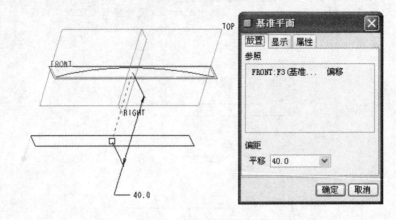

图 3-48

4. 创建基准平面 DTM2

(1)单击基准特征工具栏中的 ▱ (基准平面)按钮,系统弹出"基准平面"对话框。

(2)在绘图窗口中左键选取如图 3-49 所示上一步骤创建的 DTM1 基准平面作为参照,并设定约束条件为"偏移",并在偏移距离输入框中输入平移值 40,如图 3-49 所示。

(3)单击对话框中的"确定"按钮,完成基准平面的创建,系统自动命名为 DTM2。

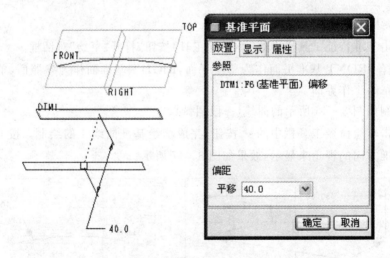

图 3-49

5. 草绘基准曲线 2

(1)单击基准特征工具栏中的 ⌈草绘工具⌉ 按钮,打开"草绘"对话框。

(2)选择 DTM1 基准平面作为草绘平面,RIGHT 基准面作为参照面,单击"草绘"按钮,进入草绘工作界面。

(3)绘制如图 3-50 所示的曲线(一条样条曲线)。

(4)单击草绘命令工具栏中的 ✔ 按钮,完成草绘基准曲线 2 的绘制。按 Ctrl+D 组合键,以标准方向的视角来显示,效果如图 3-51 所示。

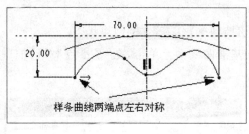

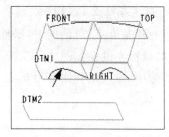

图 3-50　　　　　　　　　　　　　　　　图 3-51

6. 草绘基准曲线 3

(1)单击基准特征工具栏中的 ⊠(草绘工具)按钮,打开"草绘"对话框。

(2)选择 DTM2 基准平面作为草绘平面,RIGHT 基准面作为参照面,单击"草绘"按钮,进入草绘工作界面。

(3)绘制如图 3-52 所示的曲线(一段圆弧)。

(4)单击草绘命令工具栏中的 ✔ 按钮,完成草绘基准曲线 3 的绘制。按 Ctrl+D 组合键,以标准方向的视角来显示,效果如图 3-53 所示。

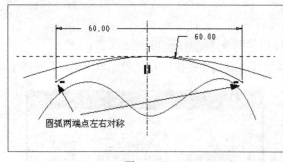

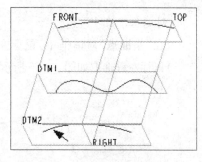

图 3-52　　　　　　　　　　　　　　　　图 3-53

7. 创建基准点 PNT0

(1)单击 ✕✕(基准点工具)按钮,系统打开"基准点"对话框。

(2)鼠标左键选取如图 3-54 所示草绘基准曲线 1 并按住 Ctrl 键选取 RIGHT 基准平面。

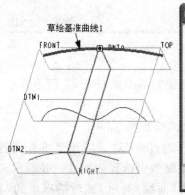

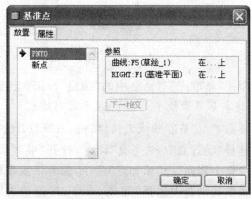

图 3-54

8. 创建基准点 PNT1

(1)在"基准点"对话框中,鼠标左键切换到 **新点** 创建状态。

(2)鼠标左键在如图 3-55 所示草绘基准曲线 2 上单击,在"基准点"对话框中,选择"比率"选项,输入偏移比率为 0.5。

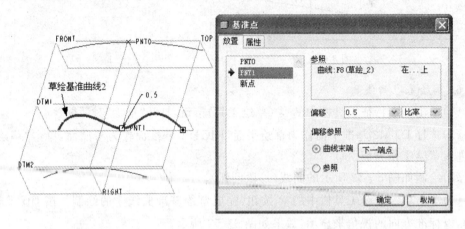

图 3-55

9. 创建基准点 PNT2

(1)在"基准点"对话框中,鼠标左键切换到 **新点** 创建状态。

(2)鼠标左键选取如图 3-56 所示草绘基准曲线 3 并按住 Ctrl 键选取 RIGHT 基准平面。

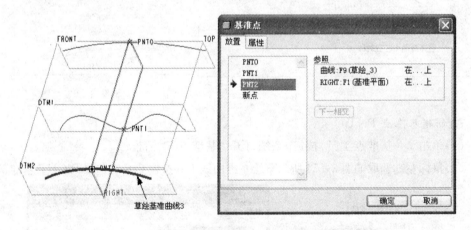

图 3-56

(3)单击"基准点"对话框中的"确定"按钮。创建的基准点如图 3-57 所示。

10. 建立基准曲线 1("经过点"方式创建)

(1)单击 ~ (基准曲线工具)按钮,系统打开"曲线选项"菜单。

(2)选择"经过点"→"完成"命令,打开"曲线:通过点"对话框和菜单管理器。选择"样条"→"整个阵列"→"添加点"命令,此时依次在模型中选择如图 3-58 所示三个曲线端点,在菜单管理器中选择"完成"命令,接着单击"曲线:通过点"对话框中的"确定"按钮,完成基准曲线 1 的创建,创建的基准曲线 1 如图 3-59 所示。

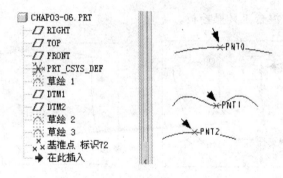

图 3－57

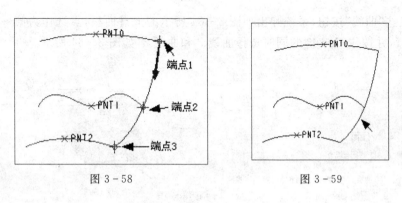

图 3－58　　　　　　　　　　　　　图 3－59

11. 建立基准曲线 2("经过点"方式创建)

(1)单击 ～(基准曲线工具)按钮,系统打开"曲线选项"菜单。

(2)选择"经过点"→"完成"命令,打开"曲线:通过点"对话框和菜单管理器。选择"样条"→"整个阵列"→"添加点"命令,此时依次在模型中选择如图 3－60 所示步骤 7、8、9 创建的三个基准点 PNT0、PNT1、PNT2,在菜单管理器中选择"完成"命令,接着单击"曲线:通过点"对话框中的"确定"按钮,完成基准曲线 2 的创建,创建的基准曲线 2,如图 3－61 所示。

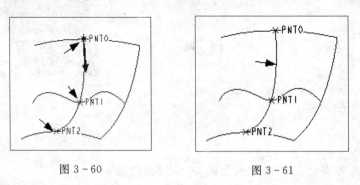

图 3－60　　　　　　　　　　　　图 3－61

12. 建立基准曲线 3("经过点"方式创建)

用同样的方法,依次选择模型中选择如图 3－62 所示三个曲线端点,完成基准曲线 3 的创建,创建的基准曲线 3,如图 3－63 所示。

13. 创建第一个边界混合曲面(双向的边界混合曲面)

(1)在特征工具栏上,单击 (边界混合工具)按钮,或在菜单栏中选择"插入"→"边界混合"命令,打开边界混合工具操控板。

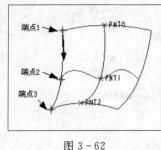

图 3-62   图 3-63

(2)点选"曲线"按钮,系统弹出如图 3-64 所示的上滑面板,点选作为第一个方向的边界曲线 1,并按住 Ctrl 键的同时选择曲线 2 和曲线 3,如图 3-64 所示。

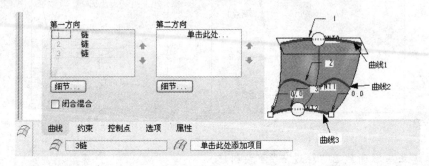

图 3-64

(3)在"曲线"上滑面板,单击"第二方向"下的区域,使其获得输入焦点,点选作为第二个方向的边界曲线 1,并按住 Ctrl 键的同时选择曲线 2 和曲线 3,如图 3-65 所示。

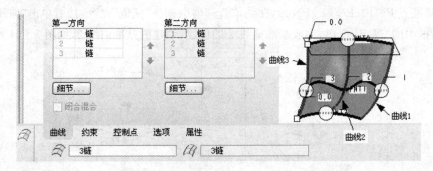

图 3-65

(4)单击边界混合工具操控板上的 ✔(完成)按钮,创建双向的边界混合曲面,如图 3-66 所示。

14. 保存文件

单击工具栏中的保存文件按钮 ▣,完成当前文件的保存。

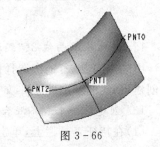

图 3-66

思考与练习

一、思考题

1. 如何进行基准特征的显示设置？

2. 选择基准平面的创建方法主要有哪几种？

3. 创建基准曲线主要有哪几种具体的方式？

4. 基准点主要分哪几种？创建一般基准点主要有哪些方法？

二、练习题

利用"拉伸"特征(请读者参照第 4 章内容)、"基准平面"等特征，创建如图 3-67 给出的实体模型。

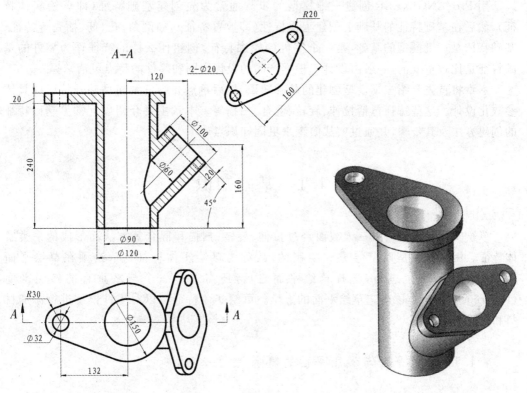

图 3-67

第 4 章　基础特征建模

用 Pro/ENGINEER 创建三维模型的步骤通常为先创建基础特征（即草绘实体特征），然后在基础特征的基础上创建工程特性（即放置特征），如倒角、孔、筋、抽壳等特征。基础特征是三维模型的基础，是一个零件的轮廓特征，创建什么样的特征作为零件的基础特征是比较重要的，一般由设计者根据产品的设计意图和零件的特点灵活掌握。

本章将首先介绍三维模型创建的基础知识，然后重点介绍三维模型基础特征的具体参数化设计。这些特征包括拉伸、旋转、混合、扫描等。本章主要介绍以上常见基础特征的创建方法及其步骤，并通过实战演练来巩固知识点。

4.1　基础知识

草绘实体特征是指由二维截面经过拉伸、旋转、扫描和混合等方法而形成的一类实体特征。因为截面是以草绘方式绘制的，故称为草绘实体特征。草绘须在草绘平面（Sketched Plane）上进行，选择草绘平面之后，还需选择一个与之垂直的参照平面（Reference Plane），以确定草绘平面的方位。草绘实体特征可以对零件模型进行添加材料和去除材料操作。

4.1.1　草绘平面与参照平面的概念

草绘实体特征是从草绘截面开始的，每一个截面的创建过程中都需指定一个平面作为它的绘图工作平台。草绘平面就是特征截面或轨迹的绘制平面，类似于绘制二维图时的图纸。草绘平面可选择基准平面、实体表面等。

选择了草绘平面后，草绘平面将与显示器屏幕重叠，草绘平面的法向与屏幕法向相同。为使草绘平面位置正确，还须指定一个与草绘平面垂直的平面作为草绘平面的参照，该平面即为参照平面。参照平面可作为草绘平面的顶面（Top）、底面（Bottom）、左面（Left）、右面（Right），用于确定草绘平面在屏幕上的位置。参照平面的法向代表了参照平面在屏幕上的朝向。

4.1.2　伸出项与切口

要加工出零件的形状和尺寸两种方法：一种是用添加材料方法，如铸造、锻造及焊接等；另一种是用去除材料的方法，如车、铣、刨、磨等切削加工。创建零件三维模型也如同加工零件，也有类似的添加材料和去除材料两种方法。Pro/ENGINGEER 中创建零件的三维模型就有相应的两种方法，据此可将草绘特征分成"伸出项"和"切口"两类。

"伸出项"：通过添加材料（体积增加）产生的草绘实体特征。

"切口"：通过去除材料（体积减小）产生的草绘实体特征。

在 Pro/ENGINEER 中，对零件模型进行添加材料和去除材料操作过程是相似的，区别仅仅是一个切换按钮。当该按钮处于弹出状态即 ☑ 时为添加材料；当该按钮处于按下状态即 ☑ 时，为去除材料。零件的第一个实体特征必须是添加材料特征。

4.1.3　创建实体特征的基本方法

通常的三维建模包括以下几个步骤：

① 建立一个实体文件，进入零件设计界面；

② 分析零件特征，确定特征创建顺序；

③ 确定草绘平面和参考平面；

④ 创建并修改基本特征；

⑤ 创建并修改其他构造特征；

⑥ 所有特征完成后，存储零件模型。

以上步骤中，对特征的分析以及对绘图面和参考面的确定是较为重要的几个环节。

1. 特征分析

在每个具体的三维实体的建模之前，要对其进行特征分析。所谓的特征，是指可以由参数驱动的实体模型。通常特征具有以下的特点。

➢ 特征是一个实体或零件的具体构成之一。

➢ 特征对应于某一具体形状。

➢ 特征应该具有工程上的意义。

➢ 特征的性质是可以预料的。

任何复杂的机械零件，从特征的角度看，都可以看成是由一些简单的特征所构成的。通过定义一系列的特征的形状以及与该特征相关的位置，即可生成较复杂的零件模型。改变这些形状与位置的定义，就改变了零件的形状和性质。

一个较复杂的三维实体可以分解成数个较简单的实体的叠加、裁减或相交。在建模的过程中首先需要明确各个特征的形状，它们之间的相对位置和表面连接关系，然后按照特征的主次关系，按一定的顺序进行建模。在建模过程中，特征的生成顺序是非常重要的。虽然不同的建模过程也可以构造出同样的实体零件，但造型的次序以及零件的特征结构直接影响零件模型的稳定性、可修改性、可理解性及模型的通用性。通常，模型结构越复杂,其稳定性、可修改性、可理解性就越差。因此,在技术允许的情况下,应尽量简化实体的特征结构,使用较少的实体元素。

2. 绘图平面和参考平面

Pro/ENGINEER 提供了"FRONT"、"RIGHT"和"TOP"三个默认的正交基准视图平面作为基本特征。默认的基准平面可在零件装配等许多方面为设计者提供方便。鉴于正交基准平面的诸多优越性,建议设计者使用三个默认的正交基准视图平面作为零件建模的基本特征。

创建草绘特征时,系统会要求选取一个绘图平面和一个参考平面,并且要求参考平面与绘图平面垂直。如何合理地选取绘图平面和参考平面,需要设计者在大量的实际训练中细心体会。

4.2　拉伸特征

拉伸特征实际是将二维的剖面图形沿着指定的方向(直线方向)和指定的高度伸长创建形成一个实体,所使用的剖面是通过草绘环境绘制的。拉伸特征可以创建实体和曲面,以及添加或移除材料。

4.2.1　拉伸特征介绍

在特征工具栏中单击(拉伸工具)按钮,或者从菜单栏中选择"插入"→"拉伸"命令,打开如图 4-1 所示的拉伸工具操控板。

图 4-1

现在介绍拉伸工具操控板上的功能按钮和选项。

▢(创建拉伸实体):用来创建实体特征,系统默认此选项。创建特征如图 4-2 所示。

◠(创建拉伸曲面):用来创建曲面特征,创建特征如图 4-3 所示。

确定拉伸深度的图标选项:

⬓:从草绘平面以指定的深度值单向拉伸,单击其旁边的·按钮,有几种其他方式的拉伸模式供选用。

⬓:在草绘平面的两侧各将剖面双向拉伸设定距离的一半。

≡:将截面拉伸至下一曲面。

非：拉伸至与所有曲面相交，即沿一个方向拉伸，并穿透所有特征。

业：拉伸至与选定的曲面相交。

些：拉伸至选定的点、曲线、平面或曲面。

✕（切换拉伸方向）：用来改变拉伸特征的拉伸方向，单击此按钮，拉伸方向将改变为截面的另一方向。

⟋（建立拉伸减料特征）：从已有的模型中去除材料。如图 4-4 所示，可以通过 ✕ 按钮来改变去除材料的方向。

⊏：建立薄壁实体特征，如图 4-5 所示。

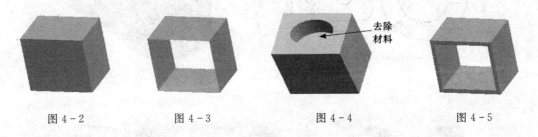

去除
材料

图 4-2　　　　　图 4-3　　　　　图 4-4　　　　　图 4-5

Ⅱ：暂停当前的特征命令，去执行其他操作。

☑∞：预览生成的特征。

✔：确认当前特征的创建。

✖：取消当前特征的创建。

放置：用来定义或编辑草绘截面。单击此按钮，显示"放置"面板，单击其中的 定义 按钮或 ▨ 按钮，打开"草绘"对话框定义草绘平面或重定义拉伸截面。

选项：主要用来确定第一方向和第二方向的深度选项和相应的拉伸深度，如图 4-6 所示。

属性：用来定义拉伸特征的名称以及查询其详细信息，如图 4-7 所示。单击 ◨（显示此特征的信息）按钮，可以打开浏览器查看该拉伸特征的详细信息。

图 4-6　　　　　　　　　　图 4-7

下面以一个简单例子来讲解如何创建拉伸特征。

4.2.2　拉伸特征建模实例

本例使用拉伸增料特征、拉伸减料特征建立如图 4-8 所示的模型。流程图如图 4-9 所示。

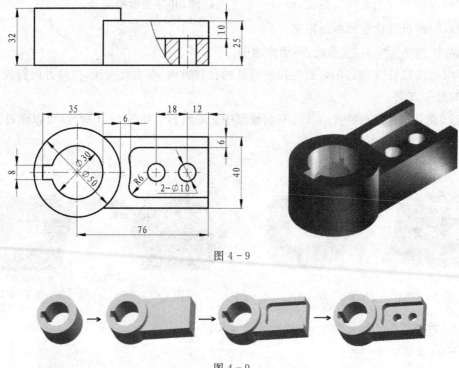

图 4 - 9

图 4 - 9

1. 建立新文件

(1)单击工具栏中的新建文件按钮 □ 或选择菜单命令"文件"→"新建",在弹出的"新建"对话框中的"类型"选项组中,选中"零件"单选按钮,在"子类型"选项组中,选中"实体"单选按钮。在"名称"文本框中输入文件名为 chap04－01,取消选中"使用缺省模板"复选框以取消使用默认模板,单击"确定"按钮,如图 4 - 10 所示。

(2)出现"新文件选项"对话框,在"模板"选项组中选择 mmns_part_solid,单击"确定"按钮,进入零件设计模式。新零件文件中存在着预定义好的 3 个基准平面,它们是:RIGHT、TOP、FRONT 和基准坐标系 PRT_CSYS_DEF,如图 4 - 11 所示。

图 4 - 10   图 4 - 11

2. 建立拉伸增料特征

(1)单击拉伸工具按钮 ，打开拉伸特征操控板，默认时，拉伸特征操控板上的按钮 （实体）处于选中状态，如图 4 - 12 所示。

图 4 - 12

(2)单击"放置"面板中的"定义"按钮，系统显示"草绘"对话框，如图 4 - 13 所示。该对话框中显示指定的草绘平面、参照平面、视图方向等内容。

(3)选择 TOP 基准面为草绘平面，RIGHT 基准面为参照平面，接受系统默认的视图方向，如图 4 - 14 所示。单击"草绘"对话框中的"草绘"按钮，系统进入草绘工作环境。

图 4 - 13　　　　　　　　　　　　图 4 - 14

(4)绘制如图 4 - 15 所示的截面，单击草绘命令工具栏中的 ✓ 按钮，完成拉伸截面的绘制。

提示：

倘若要生成拉伸实体特征，其截面必须是封闭的。如果截面不是封闭图形，单击草绘工具栏中的 ✓ 按钮，则会弹出"不完整截面"对话框，如图 4 - 16 所示，用户需重新检查截面是否封闭。

若生成的是拉伸曲面或加厚草绘特征，截面可以是开放的。

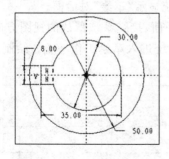

图 4 - 15　　　　　　　　　　　　图 4 - 16

(5)在拉伸工具操控板上选择系统默认的 （盲孔）拉伸模式选项，并在拉伸工具操控板中的文本框中输入拉伸值为"32"，如图 4 - 17 所示。

(6)单击预览按钮 ，模型如图 4 - 18 所示。单击拉伸特征操控板中的 ✓ 按钮，完成本次拉伸特征的建立。

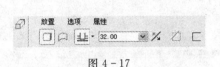

图 4-17 图 4-18

3. 在已有零件基础上建立拉伸增料特征

(1)单击拉伸工具按钮 ⬚,单击"放置"面板中的"定义"按钮,系统显示"草绘"对话框。

(2)选择 TOP 基准面为草绘平面,RIGHT 基准面为参照平面,接受系统默认的视图方向。单击"草绘"对话框中的"草绘"按钮,系统进入草绘工作环境。绘制如图 4-19 所示的截面。

(3)单击草绘命令工具栏中的 ✔ 按钮,返回拉伸特征操控板。

(4)在拉伸工具操控板上选择系统默认的 ⬚(盲孔)拉伸模式选项,并在拉伸工具操控板中的文本框中输入拉伸值为"25"。

(5)单击预览按钮 ☑∞,并单击工具栏中的无隐藏线切换按钮 ⬚,结果如图 4-20 所示。单击拉伸特征操控板中的 ✔ 按钮,完成本次拉伸特征的建立。

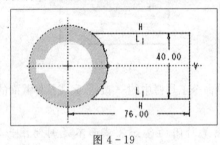

图 4-19 图 4-20

4. 建立拉伸减料特征

(1)单击拉伸工具按钮 ⬚,打开拉伸特征操控板,单击 ⬚(去除材料)按钮。

(2)单击"放置"面板中的"定义"按钮,系统显示"草绘"对话框。

(3)选择图 4-20 所示的上表面为草绘平面,接受系统默认的视图方向,如图 4-21 所示。单击"草绘"对话框中的"草绘"按钮,系统进入草绘工作环境。绘制如图 4-22 所示的截面。

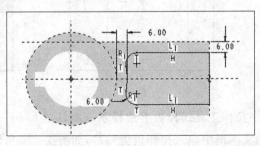

图 4-21 图 4-22

（4）单击草绘命令工具栏中的 ✓ 按钮，返回拉伸特征操控板。

（5）在拉伸工具操控板中的文本框中输入拉伸值为"10"，如图 4 - 23 所示。

（6）单击拉伸特征操控板中的 ✓ 按钮，完成本次拉伸特征的建立，结果如图 4 - 24 所示。

图 4 - 23　　　　　　　　　　　　　　　　图 4 - 24

5. 再次建立拉伸减料特征

（1）单击拉伸工具按钮 ⬠，打开拉伸特征操控板，在拉伸特征操控板上单击 ⬠（去除材料）按钮。

（2）单击"放置"面板中的"定义"按钮，系统显示"草绘"对话框。

（3）选择如图 4 - 24 所示表面 A 为草绘平面，接受系统默认的视图方向。单击"草绘"对话框中的"草绘"按钮，系统进入草绘工作环境。绘制如图 4 - 25 所示的截面（两个圆）。

（4）单击草绘命令工具栏中的 ✔ 按钮，返回拉伸特征操控板。

（5）在拉伸工具操控板上选择 ⋕（穿透）拉伸模式选项，单击拉伸特征操控板中的 ✔ 按钮，完成本次拉伸特征的建立。结果如图 4 - 26 所示。

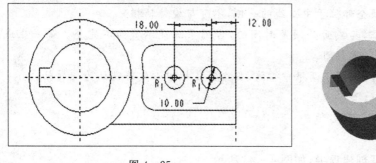

图 4 - 25　　　　　　　　　　　　　　　　图 4 - 26

6. 保存文件

单击菜单"文件"→"保存"命令，保存当前模型文件。

4.3　旋转特征

旋转特征是指将特征截面绕旋转中心线旋转而成的一类特征，适合于构建回转体零件与特征。适合于构建盘类、轴类实体，特别适用于内孔截面大小有变化的轴类实体构建。

在特征工具栏中单击 ⬢（旋转工具）按钮，或者从菜单栏中选择"插入"→"旋转"命令，

打开如图 4-27 所示的旋转工具操控板。该面板与拉伸特征操控板极为相似,现只将面板中形似而意不同的功能选项介绍如下:

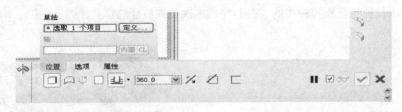

图 4-27

定义...:单击该按钮,系统显示"草绘"对话框以明确草绘平面并进入草绘工作环境。

内部 CL:使用草绘的中心线作为旋转轴。

:用户在非草绘环境自定义旋转轴。

:按指定的旋转角度,沿一个方向旋转。

:按指定的旋转角度,以草绘平面为分界面向两侧旋转。

:沿一个方向旋转到指定的点、曲线、平面或曲面。

360.0 :系统提供默认的 4 种旋转角度, 即 90、180、270、360。同时也可直接输入 0.0001-360 之间的任一值。

提示:

创建旋转特征绘制二维截面时须注意如下几点:

在草绘旋转特征截面时,须绘制一条中心线作为旋转中心线。否则系统提示截面不完整。旋转特征的截面必须全部位于中心线的一侧,不可与旋转轴相交。

倘若要生成实体特征,其截面必须是封闭的,否则系统提示截面不完整。如果生成的是旋转曲面,则截面可以不封闭。

当在绘制旋转剖面时,绘制了两根中心线,那么第 1 根中心线将默认为旋转轴。

4.3.1 旋转特征建模实例

下面利用"旋转"特征创建顶尖,如图 4-28 所示。

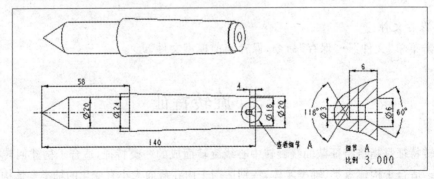

图 4-28

1. 建立新文件

(1)单击 ▯（创建新对象）按钮,打开"新建"对话框。

(2)在"类型"选项组中,选中"零件"单选按钮,在"子类型"选项组中,选中"实体"单选按钮;在"名称"文本框中输入文件名为 chap04－02,取消选中"使用缺省模板"复选框,以取消使用缺省模板,单击"确定"按钮。

(3)出现"新文件选项"对话框,在"模板"选项组中选择 mmns_part_solid,单击"确定"按钮,进入零件设计模式。

2. 建立旋转增料特征

(1)单击旋转工具按钮 ⬥⬥,在旋转特征操控板中单击"位置"面板中的"定义"按钮,系统显示"草绘"对话框。

(2)选择 FRONT 基准面为草绘平面,RIGHT 基准面为参照平面,接受系统默认的视图方向,如图 4-29 所示。

图 4-29

(3)单击"草绘"对话框中的"草绘"按钮,系统进入草绘工作环境。

(4)绘制如图 4-30 所示的一条中心线和特征截面,然后单击草绘命令工具栏中的 ✓ 按钮。

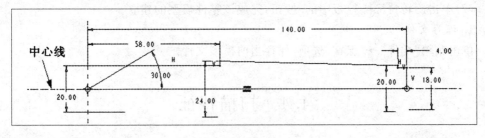

图 4-30

(5)在旋转特征操控板中接受默认的旋转角度为 360°。

(6)单击预览 ⊘∞ 按钮,结果如图 4-31 所示。单击旋转特征操控板中的 ✓ 按钮,完成本次旋转特征的建立。

图 4-31

3. 建立旋转减料特征

(1)单击旋转工具按钮，默认时，旋转操控板上的□（实体）按钮处于被选中状态，单击◢（去除材料）按钮。

(2)在旋转特征操控板中单击"位置"面板中的"定义"按钮，系统显示"草绘"对话框。

(3)单击"草绘"对话框中的 使用先前的 按钮，再单击该对话框中的"草绘"按钮，系统进入草绘工作环境。

(4)绘制如图 4-32 所示的一条中心线和截面。单击草绘命令工具栏中的✓按钮，回到旋转特征操控板。

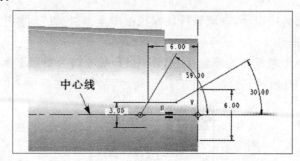

图 4-32

(5)设定去除的材料侧箭头朝向截面内侧，在旋转特征操控板中接受默认的旋转角度为 360°。

(6)单击预览 ∞ 按钮，结果如图 4-33 所示。

图 4-33

(7)单击旋转特征操控板中的✓按钮，完成该零件模型的建立。

4. 保存文件

单击菜单"文件"→"保存"选项，保存当前模型文件。

4.4 扫描特征

扫描实体特征就是将绘制的二维草绘截面沿着指定的轨迹线扫描生成三维实体特征，如图 4-34 所示。同拉伸与旋转实体特征一样，建立扫描实体特征也有添加材料和去除材料两种方法。建立扫描实体特征时首先要绘制一条轨迹线，然后再建立沿轨迹线扫描的特征截面。扫描实体特征可以构建复杂的特征。

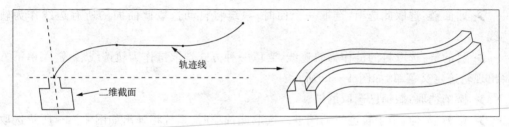

图 4 - 34

执行菜单"插入"→"扫描"命令,在"扫描"子菜单中有 7 个命令,如图 4 - 35 所示。

➢ 伸出项:即扫描生成实体特征。

➢ 薄板伸出项:即扫描生成薄板实体特征。

➢ 切口:即扫描生成切剪特征(即减料特征)。

➢ 薄板切口:即扫描生成薄板切剪特征。

➢ 曲面:即扫描生成曲面特征。

➢ 曲面修剪:即用扫描特征作曲面修剪。

➢ 薄曲面修剪:即用扫描薄板切口做曲面修剪。

单击菜单"插入"→"扫描"→"伸出项"(或"切口"选项)选项,弹出如图 4 - 36 所示的"扫描轨迹"菜单。

➢ 草绘轨迹:在草绘图中绘制扫描轨迹线。

➢ 选取轨迹:选择已有的曲线作为扫描轨迹线。

➢ 若是选择"选取轨迹"选项,则弹出如图 4 - 37 所示的"链"菜单,利用该菜单可采用不同的方式选择曲线。

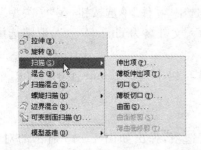

图 4 - 35　　　　　　·图 4 - 36　　　　　图 4 - 37

➢ 依次:选取单一的曲线,按住 Ctrl 依次选取多曲线线段,默认此选项。

➢ 相切链:当存在相切曲线时,选择其中一条,系统将自动选取与该曲线相切的所有曲线作为轨迹线。

➢ 曲线链:当曲线有多条曲线组成时,选取该选项,系统将弹出如图 4 - 38 所示的"链选项"菜单,单击"选取全部"将选取构成曲线链的所有曲线。

➢ 边界链:选取该选项,选取一个面的一条边线时,系统将自动选取与该边相切的所有边线。

➢ 曲面链:选取此选项,选取一个面时,系统将自动选取此曲面的所有边线作为轨迹线。

➢ 目的链:选取目的链作为轨迹线,当以一种方式选取链作为轨迹线后,链菜单下方将出现轨迹定义菜单,如图4-39所示。

➢ 撤销选取:撤销已选取的链。

➢ 修剪/延伸:用于轨迹线的端点。选取此选项时,系统将弹出如图4-40所示选取需要修剪/延伸的端点菜单,单击选取某一端点,单击"接受",将出现"修剪/延拓"菜单,如图4-41所示。

➢ 起始点:用于定义轨迹线的起始点的位置与方向。单击此选项后,系统也弹出如图4-45所示菜单,用户可以单击"下一个"用来切换二端点,然后单击"接受"即可确定选取。

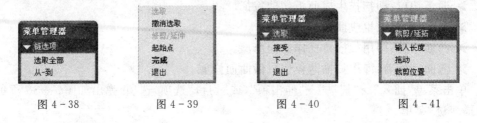

图4-38   图4-39   图4-40   图4-41

4.4.1　扫描特征建模实例一(开放的轨迹,封闭的截面)

本例使用扫描特征建立如图4-42所示的零件模型。

1. 创建新的零件文件

(1)单击 ▢ (创建新对象)按钮,打开"新建"对话框。

(2)在"新建"对话框中的"类型"选项组中,选中"零件"单选按钮,在"子类型"选项组中,选中"实体"单选按钮;在"名称"文本框中输入文件名为 chap04-03,取消选中"使用缺省模板"复选框,单击"确定"按钮。

(3)出现"新文件选项"对话框,在"模板"选项组中选择 mmns_part_solid,单击"确定"按钮,进入零件设计模式。

2. 以扫描方式建立增料特征

(1)单击菜单"插入"→"扫描"→"伸出项"选项,弹出如图4-43所示的对话框与菜单。

(2)在"扫描轨迹"菜单中选择"草绘轨迹"选项,以绘制扫描轨迹线。

(3)选择 FRONT 基准平面作为草绘平面,并在出现的菜单管理器菜单中选择"正向"→"缺省"命令,进入草绘模式。

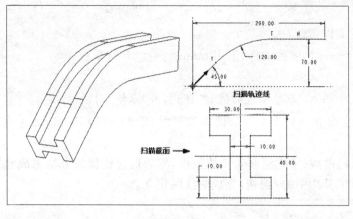

图 4-42　　　　　　　　　　　　　　　　　　　图 4-43

（4）绘制如图 4-49 所示的扫描轨迹线条，单击草绘命令工具栏中的 ✓ 按钮。

（5）系统再次进入草绘模式，用以绘制扫描截面，绘制如图 4-45 所示的截面。

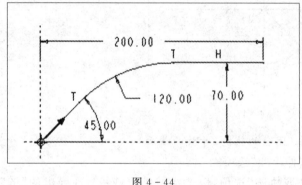

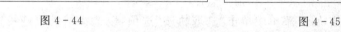

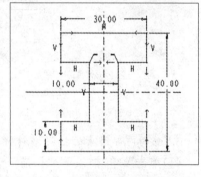

图 4-44　　　　　　　　　　　　　　　　　　　图 4-45

（6）单击草绘命令工具栏中的 ✓ 按钮，完成特征截面的绘制。单击"伸出项：扫描"对话框中的"确定"按钮，完成扫描特征的建立。按 Ctrl＋D 组合键，实体模型效果如图 4-46 所示。

图 4-46

3. 保存文件

单击菜单"文件"→"保存"选项，保存当前模型文件。

4.4.2　扫描特征建模实例二

在该模型构建中，使读者理解和学习扫描特征中的"增加内部因素"和"无内部因素"功能。

1. 创建新零件文件

(1)单击工具栏中的新建文件按钮 □ 。

(2)新建一个名为 chap04－04 的零件文件,采用 mmns_part_solid 模板。

2. 绘制草绘曲线

(1)单击基准特征工具栏中的 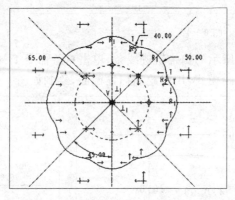（草绘基准曲线)按钮,打开"草绘"对话框。

(2)选择 TOP 基准面为绘图面,RIGHT 基准面为参照面,单击"草绘"按钮,进入草绘工作环境。

(3)绘制如图 4-47 所示的曲线(可先绘制 1/4 的截面,然后通过镜像的方法完成整个截面绘制)。单击草绘命令工具栏中的 ✓ 按钮,完成曲线的建立。

图 4-47

3. 增加内部因素的扫描增料特征(闭合的轨迹,开放的截面)

(1)单击菜单"插入"→"扫描"→"伸出项"选项。

(2)在"扫描轨迹"菜单中单击"选取轨迹"选项,以选择扫描轨迹线。在弹出的"链"菜单中单击"曲线链"选项,如图 4-48 所示,然后在绘图区选取上一步骤绘制的草绘曲线,在弹出的"链选项"菜单,如图 4-49 所示,单击"选取全部"选项。再单击"链"菜单中"完成"选项,如图 4-50 所示。

(3)系统显示如图 4-51 所示的"属性"菜单,依次单击该菜单中的"增加内部因素"、"完成"选项,系统再次进入草绘状态。

图 4-48 　　　　　图 4-49　　　　　图 4-50 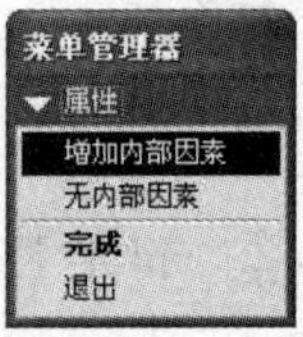　　　　　图 4-51

（4）绘制如图 4－52 所示的特征截面（两条直线和一段圆弧）。

（5）单击草绘命令工具栏中的✓按钮，再单击"伸出项：扫描"模型对话框中的"确定"按钮，完成模型的建立，如图 4－53 所示。

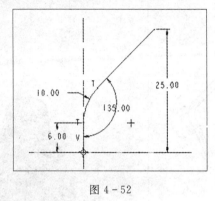

图 4－52　　　　　　　　图 4－53

4. 修改扫描特征为无内部因素的扫描特征（闭合的轨迹，闭合的截面）

（1）在模型树中右击刚刚建立的扫描特征 ✎伸出项 标识65，在弹出的快捷菜单中单击"编辑定义"选项。

（2）在弹出的"伸出项：扫描"模型对话框中选择"属性"选项。

（3）单击模型对话框中的"定义"按钮，在弹出的"属性"菜单中选择"无内部因素"、"完成"选项，如图 4－54 所示。

（4）系统重新进入草绘模式，以重新定义扫描截面，重新定义截面如图 4－55 所示（一闭合截面）。

（5）单击草绘命令工具栏中的✓按钮，再单击"伸出项：扫描"模型对话框中的"确定"按钮，完成模型的建立，如图 4－56 所示。

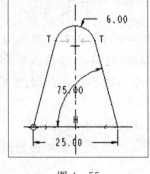

图 4－54　　　　　图 4－55　　　　　图 4－56

5. 保存文件

单击菜单"文件"→"保存"选项，保存当前模型文件。

4.4.3　扫描特征建模实例三

本例创建如图 4－57 所示的水壶，重点需掌握的内容为使用扫描特征建立水壶手柄。

在该模型构建中,将让读者了解:当轨迹线为开放轨迹并与实体相接合时,确定轨迹的首尾端为保留状(自由端点)还是自动结合(合并端点)时的区别。

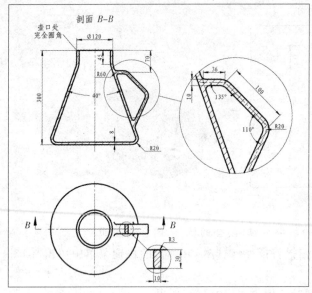

图 4－57

1. 建立新文件

(1)单击工具栏中的新建文件按钮 □ 。

(2)新建一个名为 chap04－05 的零件文件,采用 mmns_part_solid 模板。

2. 利用旋转特征创建水壶主体

(1)单击旋转工具按钮 ◈ ,在旋转特征操控板中单击"位置"面板中的"定义"按钮,系统显示"草绘"对话框。

(2)选择 FRONT 基准面为草绘平面,RIGHT 基准面为参照平面,接受系统默认的视图方向,单击"草绘"对话框中的"草绘"按钮,系统进入草绘工作环境。

(3)绘制如图 4－58 所示的一条中心线和特征截面,然后单击草绘命令工具栏中的 ✔ 按钮。

(4)在旋转特征操控板中接受默认的旋转角度为 360°。

(5)单击预览 ☑ ∞ 按钮,结果如图 4－59 所示。单击旋转特征操控板中的 ✔ 按钮,完成本次旋转特征的建立。

3. 建立壳特征(可参照第 5 章内容)

(1)单击壳工具按钮 ▣ ,打开壳特征操控板。在壳工具操控板上输入厚度值为 8。

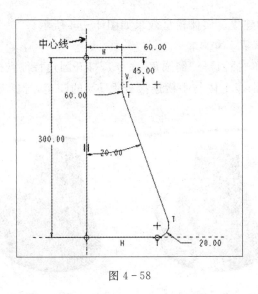

图 4-58

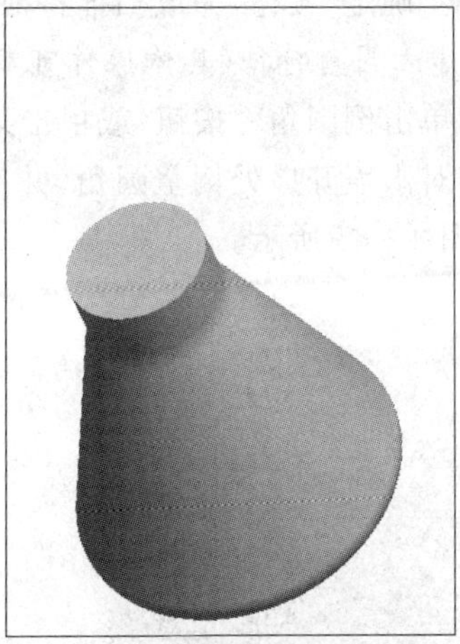

图 4-59

（2）选择水壶顶平面，该表面将作为移除的曲面。单击 ☑（完成）按钮，创建的壳特征如图 5-60 所示。

4. 创建合并终点形式的扫描增料特征

（1）单击菜单"插入"→"扫描"→"伸出项"选项。

（2）在"扫描轨迹"菜单中选择"草绘轨迹"选项，以绘制扫描轨迹线。

（3）选择 FRONT 基准平面作为草绘平面，并在出现的菜单管理器菜单中选择"正向"→"缺省"命令，进入草绘模式。

（4）绘制如图 4-61 所示的扫描轨迹线条，单击草绘命令工具栏中的 ☑ 按钮，系统弹出如图 4-62 所示的"属性"菜单，依次单击菜单中的"合并终点"、"完成"选项。

图 4-60

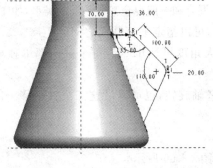

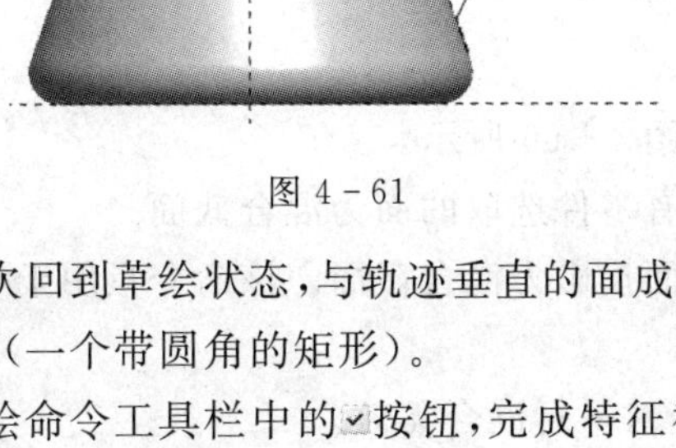

图 4-61

图 4-62

（5）系统再次回到草绘状态，与轨迹垂直的面成为绘图面，绘制如图 4-63 所示的截面作为扫描截面（一个带圆角的矩形）。

（6）单击草绘命令工具栏中的 ☑ 按钮，完成特征截面的绘制。单击"伸出项:扫描"对话框中的"确定"按钮,完成扫描特征的建立。实体模型效果如图 4-64 所示。

5. 建立圆角特征(具体操作可参照第 5 章内容)

(1)单击倒圆角 按钮(或单击菜单"插入"→"倒圆角"命令),打开圆角特征操控板。

(2)对水壶开口处倒全圆角,并对水壶主体与手柄连接处倒 R5 的圆角,导圆角后的图形如图 4-65 所示。

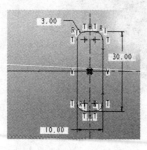
图 4-63

图 4-64

图 4-65

6. 保存文件

单击菜单"文件"→"保存"选项,保存当前模型文件。

4.5 混合特征

混合实体特征是由两个或多个草绘截面在空间融合所形成的特征,沿实体融合方向截面的形状是渐变的,混合实体特征能够创建比扫描实体特征更复杂的特征。

4.5.1 混合实体特征基本概念

1. 混合类型

混合实体特征共有平行混合、旋转混合和一般混合三种不同的类型,如图 4-66 所示。

平行:所有混合的截面相互平行,可以指定平行截面之间的距离。

旋转:混合截面绕 Y 轴旋转,最大角度可达 120°。每个截面都单独草绘并用截面相对坐标系对齐。

一般:一般混合截面可绕 X、Y、Z 轴旋转,也可以沿这三个轴平移。每个截面都单独草绘并用截面相对坐标系对齐。

2. 混合特征截面的概念

混合特征截面有两种的类型,如图 4-66 所示。

规则截面:使用草绘平面或由现有零件选取的面为混合截面。

投影截面:使用选定曲面上的截面投影为混合截面。该命令只用于平行混合。

定义混合截面方法有两种。

选取截面:选择截面图元,该命令对平行混合无效。

草绘截面：草绘截面图元。

3. 混合特征截面的起始点

创建混合特征过渡曲面时，系统连接截面的起始点并继续沿顺时针方向连接该截面的顶点。改变混合子截面的起始点位置和方向，形成的混合特征就会有很大的差别。

默认起始点是在子截面中草绘的第一个点。如果要改变起始点位置，选择另一端点，然后长按鼠标右键，在弹出的快捷菜单中，选择"起始点"命令或在下拉菜单中选择"草绘"→"特征工具"→"起始点"命令，可以将起始点放置在另一端点上。如果要改变起始点方向，选择该起始点，然后重复上述操作或命令即可。

4.5.2 平行混合特征建模实例一

平行混合特征中所有的截面都互相平行，所有的截面都在同一窗口中绘制完成，截面绘制完毕后，要指定混合截面间的距离。本例将创建如图 4-67 所示模型。

图 4-66

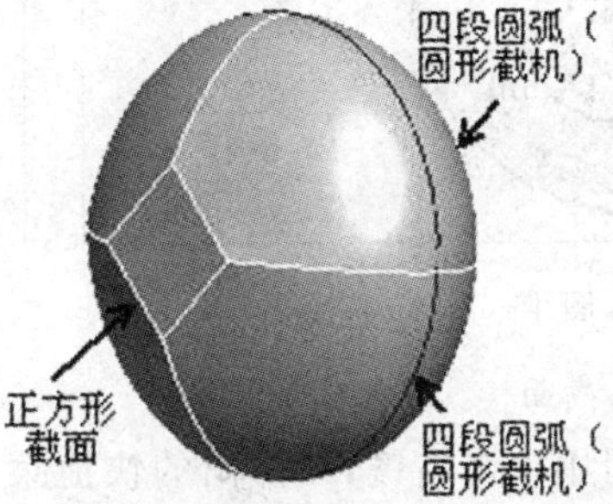

图 4-67

1. 建立新文件

新建一个名为 chap04-06 的零件文件，采用 mmns_part_solid 模板。

2. 采用平行混合方式

(1)单击菜单"插入"→"混合"→"伸出项"选项。

(2)在"混合选项"菜单中选择"平行"→"规则截面"→"草绘截面"→"完成"命令，如图4-68所示。并弹出如图 4-69 所示"伸出项：混合，平行，规则截面"对话框和"属性"菜单。

图 4-68

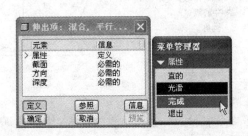

图 4-69

(3)在"属性"菜单中依次单击"光滑"、"完成"选项。

提示:"属性"菜单中有两个命令:

"直的":用直线段连接不同截面的顶点,截面的边用平面连接。

"光滑":用光滑曲线连接不同截面的顶点,截面的边用样条曲面连接。

3. 绘制第 1 个截面

选择 TOP 基准面为草绘平面,在菜单管理器出现的菜单中选择"正向"→"缺省"命令,进入草绘模式,绘制如图 4-70 所示的第 1 个截面(一个 ϕ150 的圆和两条相互垂直的中心线),选用草绘工具中的 $\stackrel{\cdot}{\Gamma}$(分割图元)按钮,将图 4-70 中的圆分割成如图 4-71 所示的四段圆弧。

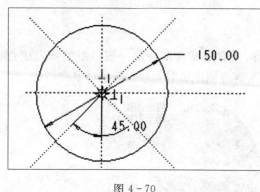

图 4-70   图 4-71

4. 绘制第 2 个截面

(1)在绘图窗口中单击右键,在弹出的快捷菜单中单击"切换剖面"选项,如图 4-72 所示。(或在菜单中,选择"草绘"→"特征工具"→"切换剖面"命令)此时,第 1 个截面颜色变淡,可以绘制下一个截面。

(2)绘制如图 4-73 所示的第 2 个截面(同上一截面绘制方法:先绘制一个 Φ300 的圆和两条中心线,然后选用草绘工具中的分割图元 $\stackrel{\cdot}{\Gamma}$ 按钮,将圆分割成四段圆弧)。

   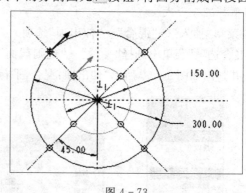

图 4-72   图 4-73

提示:

在建立混合特征时,无论采用何种形式,所有的混合截面必须具有相同数量的边。当数量不同时,可通过如下方式解决:

使用草绘命令工具栏中的分割按钮 $\stackrel{\cdot}{\Gamma}$,将图形打断变成具有相同的边。

利用混合顶点命令(菜单"草绘"→"特征工具"→"混合顶点"选项)指定草绘截面的一个点作为一条边。

截面绘制完成后,若起始点的位置和方向与设计不一致,可通过以下方法更改:

位置更改方法:选中正确的位置点,然后按住鼠标右键,在弹出如图图 4-74 所示的菜单中选择"起始点"选项,确定该点为起始点。

方向更改方法:方向同上,即选中起始点,然后按住鼠标右键,在弹出如图图 4-74 所示的菜单中选择"起始点"选项,起始点的方向发生改变。

5. 绘制第 3 个截面

(1)在绘图窗口中单击右键,在弹出的快捷菜单中单击"切换剖面"选项,此时,第 2 个截面颜色变淡,可以绘制下一个截面。

(2)绘制如图 4-75 所示的第 3 个截面(一个边长为 80 的正方形),注意截面的起始点位置与方向是否与图中所示一致。

图 4-74

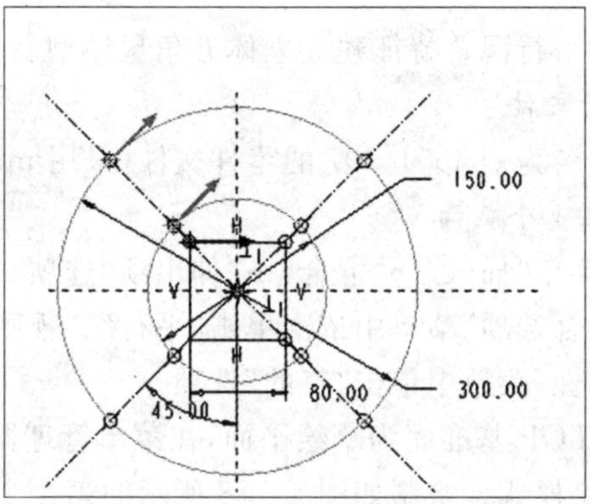

图 4-75

6. 输入四截面间的距离

(1)单击草绘命令工具栏中的✓按钮,完成混合截面的绘制,退出草绘模式。

(2)在弹出如图 4-76 所示的尺寸文本框中输入第二截面与第一截面之间距离"100",单击 ✓(接受)按钮。

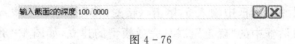

输入截面2的深度 100.0000

图 4-76

(3)再次在尺寸文本框中输入第三截面与第二截面之间距离"100",单击 ✓(接受)按钮。

(4)单击模型对话框中的"确定"按钮,完成模型的建立,如图 4-77 所示。

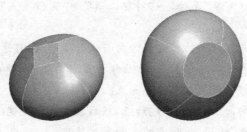

图 4-77

7. 保存文件

单击菜单"文件"→"保存"选项,保存当前模型文件。

4.5.3 平行混合特征建模实例二

本例使用平行混合特征建立立体五角星模型。

1. 建立新文件

新建一个名为 chap04-07 的零件文件,采用 mmns_part_solid 模板。

2. 绘制第 1 个截面

(1)单击菜单"插入"→"混合"→"伸出项"选项。

(2)在"混合选项"菜单中依次单击"平行"、"规则截面"、"草绘截面"选项。

(3)在"属性"菜单中单击"直的"选项。

(4)选择 TOP 基准面为草绘平面,在菜单管理器出现的菜单中选择"正向"→"缺省"命令,进入草绘模式。绘制如图 4-78 所示的第 1 个截面(一个五角星)。

3. 绘制第 2 个截面

(1)在绘图窗口中单击右键,在弹出的快捷菜单中单击"切换剖面"选项,此时第 1 个截面颜色变淡。

(2)绘制如图 4-79 所示的第 2 个截面(一个点)。

4. 输入两截面间的距离

(1)单击草绘命令工具栏中的✓按钮,完成混合截面的绘制,退出草绘模式。

(2)在弹出的尺寸文本框中输入 5,单击✓(接受)按钮。

(3)单击模型对话框中的"确定"按钮,完成模型的建立,如图 4-80 所示。

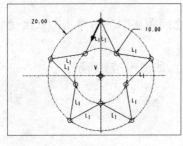

图 4-78

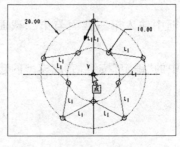

图 4-79

图 4-80

5. 保存文件

单击菜单"文件"→"保存"选项,保存当前模型文件。

4.5.4　旋转混合特征建模实例

创建旋转混合特征时,参与旋转混合的截面间彼此成一定的角度。在草绘模式下,绘制旋转混合截面时,第一截面必须建立一个参照坐标系,并标注该坐标系与其基准面间的位置尺寸,使得各截面间的坐标系统一在同一平面上,然后将坐标系的 Y 轴作为旋转轴,定义截面绕 Y 轴的旋转角度,即可建立旋转混合特征。如果旋转角度为 0,那么旋转混合的效果与平行混合相同。

本例使用旋转混合特征建立如图 4-82 所示的零件模型。图 4-81 为图 4-82 中的旋转混合实体中的各尺寸关系。

1. 建立新文件

新建一个名为 chap04-08 的零件文件,采用 mmns_part_solid 模板。

2. 选择旋转混合方式

(1)单击菜单"插入"→"混合"→"伸出项"选项。

(2)在"混合选项"菜单中依次单击"旋转"、"规则截面"、"草绘截面"、"完成"选项。

(3)在"属性"菜单中单击"光滑"、"开放"、"完成"选项,以绘制开放的光滑混合特征。

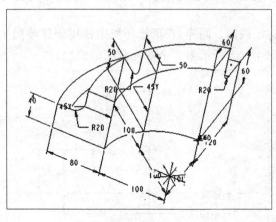

图 4-81

3. 绘制第 1 个截面

(1)选择 FRONT 基准面为草绘平面,在菜单管理器出现的菜单中选择"正向"→"缺省"命令,进入草绘模式。

(2)在草绘环境中使用创建参照坐标系按钮,建立一个相对坐标系,然后绘制第 1 个截面,如图 4-83 所示。

图 4-82

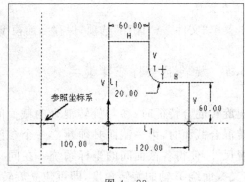

图 4-83

提示：

在创建旋转混合特征,绘制每个截面时,都必须建立截面坐标系,否则将提示截面不完整。

(3)单击草绘命令工具栏中的 ✔ 按钮,完成第 1 个截面的绘制。

4. 绘制第 2 个截面

(1)根据系统提示,输入第 2 个截面与第 1 个截面间的夹角度数为"45",如图 4-84 所示。

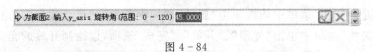

图 4-84

(2)绘制第 2 个特征截面。同样,在草绘环境中使用创建参照坐标系按钮 ⤴,先建立参照坐标系,完成如图 4-85 所示第 2 个特征截面的绘制。

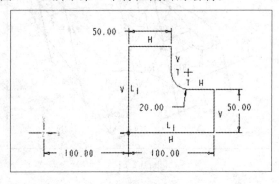

图 4-85

提示：

第二个特征截面的草绘平面是由第一个特征截面的草绘平面绕 Y 轴旋转 45°得到;第一个特征截面的草绘平面绕 Y 轴旋转 45°后,其参照坐标系与第二个特征截面的参照坐标系将是重合的。

5. 绘制第 3 个截面并完成混合

(1)单击草绘命令工具栏中的 ✔ 按钮,完成第 2 个截面的绘制,在信息区出现的"继续下一截面吗?"的询问框中单击"是"按钮,如图 4-86 所示。

继续下一截面吗? (Y/N):
是
否

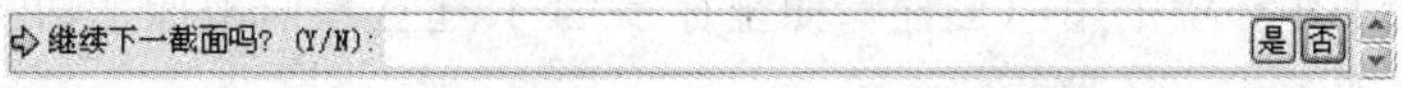

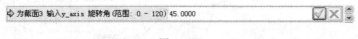

图 4－86

(2)按系统提示，输入第 3 个截面与第 2 个截面的夹角度数为“45”，按回车键确认，如图 4－87 所示。

为截面3 输入y_axis 旋转角(范围: 0 - 120) 45.0000

图 4－87

(3)绘制第 3 个特征截面。同样，在草绘环境中使用创建参照坐标系按钮，先建立参照坐标系，完成如图 4－88 所示第 3 个特征截面的绘制。

(4)单击草绘命令工具栏中的按钮，完成第 3 个截面的绘制，在信息区出现的“继续下一截面吗?”的询问框中单击“否”按钮，结束截面的绘制。

(5)单击模型对话框中的“确定”按钮，完成旋转混合特征的建立，结果如图 4－89 所示。

20.00
40.00
100.00
80.00

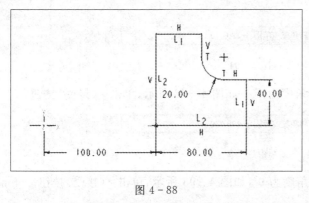

图 4－88

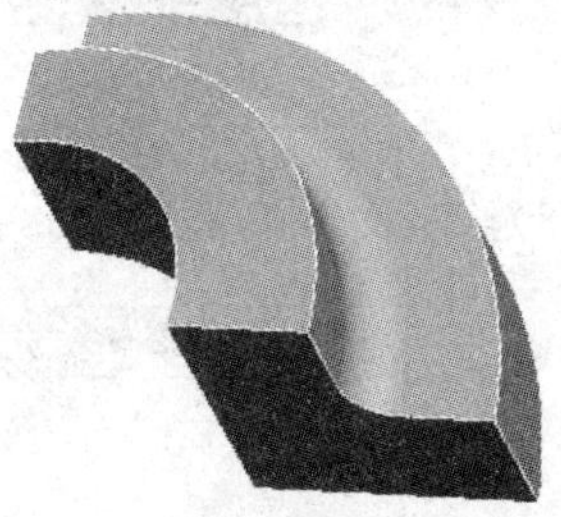

图 4－89

6. 保存文件

单击菜单“文件”→“保存”选项，保存当前模型文件。

4.5.5　一般混合特征建模实例

本例使用一般旋转混合特征建立拉手模型。

1. 建立新文件

新建一个名为 chap04－09 的零件文件，采用 mmns_part_solid 模板。

2. 创建一般混合特征

(1)单击菜单“插入”→“混合”→“伸出项”选项。

(2)在“混合选项”菜单中依次单击“一般”、“规则截面”、“草绘截面”、“完成”选项。

(3)在“属性”菜单中单击“光滑”、“完成”选项，以建立光滑混合特征。

(4)选择 TOP 基准平面为草绘平面，在菜单管理器出现的菜单中选择“正向”→“缺省”命令，进入草绘模式。

(5)在草绘工作环境中用 ✎(创建参照坐标系)工具建立参照坐标系,并绘制第 1 个截面(一个椭圆),如图 4 - 90 所示。

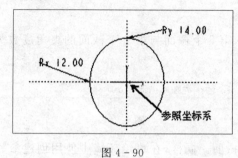

图 4 - 90

提示:

千万不要忘记截面坐标系的建立,否则系统将提示截面不完整。

(6)单击草绘命令工具栏中的 ✔ 按钮,完成第 1 个截面的绘制。

(7)给截面 2 输入 x_axis 旋转角度为 70°,如图 4 - 91 所示,单击✔(接受)按钮或直接按回车键。

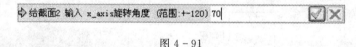

图 4 - 91

(8)给截面 2 输入 y_axis 旋转角度为 70°,如图 4 - 92 所示,单击✔(接受)按钮。

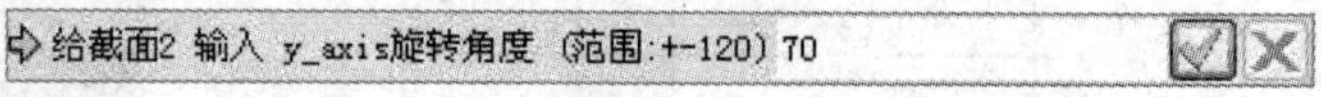

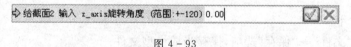

图 4 - 92

(9)给截面 2 输入 z_axis 旋转角度为 0°,如图 4 - 93 所示,单击✔(接受)按钮。

图 4 - 93

(10)系统再次进入草绘工作环境,完成如图 4 - 94 所示截面(一个圆和一个参照坐标系)的绘制,并单击草绘命令工具栏中的 ✔ 按钮,完成第 2 个截面的绘制。

(11)在信息区显示的文本栏 ➾ 继续下一截面吗? (Y/N): │ 是 否 中,单击"是"按钮。

(12)依次在信息区显示的文本栏中输入"30"、"10"、"0",作为第 3 个截面绕参照坐标系的 X、Y、Z 轴三方向旋转的角度。

(13)系统再次进入草绘工作环境,完成如图 4 - 95 所示截面(一个椭圆和一个参照坐标系)的绘制,并单击草绘命令工具栏中的 ✔ 按钮,完成第 3 个截面的绘制。

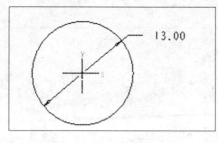

图 4 - 94　　　　　　　　　　　图 4 - 95

（14）在信息区显示的文本栏中，单击"是"按钮，并依次在信息区显示的文本栏中输入"0"、"0"、"0"，作为第 3 个截面绕参照坐标系的 X、Y、Z 轴三方向旋转的角度。

（15）系统再次进入草绘工作环境，完成如图 4 - 96 所示截面（一个椭圆和一个参照坐标系）的绘制，并单击草绘命令工具栏中的 ✔ 按钮，完成第 4 个截面的绘制。

（16）在信息区显示的文本栏中，单击"否"按钮；系统提示输入各截面之间的距离，输入截面 2 的深度为"33"，并单击 ✔（接受）按钮；输入截面 3 的深度为"50"，并单击 ✔（接受）按钮；输入截面 4 的深度为"20"，并单击 ✔（接受）按钮；单击伸出项对话框中的"确定"按钮，完成模型的建立，结果如图 4 - 97 所示。

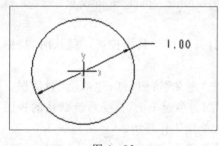

图 4 - 96

图 4 - 97

3. 保存文件

单击菜单"文件"→"保存"选项，保存当前模型文件。

4.6　基础特征综合实例

本实例要创建的是如图 4 - 98 所示三维模型。要应用到的特征包括拉伸特征、旋转特征、扫描特征等。

图 4 - 98

模型制作的过程如图 4-99 所示。

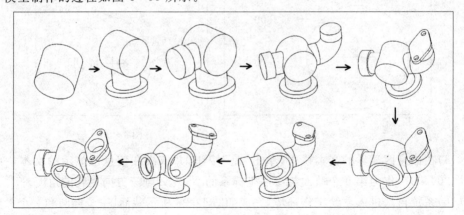

图 4-99

下面是具体操作过程：

1. 建立新文件

(1)单击工具栏中的新建文件按钮 □ 。

(2)新建一个名为 chap04-10 的零件文件,采用 mmns_part_solid 模板。

2. 创建拉伸特征

(1)在特征工具栏中单击(拉伸工具)按钮,打开拉伸工具操控板。默认时,拉伸工具操控板上的(实体)按钮处于被选中状态。

(2)单击"放置"按钮,进入"放置"操控板,单击"定义"按钮,打开"草绘"对话框。选择 FRONT 基准平面为草绘平面,RIGHT 基准平面为参照平面,接受系统默认的视图方向。单击"草绘"对话框中的"草绘"按钮,系统进入草绘工作环境。

(3)绘制如图 4-100 所示的图形(一个圆),单击草绘命令工具栏中的 ✓ 按钮,系统回到拉伸特征操控板。

(4)在拉伸工具操控板上选择(双向拉伸)拉伸模式选项,输入拉伸的深度为 100。单击(完成)按钮,按 Ctrl+D 组合键,模型如图 4-101 所示。

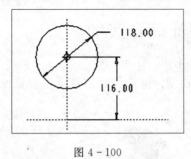

图 4-100

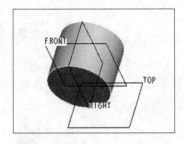

图 4-101

3. 创建旋转增料特征

(1)在特征工具栏上单击(旋转工具)按钮,打开旋转工具操控板。默认时,旋转工具操控板上的(实体)按钮处于被选中状态。

(2)单击"位置"按钮,进入"位置"操控板,单击"定义"按钮,打开"草绘"对话框。

（3）单击"草绘"对话框中的使用先前的按钮，再单击该对话框中的"草绘"按钮，系统进入草绘工作环境。

（4）绘制如图 4-102 所示的一条中心线和截面。单击草绘命令工具栏中的✓按钮，回到旋转特征操控板。接受默认的旋转角度为 360°。

（5）在旋转工具操控板上，单击✓（完成）按钮，完成的旋转特征结果如图 4-103 所示。

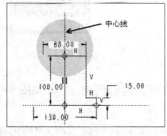 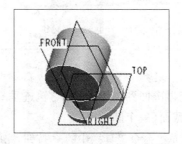

图 4-102 　　　　　　　　　　图 4-103

4. 创建旋转增料特征

（1）在特征工具栏上单击⊕（旋转工具）按钮，打开旋转工具操控板。默认时，旋转工具操控板上的□（实体）按钮处于被选中状态。

（2）单击"位置"按钮，进入"位置"操控板，单击"定义"按钮，打开"草绘"对话框。

（3）单击"草绘"对话框中的使用先前的按钮，再单击该对话框中的"草绘"按钮，系统进入草绘工作环境。

（4）绘制如图 4-104 所示的一条中心线和截面。单击草绘命令工具栏中的✓按钮，回到旋转特征操控板。接受默认的旋转角度为 360°。

（5）在旋转工具操控板上，单击✓（完成）按钮，完成的旋转特征结果如图 4-105 所示。

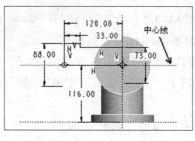 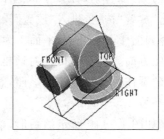

图 4-104 　　　　　　　　　　图 4-105

5. 创建扫描增料特征

（1）单击菜单"插入"→"扫描"→"伸出项"选项。

（2）在"扫描轨迹"菜单中选择"草绘轨迹"选项，以绘制扫描轨迹线。

（3）选择 FRONT 基准平面作为草绘平面，并在出现的菜单管理器菜单中选择"正向"→"缺省"命令，进入草绘模式。

（4）绘制如图 4-106 所示的扫描轨迹线条，单击草绘命令工具栏中的✓按钮，系统弹出如图 4-107 所示的"属性"菜单，依次单击菜单中的"合并终点"、"完成"选项。

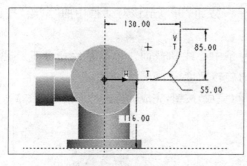
图 4 – 106

图 4 – 107

（5）系统再次回到草绘状态，与轨迹垂直的面成为绘图面，绘制如图 4 – 108 所示的截面作为扫描截面（一个圆）。

（6）单击草绘命令工具栏中的 ✔ 按钮，完成特征截面的绘制。单击"伸出项:扫描"对话框中的"确定"按钮，完成扫描特征的建立。按 Cul | D 组合键，实体模型效果如图 4 – 109 所示。

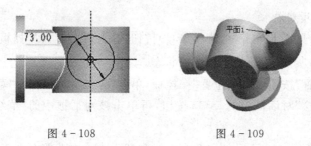

图 4 – 108　　　　　　　　　　图 4 – 109

6. 创建拉伸特征

（1）在特征工具栏中单击 ⬚（拉伸工具）按钮，打开拉伸工具操控板。默认时，拉伸工具操控板上的 ⬚（实体）按钮处于被选中状态。

（2）单击"放置"按钮，进入"放置"操控板，单击"定义"按钮，打开"草绘"对话框。

（3）选择如图 4 – 109 所示平面 1 为草绘平面，RIGHT 基准平面为参照平面，接受系统默认的视图方向。单击"草绘"对话框中的"草绘"按钮，在弹出的"参照"对话框中，选取平面 1 上的圆作为尺寸标注的参照，然后单击"参照"对话框中的"关闭"按钮。系统进入草绘工作环境。

（4）绘制如图 1 – 110 所示的图形，单击草绘命令工具栏中的 ✔ 按钮。

（5）在拉伸工具操控板上输入拉伸的深度为 11。单击 ✔（完成）按钮，模型如图 4 – 111 所示。

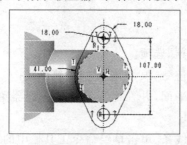

图 4 – 110　　　　　　　　　　图 4 – 111

7. 建立拉伸减料特征

(1)单击拉伸工具按钮 ⚙ ,打开拉伸特征操控板,在拉伸特征操控板上单击 ∠ (去除材料)按钮。

(2)单击"放置"面板中的"定义"按钮,系统显示"草绘"对话框。选择 FRONT 基准平面为草绘平面,RIGHT 基准平面为参照平面,接受系统默认的视图方向。单击"草绘"对话框中的"草绘"按钮,系统进入草绘工作环境。

(3)绘制如图 4-112 所示的截面(一个直径为 96 的圆)。单击草绘命令工具栏中的 ✔ 按钮,返回拉伸特征操控板。

(4)在拉伸工具操控板上选择 ⊟ (双向拉伸)拉伸模式选项,输入拉伸的深度为 100。单击 ✔ (完成)按钮,按 Ctrl+D 组合键,模型如图 4-113 所示。

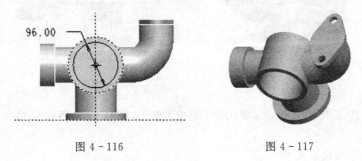

图 4-116　　　　　　　　　　　　图 4-117

8. 建立拉伸减料特征

(1)单击拉伸工具按钮 ⚙ ,打开拉伸特征操控板,在拉伸特征操控板上单击 ∠ (去除材料)按钮。

(2)单击"放置"面板中的"定义"按钮,系统显示"草绘"对话框。选择如图 4-114 所示平面为草绘平面,接受系统默认的参照平面和视图方向。单击"草绘"对话框中的"草绘"按钮,系统进入草绘工作环境。

(3)绘制如图 4-115 所示的截面(一个圆)。单击草绘命令工具栏中的 ✔ 按钮,返回拉伸特征操控板。

(4)在拉伸工具操控板上选择 ⇌ (至下一曲面)拉伸模式选项。单击 ✔ (完成)按钮,模型如图 4-116 所示。

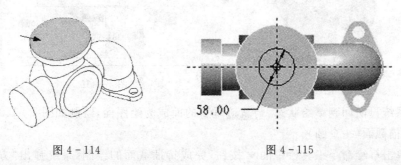

图 4-114　　　　　　　　　　　　图 4-115

9. 创建旋转减料特征

(1)在特征工具栏上单击 ⚙ (旋转工具)按钮,打开旋转工具操控板。

（2）默认时，旋转工具操控板上的 ▫（实体）按钮处于被选中状态，单击 ◿（去除材料）按钮。

（3）单击"位置"按钮，进入"位置"操控板，单击"定义"按钮，打开"草绘"对话框。

（4）选择 FRONT 基准平面为草绘平面，RIGHT 基准平面为参照平面，接受系统默认的视图方向。单击"草绘"对话框中的"草绘"按钮，系统进入草绘工作环境。

（5）绘制如图 4-117 所示的截面（一条中心线和图示截面），单击草绘命令工具栏中的 ✔ 按钮。回到旋转特征操控板。接受默认的旋转角度为 360°。

图 4-116

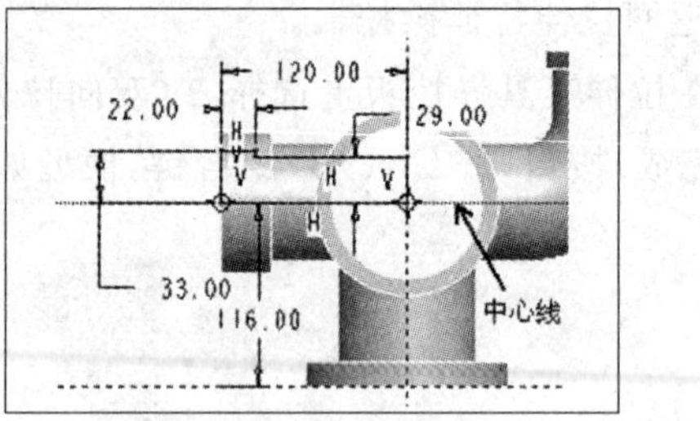

图 4-117

（6）在旋转工具操控板上，单击 ✔（完成）按钮，完成的旋转特征结果如图 4-118 所示。

10. 创建扫描减料特征

（1）单击菜单"插入"→"扫描"→"切口"选项。

（2）在"扫描轨迹"菜单中选择"草绘轨迹"选项，以绘制扫描轨迹线。

（3）选择 FRONT 基准平面作为草绘平面，并在出现的菜单管理器菜单中选择"正向"→"缺省"命令，进入草绘模式。

（4）绘制如图 4-119 所示的扫描轨迹线条，单击草绘命令工具栏中的 ✔ 按钮，系统弹出"属性"菜单，依次单击菜单中的"合并终点"、"完成"选项。

图 4-118

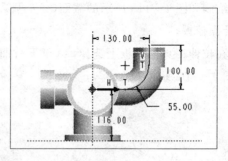

图 4-119

（5）系统再次回到草绘状态，与轨迹垂直的面成为绘图面，绘制如图 4-120 所示的截面作为扫描截面（一个圆）。

（6）单击草绘命令工具栏中的 ✔ 按钮，完成特征截面的绘制，系统弹出"方向"菜单，在"方向"菜单中单击"正向"选项。单击"切剪：扫描"对话框中的"确定"按钮，完成扫描特征的建立。按 Ctrl+D 组合键，实体模型效果如图 4-121 所示。

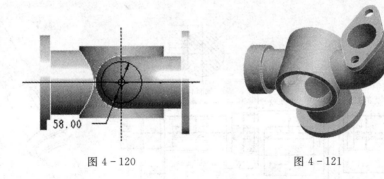

图 4 - 120　　　　　　　　　图 4 - 121

11. 保存文件

单击菜单"文件"→"保存"选项,保存当前模型文件。

思考与练习

一、思考题

1. 伸出项特征与切剪特征有什么区别?

2. 实体特征与薄壁特征有什么区别?

3. 在创建扫描实体特征时,为什么有时需要两次进入二维草绘模式绘制草图?

4. 在扫描特征有关"属性"的处理中的"内部因素"的处理中,试述"增加内部因素"和"无内部因素"的区别。

5. 怎样将两个具有不同顶点数的截面进行混合产生混合实体特征?

二、练习题

1. 用"拉伸"特征完成如图 4 - 122 所示零件的建模。

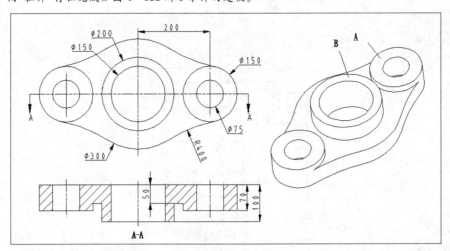

图 4 - 122

2. 利用"旋转"特征创建轴类零件,如图 4 - 123 所示。

提示:

做键槽特征时,草绘平面与轴线需有一个偏移距离(偏移距离取决于键槽深度)。

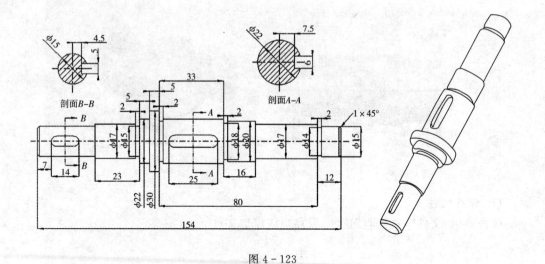

图 4-123

3. 利用"旋转"特征创建薄板铸管零件，如图 4-124 所示。

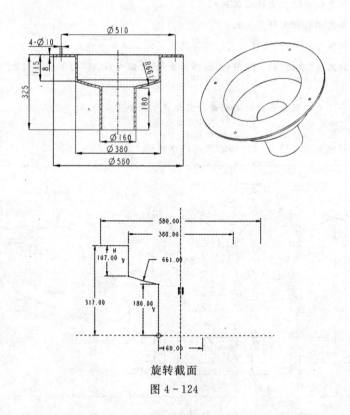

旋转截面

图 4-124

4. 利用"旋转"、"拉伸"、"基准平面"、"阵列"（阵列特征创建方法请参照第 6 章）等特征创建如图 4 -125 所示零件。

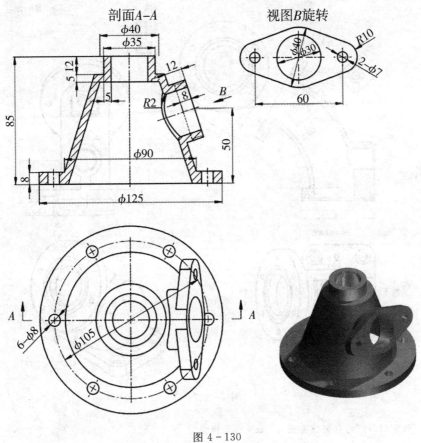

图 4 - 130

5. 利用"混合"、"旋转"特征创建杯子,如图 4 - 126 所示。

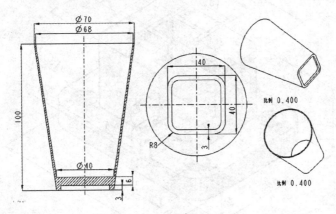

图 4 - 126

6. 创建连接管类零件,如图 4 - 127 所示。

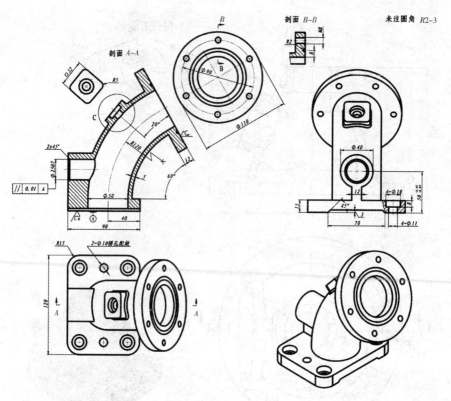

图 4 - 127

7. 利用"拉伸"特征创建如图 4 - 128 所示模型。

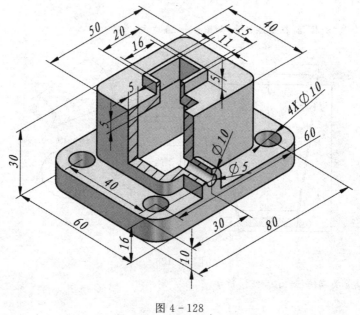

图 4 - 128

8. 根据如图 4-129 所示给出的模型相应尺寸,创建此模型实体。

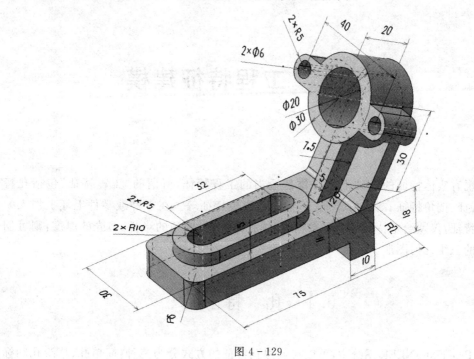

图 4-129

第5章　工程特征建模

在现有实体特征的基础上可以添加适当的工程特征,所谓的"工程特征"包括孔特征、壳特征、倒角特征、倒圆角特征、筋特征和拔模特征等。在零件或零件毛坯上加入一个工程特征,仅须给定特征的工程数据,如圆孔的直径,圆角的半径,薄壳的厚度,则可创建特征的三维几何图形。

5.1　孔　特　征

在 Pro/ENGINEER 系统中,可以将创建孔特征的方式分为三种:简单孔、草绘孔和标准孔。在深入学习创建孔特征之前,先来了解孔工具操控板上的一些工具按钮和选项。

在特征工具栏中单击 🔽 (孔工具)按钮,打开孔工具操控板。默认时,孔工具操控板的 🔽 (创建简单孔)按钮处于被选中状态,此时,孔工具操控板中提供的选项如图 5-1 所示。

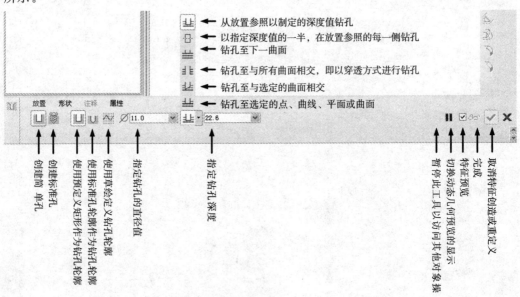

图 5-1

如果在孔工具操控板中单击 (创建标准孔)按钮,则孔工具操控板出现用于创建标准孔的相关按钮及列表框等,如图 5-2 所示。

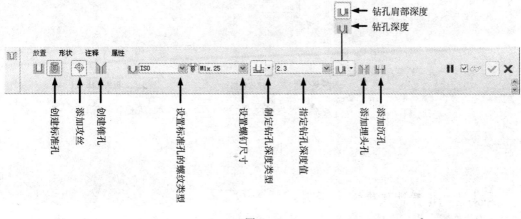

图 5-2

在孔工具操控板中单击"放置"按钮,打开"放置"操控板,如图 5-3 所示。在选择主放置参照后,可以根据要求选择放置类型选项,常用的放置类型选项有"线性"、"径向"和"直径"等。

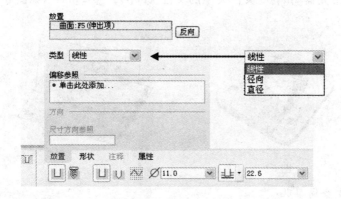

图 5-3

> 性线:标注孔的中心线到实体的两个边(或两个平面)的距离。

> 径向:以极坐标的方式标注孔的中心线位置。此时指定参考轴和参考平面,以标注极坐标的半径及角度尺寸。

> 直径:以直径的尺寸标注孔的中心位置,此时指定参考平面,以标注极坐标的直径及角度尺寸。

> 同轴:使孔的轴线与实体中已有的轴线共线。

"形状"操控板用来定义孔的具体形状。例如,在孔工具操控板中选中 (创建标准孔)按钮,并选中 (添加攻丝)按钮,然后单击"形状"按钮,打开"形状"操控板,如图 5-4 所示,从中可以设置所定孔的具体形状尺寸及相关选项。

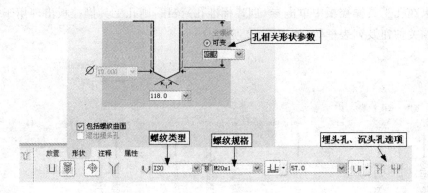

图 5-4

5.1.1 孔特征建模综合实例

本例使用孔特征建立如图 5-5 所示的零件模型。

1. 打开练习文件

(1)单击工具栏中的 按钮。

(2)打开配书光盘 chap05 文件夹中的文件"chap05-01.part",如图 5-6 所示。

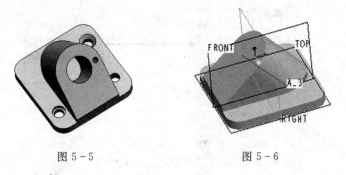

图 5-5   图 5-6

2. 建立第 1 个简单孔

提示：

建立简单孔,只需选定孔的放置平面,给定形状尺寸与定位尺寸即可,而不需要设置草绘平面、参考平面等。

(1)单击菜单"插入"→"孔"选项,或者单击绘图区右侧工具栏中的 按钮。

(2)系统显示如图 5-7 所示的孔特征操控板。默认时, (创建简单孔)按钮处于被选中状态,并选中 (使用预定义矩形作为钻孔轮廓)按钮,如图 5-7 所示。

图 5-7

(3)单击"放置"按钮,选择模型的底板上平面作为孔的放置平面,如图 5-8 所示。

(4)选择"线性"标注方式,在"偏移参照"栏单击左键,激活该项,如图 5-9 所示。

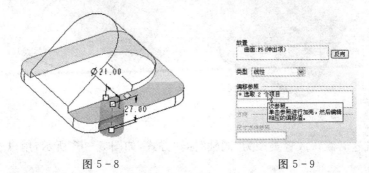

图 5-8   图 5-9

(5)按下 Ctrl 键,移动光标,选择图 5-10 中 FRONT 基准平面和 RIGHT 基准平面作为孔的定位基准。

提示:

快捷操作:直接拖动模型中的定位句柄(孔表面四周的白色方块称句柄,也叫控制柄)到指定的边或面,也可完成孔的定位标注。

(6)在"放置"面板中修改定位尺寸,在特征操控板中设置孔的大小,使之符合设计要求,如图 5-10 所示。也可直接双击模型中的尺寸进行修改。

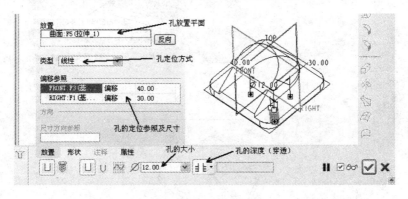

图 5-10

(7)单击 ✔ 按钮,完成孔特征的建立,结果如图 5-11 所示。

3. 建立第 2 个简单孔

(1)单击菜单"插入"→"孔"选项,或者单击绘图区右侧工具栏中的 ⬚ 按钮,打开孔特征操控板。

(2)在"放置"面板中,选择凸台的上表面作为孔的放置平面,并按住 Ctrl 键选择特征轴 A_3,如图 5-12 所示。

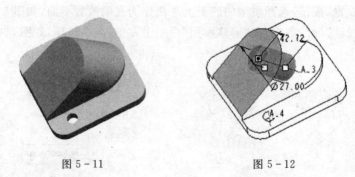

图 5 - 11   图 5 - 12

（3）系统这时默认放置类型为"同轴"标注方式，如图 5 - 13 所示，用以建立的孔与凸台同轴。

（4）设定孔的直径为 32，孔的深度设为拉伸到底板的上表面。

（5）单击 ✔ 按钮，完成孔特征的建立，如图 5 - 14 所示。

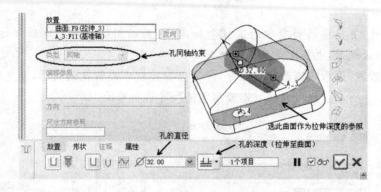

图 5 - 13

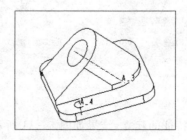

图 5 - 14

4. 使用标准孔轮廓作为钻孔轮廓

（1）单击 ☝（孔工具）按钮，打开孔工具操控板。

（2）默认时，☐（创建简单孔）按钮处于被选中状态。选中 U（使用标准孔轮廓作为钻孔轮廓）按钮，接着选择 ☝（添加埋头孔）按钮，此时孔工具操控板如图 5 - 15 所示。

图 5 - 15

（3）单击"放置"按钮，选择模型底板上平面作为孔的放置平面，如图 5-16 所示。

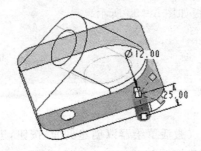

图 5-16

（4）选择"线性"标注方式，在"偏移参照"栏单击左键，激活该项，接着在模型中选择 FRONT 基准平面，按住 Ctrl 键选择 RIGHT 基准平面。然后，在"偏移参照"收集器中修改相应的偏移距离，如图 5-17 所示。

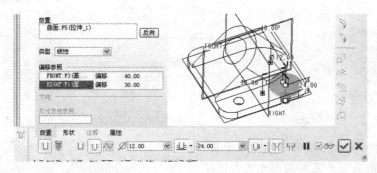

图 5-17

（5）进入"形状"操控板，设置如图 5-18 所示的尺寸参数及选项。

（6）单击 ✔（完成）按钮，创建简单孔如图 5-19 所示。

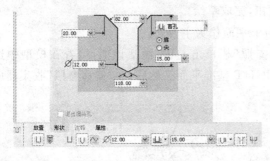

图 5-18

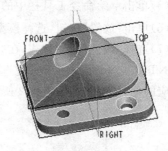

图 5-19

5. 创建草绘孔

提示：

所谓草绘孔就是使用草图中绘制的截面形状完成孔特征的建立，其特征生成原理与旋转创建减料特征类似。

（1）单击 T（孔工具）按钮，打开孔工具操控板。

（2）默认时，Ⴓ（创建简单孔）按钮处于被选中状态。单击 （使用草绘定义钻孔轮廓）按钮，此时孔工具操控板如图 5-20 所示。

图 5-20

（3）单击操控板上的 （激活草绘器以创建剖面）按钮，进入草绘模式。

（4）在草绘模式下绘制孔的封闭截面和中心线，如图 5-21 所示。

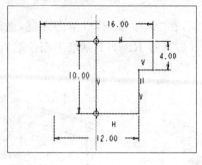

图 5-21

提示：

所绘草绘图形中，应满足以下几个条件：

草绘截面应当是无相交图元的封闭环。

必须要有一个垂直的旋转轴（即应当草绘一条中心线）。

所有截面必须位于旋转轴（中心线）一侧，并且截面中至少有一条边与旋转轴（即中心线）垂直。

（5）单击草绘命令工具栏中的 ✔ 按钮，完成草绘。

（6）单击"放置"按钮，选择模型底板上平面作为主参照。

（7）选择"线性"标注方式，在"偏移参照"栏单击左键，激活该项，接着在模型中选择 FRONT 基准平面，按住 Ctrl 键选择 RIGHT 基准平面。然后，在"偏移参照"收集器中修改相应的偏移距离，如图 5-22 所示。

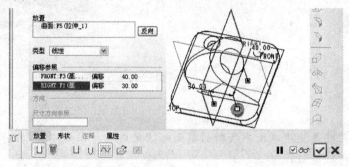

图 5-22

（8）单击 ☑（完成）按钮，创建的草绘孔如图 5 - 23
所示。

6. 创建标准孔

（1）单击 ☷（孔工具）按钮，打开孔工具操控板。

（2）单击 ☷ 按钮，以建立标准孔，其他参数设定如图
5 - 25 所示。

（3）单击"放置"按钮，选择凸台的上表面作为孔的放
置平面，选择"径向"标注方式，在"偏移参照"栏单击左
键，激活该项，接着在模型中选择 FRONT 基准平面，按住 Ctrl 键选择凸台孔的轴线 A_
3。然后，在"偏移参照"收集器中修改相应的角度和半径，如图 5 - 26 所示。

图 5 - 23

图 5 - 25

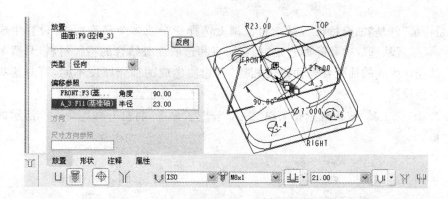

图 5 - 26

（4）打开"形状"操控板，选中"可变"单选按钮，输入螺纹可变深度为 16.5，其他选项
如图 5 - 27 所示。

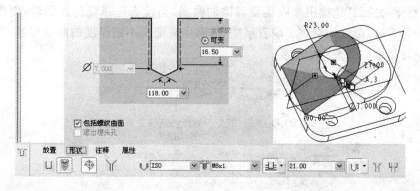

图 5 - 27

（5）单击 ☑（完成）按钮，创建的标准孔如图 5 - 28 所示。

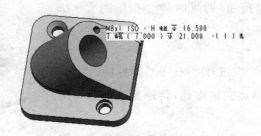

图 5 - 28

7. 保存文件

单击工具栏中的保存文件按钮 ⊟ ,完成当前文件的保存。

5.2 壳 特 征

"壳特征"就是"抽壳特征",是指将模型上选择一个或多个移除面,并设置生成的抽壳厚度,系统就从选取的移除面开始,掏空所有和选取面有结合的特征材料,只留下指定壁厚的抽壳。生成的抽壳各表面厚度相等,若想使生成的抽壳厚度不同,可对这些表面厚度做单独设置。

单击 ▣ (壳工具)按钮或选择菜单"插入"→"壳"命令,将打开如图 5 - 29 所示的壳工具操控板。

图 5 - 29

单击"参照"按钮,打开"参照"操控板,如图 5 - 30 所示。在"参照"操控板上具有两个选项。"移除的曲面"选项用来收集要移除的曲面,当没有选择任何曲面时,创建的是封闭的壳特征,其内部被掏空;"非缺省厚度"选项用来定义不同厚度的曲面参照,在该选项中可以设置所选曲面参照的厚度。

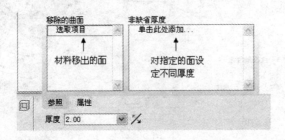

图 5 - 30

"属性"操控板主要用来定义壳特征的名称以及查询其详细信息。在该操控板上,单击 **ⓘ**(显示此特征信息)按钮,可以打开浏览器查看该壳特征的详细信息。

5.2.1　壳特征建模实例

1. 打开练习文件

(1)单击工具栏中的打开文件按钮 ☞ 。

(2)打开配书光盘 chap05 文件夹中的文件"chap05－02. prt",如图 5-31 所示。

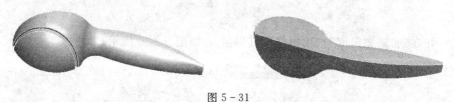

图 5-31

2. 建立壳特征

(1)单击壳工具按钮 ▣ ,打开壳特征操控板。

(2)在壳工具操控板上输入厚度值为 2。

(3)按住鼠标中键调整模型视角,单击如图 5-32 所示的零件的两个表面,该表面将作为移除的曲面。

(4)单击 ✓ (完成)按钮,创建的壳特征如图 5-33 所示。

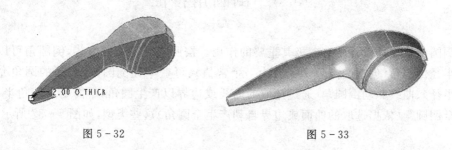

图 5-32　　　　　　　　　　　　　　　图 5-33

(5)在屏幕左端模型树中选择壳特征 ▣壳1 ,单击鼠标右键,在弹出的快捷菜单中,选择"编辑定义",如图 5-34 所示。系统再次进入壳特征操控板。

(6)单击"参照"按钮,打开"参照"操控板,单击"非缺省厚度"选项将其激活,然后在模型中选择具有非缺省厚度的曲面,如图 5-35 所示。

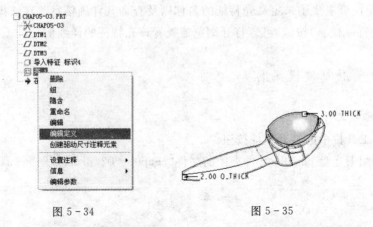

图 5-34   图 5-35

(7)并在"非缺省厚度"选项中修改其厚度 3,如图 5-36 所示。

图 5-36

(8)单击 ✔ 按钮,完成壳特征的建立。

3. 保存文件

单击工具栏中的保存文件按钮 ⊞,完成当前文件的保存。

5.3   倒圆角特征

倒圆角在零件设计中有着极其重要的作用。按照半径定义的方式,倒圆角可以分为恒定半径倒圆角(创建的圆角半径值为一个常值)、可变半径倒圆角(创建的圆角允许有不等半径)、曲线驱动倒圆角(通过选取的曲线或边界以产生圆角,不需定义圆角半径值)和完全倒圆角(依据选取的曲面或边界自动产生全圆角)这些类型,如图 5-37 所示。

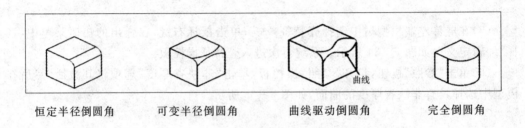

恒定半径倒圆角   可变半径倒圆角   曲线驱动倒圆角   完全倒圆角

图 5-37

在特征工具栏中单击 （倒圆角工具）按钮，或者从菜单栏中选择"插入"→"倒圆角"命令，打开如图 5-38 所示的倒圆角工具操控板。

图 5-38

设置：设定模型中各圆角的特征及大小。

过渡：设置圆角的过渡值。

选项：选择创建或者曲面圆角。

打开"设置"操控板，如图 5-39 所示。下面介绍该操控板中的几个关键组成部分。

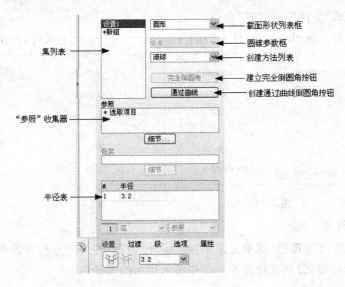

图 5-39

➤ 集列表：用来显示当前的所有倒圆角集，并可以添加新的倒圆角集或者删除当前的倒圆角集。

➤ "参照"收集器：用来显示倒圆角集所选取的有效参照，可以添加或者移除参照。

➤ 半径表：用来定义活动倒圆角集的半径尺寸和控制点位置，在该表中右击并从弹出的快捷菜单中选择"添加半径"命令，可以创建可变倒圆角特征。

➤ 截面形状下拉列表框：用来定义活动倒圆角集的截面形状，如圆形、圆锥和 D1xD2 圆锥，其中圆形为默认的截面形状。

➤ 圆锥参数下拉列表框：用来定义圆锥截面的锐度，默认值为 0.50。仅当选取"圆锥"或"D1xD2 圆锥"截面形状时，此下拉列表框才可用。

➤ 创建方法下拉列表框：用来定义活动倒圆角集的创建方法，可供选择选项有"滚球"和"垂直于骨架"两个选项。选择前者时，以滚球方法创建倒圆角特征，即通过沿曲面滚动球体进行创建，滚动时球体与曲面保持自然相切；选择后者时，使用垂直于骨架方法创建倒圆角特征，即通过扫描垂直于指定骨架的弧或圆锥剖面进行创建。

➢ "完全倒圆角"按钮：将活动倒圆角集转换为"完全"倒圆角，或允许使用第 3 个曲面来驱动曲面到曲面"完全"倒圆角。例如，在同一倒圆角集中选择两个平行的有效参照，单击"完全倒圆角"按钮，可以创建完全倒圆角特征。

➢ "通过曲线"按钮：单击该按钮，可以使用选定的曲线来定义倒圆角半径，创建由曲线驱动的特殊倒圆角特征。

5.3.1　倒圆角特征建模实例

本例使用倒圆角特征工具建立如图 5-40 所示的零件模型。在本例中练习使用不同倒圆角特征的技巧。

1. 打开练习文件

(1)单击菜单"文件"→"打开"命令。

(2)打开配书光盘 chap05 文件夹中的"chap05_03.prt"模型文件，如图 5-41 所示。

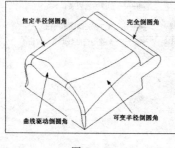
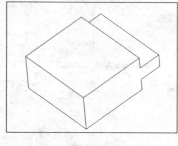

图 5-40　　　　　　　　　　图 5-41

2. 建立全圆角

(1)单击倒圆角 按钮（或单击菜单"插入"→"倒圆角"命令），打开圆角特征操控板。

(2)按下 Ctrl 键，分别选择图 5-42 中箭头指示的两条边。

提示：

选择第二条边或面时，应按下 Ctrl 键进行选择。

(3)单击"设置"按钮，打开"设置"面板，如图 5-43 所示。单击"完全倒圆角"按钮。

(4)单击 （完成）按钮，创建的完全倒圆角特征如图 5-44 所示。

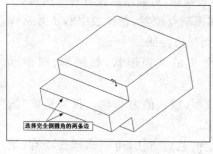

图 5-42　　　　　　　图 5-43　　　　　　图 5-44

3. 建立恒定半径倒圆角

(1)单击 （倒圆角）按钮，打开倒圆角工具操控板。

（2）在倒圆角工具操控板上输入当前倒圆角集的圆角半径为 15，如图 5-45 所示。

（3）在实体模型中选择要倒圆角的边参照，如图 5-46 所示。

（4）单击✔(完成)按钮，创建的恒定半径倒圆角特征如图 5-47 所示。

图 5-45　　　　　　　图 5-46　　　　　　　图 5-47

4．建立可变半径倒圆角

（1）单击 ◔(倒圆角)按钮，打开倒圆角工具操控板。选择图 5-48 中箭头指示的一条边，系统自动产生一个默认半径值的圆角。

（2）单击进入"设置"操控板，在半径表中单击鼠标右键，从弹出的快捷菜单中选择"添加半径"命令，如图 5-49 所示。

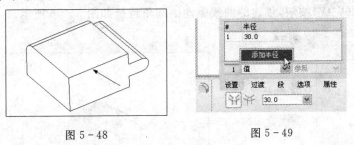

图 5-48　　　　　　　　　图 5-49

（3）系统出现编号为 2 的另外半径，设置编号为 2 的半径值为 10，如图 5-50 所示。

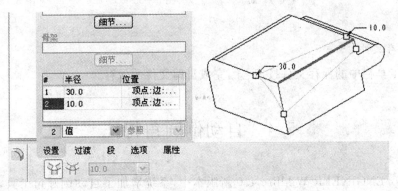

图 5-50

（4）使用同样方法，连续增加第 3 个控制点，并设置编号为 3 的半径值为 15，位置选项内的值设为 0.5，如图 5-51 所示。

（5）单击✔(完成)按钮，创建的可变倒圆角特征如图 5-52 所示。

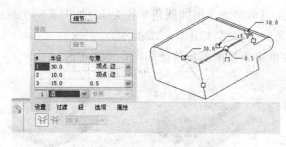

图 5-51

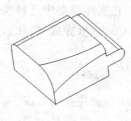

图 5-52

5. 建立曲线驱动倒圆角

(1)单击 （倒圆角）按钮,打开倒圆角工具操控板。选择图 5-53 中箭头指示的一条边,系统自动产生一个默认半径值的圆角,并将与此条边相切的其他边一并选中。

(2)单击"设置"按钮,在弹出的上拉菜单中单击"通过曲线"按钮,结果如图 5-54 所示。

(3)选择如图 5-55 所示箭头所指的曲线作为驱动曲线。

(4)单击 （完成）按钮,创建的曲线驱动倒圆角特征如图 5-56 所示。

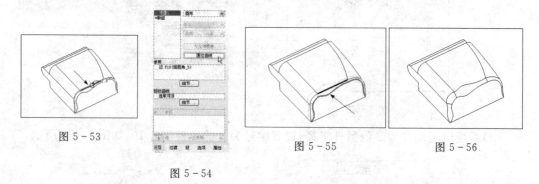

图 5-53

图 5-54

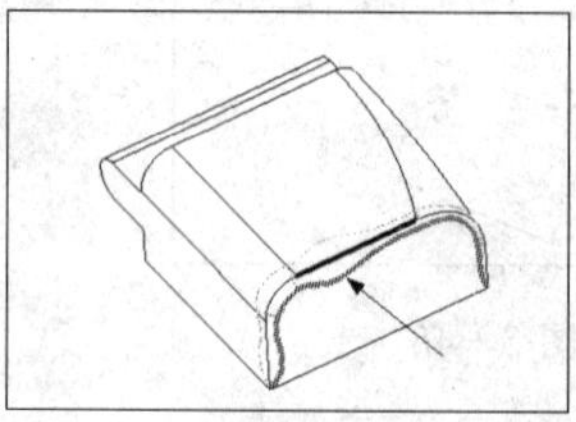

图 5-55

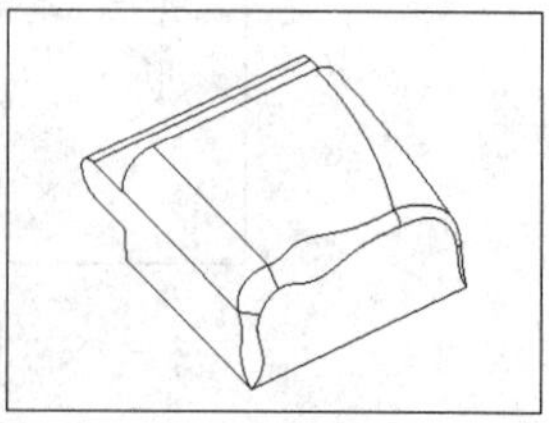

图 5-56

6. 保存文件

单击工具栏中的保存文件按钮 ,完成当前文件的保存。

5.4 自动倒圆角特征

在 Pro/ENGINEER Wildfire 4.0 新版本中,系统增加了自动倒圆角工具,利用该工具可以在模型中快速创建一些过渡圆角,而不必使用 （倒圆角）按钮手动选择参照去创建倒圆角特征,从而为某些设计节省了时间。

调用自动倒圆角工具的菜单命令为"插入"→"自动倒圆角",如图 5-57 所示。当执行"插入"→"自动倒圆角"命令时,出现如图 5-58 所示的自动倒圆角工具操控板。利用该操控板上的"范围"操控板,可以设置对实体几何的边自动倒圆角,对选取面组的边自动倒圆角,对选取的边自动倒圆角;并且可以设置凸边与凹边通过"自动倒圆角"功能进行倒圆角。

如果不需要在模型中的某边线处进行自动倒圆角,那么可以打开该操控板的"排除"按钮,在"排除的边"选项中单击从而将此选项激活,接着在模型中选择要从自动倒圆角中排除的边和目的链,如图 5-59 所示。

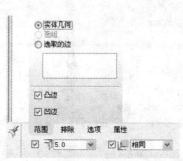

图 5-57   图 5-58

在自动倒圆角工具操控板中单击"选项"按钮,打开如图 5-60 所示的"选项"操控板。如果在"选项"操控板上选中"创建常规倒圆角特征组"复选框,则将创建一组常规倒圆角特征代替自动倒圆角特征。

图 5-59   图 5-60

5.4.1 自动倒圆角特征建模实例

1. 打开练习文件

打开配书光盘 chap05 文件夹中的"chap05-04.prt"模型文件,如图 5-61 所示。

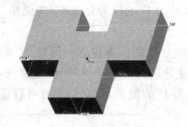

图 5-61

2. 自动倒圆角特征

(1)在菜单栏中选择"插入"→"自动倒圆角"命令,打开自动倒圆角工具操控板。

(2)单击"范围"按钮,可以看到默认的选项。在 下拉列表框中输入凸边的半径值为 10,在 ⊔ 下拉列表框中输入凹边的半径值为 5,如图 5-62 所示。

(3)单击 ✔(完成)按钮,自动倒圆角的结果如图 5-63 所示。

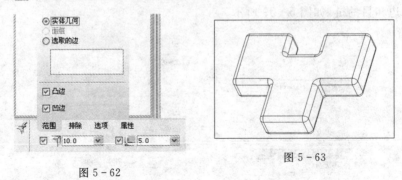

图 5-62

图 5-63

3. 保存文件

单击工具栏中的保存文件按钮 ▦ ,完成当前义件的保存。

5.5　倒角特征

Pro/ENGINEER 提供两种方式倒角,即边倒角和拐角倒角两种,如图 5-64 所示。并可对多边构成的倒角接头进行过渡设置,建立倒角的基本原则同倒圆角。

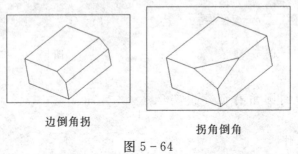

边倒角拐　　　　　　　拐角倒角

图 5-64

边倒角包括 4 种倒角类型:

$45°×D$:在距选择的边尺寸为 D 的位置建立 $45°$ 的倒角,此选项仅适用于在两个垂直平面相交的边上建立倒角。

$D×D$:距离选择边尺寸都为 D 的位置建立一倒角。

$D1×D2$:距离选择边尺寸分别为 $D1$ 与 $D2$ 的位置建立一倒角。

角度 $×D$:距离所选择边为 D 的位置,建立一个可自行设置角度的倒角。

5.5.1　倒角特征建模实例

本例使用倒角特征工具在零件模型中建立几种典型的倒角。

1. 打开练习文件

打开配书光盘 chap05 文件夹中的文件"chap05-05.prt"。

2. 建立 $D \times D$ 的倒角

(1)单击倒角工具按钮 ⬭，系统显示倒角特征操控板。

(2)选择"$D \times D$"的倒角方式，设定 D 值为"10"，如图 5 - 65 所示。

图 5 - 65

(3)选择图 5 - 66 中箭头指示的 3 条边(提示:选择边时，按住 Ctrl 键，以使这 3 条边为一组)。

(4)单击☑(完成)按钮，结果如图 5 - 67 所示。

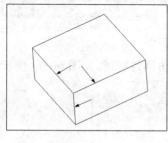
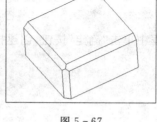

图 5 - 66　　　　　　　　图 5 - 67

3. 建立拐角倒角

(1)单击菜单"插入"→"倒角"→"拐角倒角"选项，弹出如图 5 - 68 所示的对话框与菜单。

(2)系统提示"选择要倒角的角"，选择图 5 - 69 中箭头指示的边，弹出如图 5 - 70 所示的"选出/输入"菜单。

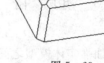

图 5 - 68　　　　　　图 5 - 69　　　　　　图 5 - 70

(3)在"选出/输入"菜单中单击"输入"选项。

(4)在系统显示的文本栏中输入值为"80"，如图 5 - 71 所示。单击☑(接受)按钮。

图 5-71

（5）在"选出/输入"菜单中单击"输入"选项。

（6）在如图 5-72 所示的文本框中输入"30"，单击 ✓（接受）按钮。

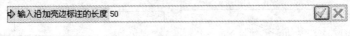

图 5-72

（7）在菜单管理器的"选出/输入"菜单中选择"输入"命令。

（8）在如图 5-73 所示的文本框中输入"50"，单击 ✓（接受）按钮。

➡ 输入沿加亮边标注的长度 50

图 5-73

（9）在对话框中单击"确定"按钮，创建拐角倒角特征，如图 5-74 所示。

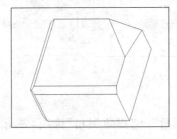

图 5-74

提示：

单击"输入"选项后，在依次输入各边的 D 值时，应注意高亮显示的边为当前输入 D 值的边。

4. 保存文件

单击工具栏中的保存文件按钮 🖫，完成当前文件的保存。

5.6 筋 特 征

筋又称加强筋，是设计中用来加强实体模型之间有连接的一种特殊的拉伸特征。因为筋特征是建立在模型之间的，所以使用筋特征时必须其他的特征。

筋特征的构建与拉伸特征相似。在选定的草绘平面上，绘制筋的截面必须为"开放型"，再指定材料的填充方向和厚度值。根据筋的形状特点可以将筋分为两种类型：直筋与旋转筋。

直筋：连接模型的面都是平面的筋，一般用于加强两平板之间的连接，如图 5-75 所示。

旋转筋:连接模型是圆柱面与平面的筋,一般用于加强圆柱与平板之间的连接,如图
5-76 所示。

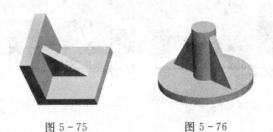

图 5-75　　　　　　　图 5-76

单击 ◿(筋工具)按钮(或单击菜单"插入"→"筋"命令),打开如图 5-77 所示的筋工
具操控板。

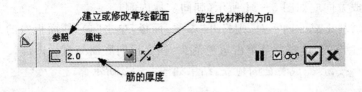

图 5-77

◿ 按钮:控制筋特征生成的方向,在默认时,创建的筋特征是关于草绘平面向两侧伸
展的,如果只是要在草绘平面的一侧创建筋特征,那么需要在创建过程中,单击一次或者
单击两次操控板中的◿按钮,如图 5-78 所示的三种情况。

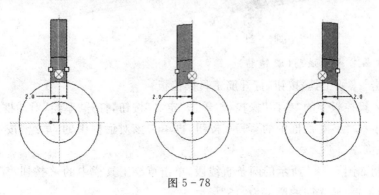

图 5-78

5.6.1　筋特征建模实例

1. 打开练习文件

打开随书光盘中的"chap05-06.prt"文件中存在的三维实体模型,如图 5-79 所示。

2. 建立第 1 个加强筋(直筋)

(1)单击 ◿(筋工具)按钮,打开筋工具操控板。

(2)进入操控板上的"参照"操控板,单击"定义"按钮,打开"草绘"对话框。

(3)选择 FRONT 基准平面作为草绘平面,接受系统默认的视图方向,单击"草绘"按钮。

绘制如图 5-80 所示的一条与底面夹角为 45°的斜线段(直线两端点要求处在实体边上)。

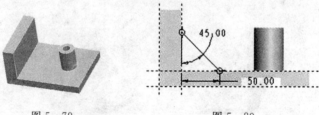

图 5-79 　　　　　　　　　　图 5-80

提示:

草绘截面时,一定要保证截面不是封闭的,否则创建不出筋特征。

(4)单击草绘工具栏中的 ✔ 按钮,完成草图绘制返回特征操控板,输入筋的厚度为"20",特征生成方向应如图 5-81 所示(朝向实体内侧)。

(5)如果材料生成方向不对,则打开"参照"面板,单击"参照"面板中的改变方向按钮反向,改变特征生成方向,或左键单击黄色箭头,使之指向底面与直板内部。

(6)单击 ✔ 按钮,完成特征的建立,结果如图 5-82 所示。

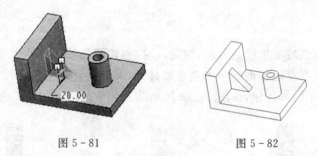

图 5-81 　　　　　　　　　　图 5-82

3. 建立第 2 个加强筋(旋转筋)

(1)单击 ▲ (筋工具)按钮,打开筋工具操控板。

(2)进入操控板上的"参照"操控板,单击"定义"按钮,打开"草绘"对话框。

(3)单击"草绘"对话框中的 使用先前的 按钮,再单击该对话框中的"草绘"按钮,系统进入草绘工作环境。

(4)绘制如图 5-83 所示的两条直线段,单击草绘工具栏中的 ✔ 按钮,完成草图绘制返回特征操控板,输入筋的厚度为"15"。

(5)单击 ✔ 按钮,完成特征的建立,结果如图 5-84 所示。

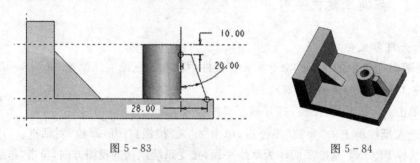

图 5-83 　　　　　　　　　　图 5-84

4. 保存文件

单击工具栏中的保存文件按钮 🖻 ，完成当前文件的保存。

5.7 拔模特征

考虑到浇铸或注塑工艺等因素，往往需要对三维实体模型进行拔模处理。使用拔模命令可对实体表面或曲面建立拔模特征，拔模角度在 $-30°\sim30°$ 之间。拔模特征一般不能成功地处理具有圆角特征的面，因此模型中的圆角特征最好放在拔模特征之后。

单击 ⟍ (拔模)按钮，打开如图 5－85 所示的拔模操控板。

定义拔模特征需要定义拔模曲面、拔模枢轴、拔模方向与拔模角度值。

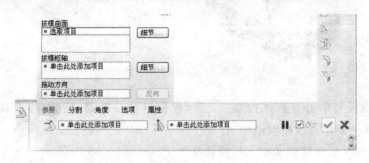

图 5－85

在创建拔模特征的过程中，需要使用以下术语：

➤ 拔模曲面：模型中需要进行拔模的面。

➤ 拔模枢轴：又称中性面或中性曲线，即拔模后不会改变形状大小的截面、表面或曲线，可通过选取平面(在此情况下拔模曲面围绕它们与此平面的交线旋转)或选取拔模曲面上的单个曲线来定义拔模枢轴。

➤ 拖动方向(又称拔模方向)：用来测量拔模角度的方向参考，通常为模具开模方向。可通过选取平面(在这种情况下拖动方向垂直此平面)、直边、基准轴或坐标系的轴来定义。

➤ 拔模角度：拔模方向与生成的拔模曲面之间的角度。如果拔模曲面被分割，则可为拔模曲面的每侧定义两个独立的角度。拔模角度必须在 $-30°$ 到 $+30°$ 范围内。

拔模曲面可按拔模曲面上的拔模枢轴或不同的曲线进行分割，如与面组或草绘曲线的交线。如果使用不在拔模曲面上的草绘分割，系统会以垂直于草绘平面的方向将其投影到拔模曲面上。如果对拔模曲面进行分割，那么可以进行下列操作：

为拔模曲面的每一侧指定两个独立的拔模角度。

为指定一个拔模角度，第二侧以相反方向拔模。

仅拔模曲面的一侧(两侧均可)，另一侧仍位于中性位置。

具体的拔模操作还有其他的一些变化形式。

5.7.1 拔模特征建模实例

1. 打开练习文件

打开随书光盘中的"chap05-07. prt"文件中存在的三维实体模型,如图 5-86 所示。

2. 建立拔模特征

(1)单击 （拔模)按钮,打开拔模操控板。

(2)按住 Ctrl 键选择如图 5-87 所示的曲面作为拔模曲面。

图 5-86   图 5-87

3)在操控板上单击 选取 1 个项目 (拔模枢轴收集器)按钮,接着在模型中选择 FRONT 基准平面作为拔模枢轴参照。

(4)在操控板的角度框中输入拔模角度为 15,如图 5-88 所示。

(5)单击 按钮,完成拔模特征的建立,结果如图 5-89 所示。

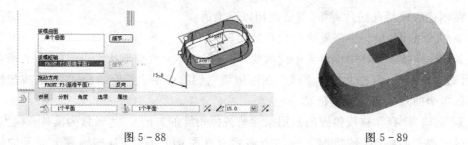

图 5-88   图 5-89

3. 保存文件

单击工具栏中的保存文件按钮 ,完成当前文件的保存。

5.8 工程特征综合应用实例

5.8.1 工程特征综合实例一

创建如图 5-90 所示的支座零件,重点掌握孔特征、倒圆角特征及筋等特征的创建方法。

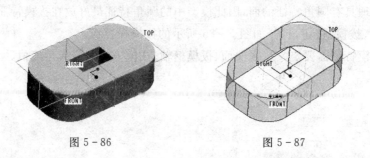

1. 打开练习文件

打开随书光盘中的"chap05－08. prt"文件中存在的三维实体模型,如图 5－91 所示。

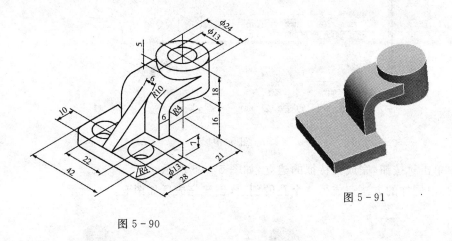

图 5－90

图 5－91

2. 建立同轴孔特征

(1)单击 （孔工具）按钮,打开孔工具操控板。

(2)在"放置"面板中,选择圆柱上表面作为孔的放置平面,并按住 Ctrl 键选择模型中的圆柱轴线 A_1,输入孔的直径为 13,孔的深度设为"穿透",如图 5－92 所示。

(3)单击 按钮,完成孔特征的建立,如图 5－93 所示。

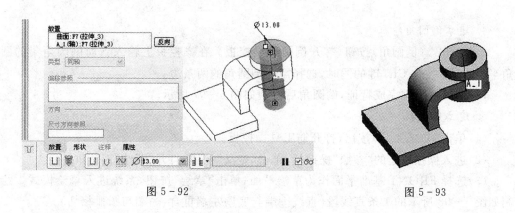

图 5－92

图 5－93

3. 建立线性孔特征

(1)单击 （孔工具）按钮,打开孔工具操控板。

(2)在"放置"面板中,选择零件底座上表面作为孔的放置平面,选择"线性"标注方式,在"偏移参照"栏单击左键,激活该项,并按住 Ctrl 键选择模型中的 FRONT 基准平面和 RIGHT 基准平面作为孔的定位基准。输入孔的直径为 13,孔的深度设为"穿透",如图5－94所示。

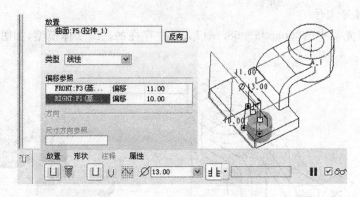

图 5-94

3)单击✔按钮,完成孔特征的建立,如图 5-95 所示。

(4)以同样的方法完成另一个孔的创建,创建完成后如图 5-96 所示。

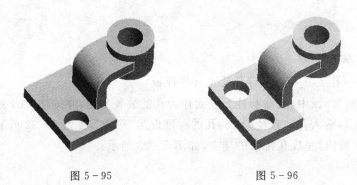

图 5-95　　　　　　　　　图 5-96

4. 建立倒圆角特征

(1)单击 ⌒(倒圆角)按钮,打开倒圆角操控板。在操控板上输入当前倒圆角集的圆角半径为 4。按住 Ctrl 键的同时,选择需要倒圆角的两条边。

(2)按鼠标中键完成特征,倒圆角后模型如图 5-97 所示。

5. 建立筋特征

(1)单击 ⌔(筋工具)按钮,打开筋工具操控板。

(2)进入操控板上的"参照"操控板,单击"定义"按钮,打开"草绘"对话框。

(3)选择 FRONT 基准平面作为草绘平面,单击"草绘"按钮,系统进入草绘模式。绘制如图 5-98 所示的 1 条直线段(直线一端与底座左端重合,一端与圆弧相切)。

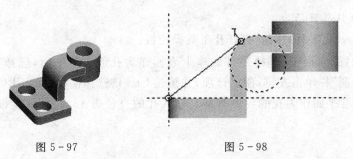

图 5-97　　　　　　　　　图 5-98

(4)单击草绘工具栏中的 ✔ 按钮,完成草图绘制返回特征操控板,输入筋的厚度为"6",特征生成方向应如图 5-99 所示。

(5)单击 ✔(完成)按钮,完成特征的建立,结果如图 5-100 所示。

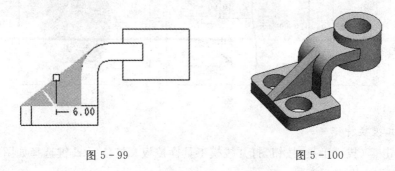

图 5-99　　　　　　　　　　图 5-100

6. 保存文件

单击工具栏中的保存文件按钮 🖫,完成当前文件的保存。

5.8.2　工程特征综合实例二

本练习将创建如图 5-101 所示的滚轮零件,通过该练习巩固拉伸特征、旋转特征、拔模特征、圆角特征、基准平面特征、孔特征等知识。

图 5-101

滚轮零件的创建步骤如下:

1. 建立新文件

(1)单击工具栏中的新建文件按钮 ▯ 。

(2)新建一个名为 chap05-09 的零件文件,采用 mmns_part_solid 模板。

2. 创建旋转增料特征

(1)在特征工具栏上单击 ⊕(旋转工具)按钮,打开旋转工具操控板。默认时,旋转工具操控板上的 ▢(实体)按钮处于被选中状态。

(2)单击"位置"按钮,进入"位置"操控板,单击"定义"按钮,打开"草绘"对话框。

(3)在"草绘"对话框中选择 FRONT 基准平面作为草绘平面,单击"草绘"按钮,系统进入草绘工作环境。

(4)绘制如图 5-102 所示的一条中心线和截面。单击草绘命令工具栏中的 ✔ 按钮,回到旋转特征操控板。接受默认的旋转角度为 360°。

（5）在旋转工具操控板上，单击✓（完成）按钮，完成的旋转特征结果如图 5-103 所示。

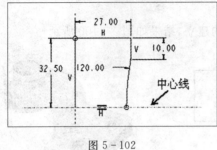
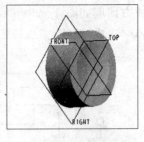

图 5-102　　　　　　　　　　图 5-103

3. 建立拔模特征

（1）单击 ▧（拔模工具）按钮，打开拔模工具操控板。按住 Ctrl 键选择如图 5-104 所示的圆柱面作为拔模曲面。

（2）在操控板上单击 ▭（拔模枢轴收集器）按钮，接着在模型中选择 RIGHT 基准平面作为拔模枢轴参照。

（3）在操控板的角度框中输入拔模角度为 -3，按 Enter 键，如图 5-104 所示。

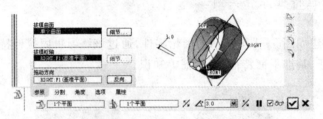

图 5-104

（4）单击✓（完成）按钮，完成拔模特征的建立。

4. 建立倒圆角特征

单击 ◝（倒圆角）按钮，打开倒圆角操控板。在操控板上输入当前倒圆角集的圆角半径为 3。选择如图 5-105 所示的边线。单击✓（完成）按钮。

5. 建立壳特征

（1）单击 ▣（壳工具）按钮，打开壳工具操控板。在操控板上输入厚度值为 5.5。

（2）使用鼠标中键翻转模型，选择如图 5-106 所示的要移除的曲面。

（3）单击✓（完成）按钮，创建的壳特征如图 5-107 所示。

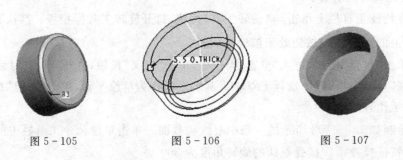

图 5-105　　　　　　图 5-106　　　　　　图 5-107

6. 创建基准平面 DTM1

(1)单击基准特征工具栏中的 ▱ (基准平面)按钮,系统弹出"基准平面"对话框。

(2)在绘图窗口中左键选取如图 5-108 所示 RIGHT 基准平面作为参照,并设定约束条件为"偏移",并在偏移距离栏内输入框中输入平移值 7。

(3)单击对话框中的"确定"按钮,完成基准平面的创建,系统自动命名为 DTM1,如图 5-109 所示。

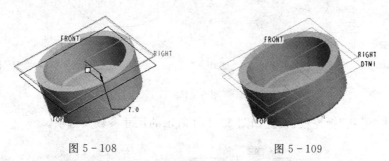

图 5-108　　　　　　　　　　　　　　图 5-109

7. 创建拉伸特征

(1)在特征工具栏中单击 ⬚ (拉伸工具)按钮,打开拉伸工具操控板。默认时,拉伸工具操控板上的 ◻ (实体)按钮处于被选中状态。

(2)单击"放置"按钮,进入"放置"操控板,单击"定义"按钮,打开"草绘"对话框。

(3)选择上一步骤创建的 DTM1 基准平面作为草绘平面,单击"草绘"按钮,系统进入草绘工作环境。绘制如图 5-110 所示的图形(一个圆),单击草绘命令工具栏中的 ✔ 按钮。

(4)在拉伸工具操控板上,选择拉伸模式为 ⬓ (拉伸至下一曲面)。单击 ✔ (完成)按钮,模型如图 5-111 所示。

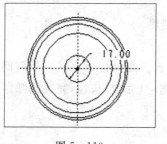

图 5-110　　　　　　　　　　　　　　图 5-111

8. 建立孔特征(使用标准孔轮廓作为钻孔轮廓)

(1)单击 ⯒ (孔工具)按钮,打开孔工具操控板。

(2)默认时, ⨄ (创建简单孔)按钮处于被选中状态。选中 ⨄ (使用标准孔轮廓作为钻孔轮廓)按钮,接着选择 ⨅ (添加沉头孔)按钮,输入孔的直径为 10。

(3)选择如图 5-122 箭头所指模型的上表面作为孔的放置平面,按下 Ctrl 键的同时选择 A_1 基准轴,此时标注方式自动设为"同轴",如图 5-112 所示。

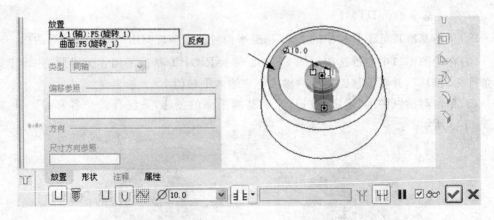

图 5－112

（4）单击"形状"操柈板,设置如图 5－113 所示的尺寸参数及选项。

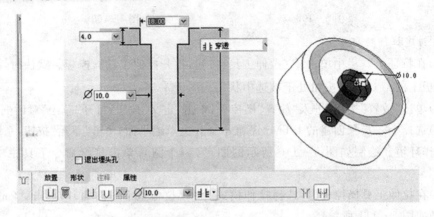

图 5－113

（5）单击✔（完成）按钮,完成孔特征的创建。

9. 建立倒圆角特征

单击 ➘（倒圆角）按钮,打开倒圆角操控板。在操控板上输入当前倒圆角集的圆角半径为 1。选择如图 5－114 所示的边线。单击✔（完成）按钮,完成倒圆角操作。

10. 建立筋特征

（1）单击 ⏶（筋工具）按钮,打开筋工具操控板。

（2）进入操控板上的"参照"操控板,单击"定义"按钮,打开"草绘"对话框。

（3）选择 FRONT 基准平面作为草绘平面,单击"草绘"按钮,系统进入草绘模式。单击 ⬚（隐藏线）按钮,绘制如图 5－115 所示的两条直线段。

（4）单击草绘工具栏中的 ✔ 按钮,完成草图绘制返回特征操控板,输入筋的厚度为"1.5"。单击✔（完成）按钮,完成特征的建立,如图 5－116 所示。

图 5-114

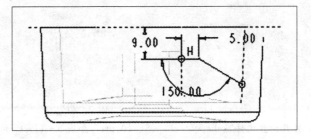

图 5-115

11. 创建阵列特征

（将筋特征通过轴阵列的方法复制 12 个,结如图 5-117 所示,阵列特征可参照第 6 章的内容:采用"轴"阵列的方式）

图 5-116

图 5-117

12. 保存文件

单击工具栏中的保存文件按钮 📇 ,完成当前文件的保存。

思考与练习

一、思考题:

1. 创建孔特征分几种方式? 它们各有哪些区别?

2. 如何创建具有不同厚度的壳特征,请举例说明。

3. 如何创建可变半径倒圆角特征? 请举例说明。

4. 绘制一个正方体,然后对其 4 个侧面进行拔模处理,拔模角度为 5°。

5. 简述如何创建边倒角特征。简述如何创建拐角倒角特征,可以举例辅助说明。

6. 在什么情况下,可以使用自动倒圆角工具来对模型的凸边或凹边进行自动倒圆角?

二、上机练习:

1. 按图 5-118 所示的工程图绘制零件的三维实体模型。

图 5 - 118

2. 打开附盘文件"\chap05\ chap05—10. prt",如图 5 - 119 所示,使用"倒圆角"及"倒角"特征将零件凸台边缘倒圆角,倒圆角半径为"8",孔边缘倒角,倒角类型为 DXD,大小为"5",最终效果如图 5 - 120 所示。

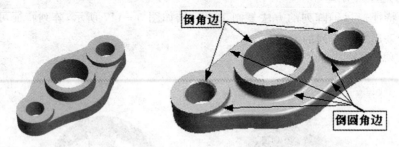

图 5 - 119   图 5 - 120

3. 本练习将创建如图 5 - 121 所示的零件,通过该练习巩固拉伸特征、旋转特征、孔特征、倒角特征、筋特征等知识。

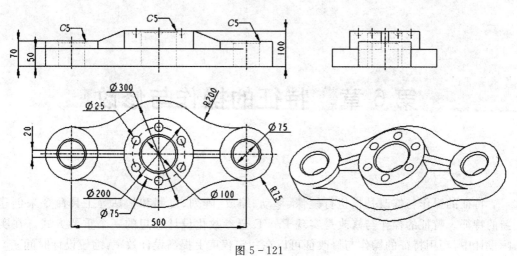

图 5 - 121

4. 本练习将创建如图 5 - 122 所示的零件，通过该练习巩固拉伸特征、旋转特征、基准平面特征、孔特征等知识。

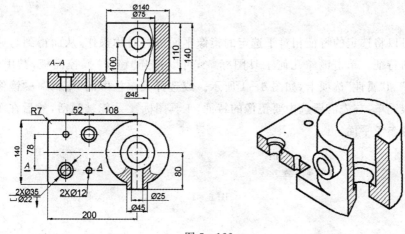

图 5 - 122

第 6 章　特征的操作与修改

特征的操作与修改是指执行镜像、移动、缩放、阵列、复制和粘贴等工具命令来创建新的特征。特征的操作与修改是实现 Pro/E 全参数化设计思想的一个重要方式。在实际设计中,巧用特征的操作与修改征可以在一定程度上提高设计效率,缩短设计时间。

6.1　镜　像

镜像可以将选定的特征相对于选定的镜像平面进行对称操作,从而得到与原特征完全对称的新特征。单击镜像几何工具图标 ⅈ,可以打开"镜像"操控面板,其中包括"参照"、"选项"和"属性"选项卡,如图 6-1 所示。或选择菜单栏中的"编辑"→"镜像"命令。这个命令很简单,首先需要选中要镜像的特征,工具图标 ⅈ 才能被激活,然后在图形窗口中选择镜像参考平面。

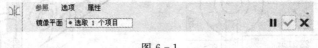

图 6-1

6.1.1　镜像特征建模实例

1. 打开练习文件

打开配书光盘 chap06 文件夹中的文件"chap06-01. prt",如图 6-2 所示。

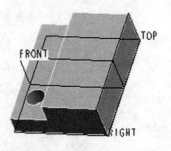

图 6-2

2. 建立镜像特征

(1)选择要镜像的特征,在模型树中选择组特征 ⊕ �组LOCAL_GROUP 。

(2)单击特征工具栏中的 ╟(镜像工具)按钮,打开镜像工具操控板。指定镜像平面,选择 RIGHT 基准平面作为镜像平面,如图 6-3 所示。

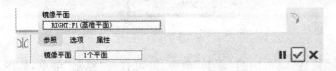

图 6-3

(3)在镜像工具操控板上,单击 ✔(完成)按钮,完成的镜像效果如图 6-4 所示。

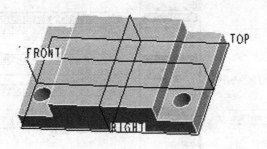

图 6-4

3. 保存文件

单击工具栏中的保存文件按钮 🖫 ,完成当前文件的保存。

6.2 复制特征

在产品建模的过程中,经常需要创建一些相同的实体特征,如果一一创建这些实体的话,工作量很大,而且容易出错。Pro/ENGINEER 系统提供的特征复制功能可以复制所需的实体特征。

"复制"命令可以以选定特征作为基准生成一个与其完全相同或相似的另外一个特征,是特征操作中的常用的方法。复制特征时,可以改变这些内容:参照、尺寸值和放置位置。

6.2.1 复制特征菜单命令

启动"复制"命令的方法如下。

步骤1:在下拉菜单栏中选择"编辑"→"特征操作"命令,打开"特征"菜单管理器,如图 6-5 所示。

图 6－5

步骤 2：单击"特征"菜单中的"复制"命令，即可打开"复制"菜单，如图 6－6 所示。

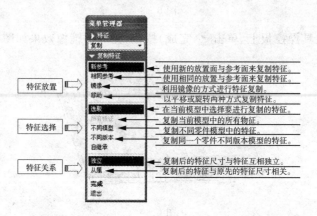

图 6－6

"复制特征"菜单列出了复制特征的不同选项。各选项命令功能如下：

指定放置方式

"新参考"：使用新的放置面与参考面来复制特征。

"相同参考"：使用与原模型相同的放置面与参考面来复制特征，可以改变复制特征的尺寸。

"镜像"：通过关于一平面或一基准镜像来复制特征。Pro/ENGINEER 自动镜像特征，而不显示对话框。

"移动"：以"平移"或"旋转"这两种方式复制特征。平移或旋转的方向可由平面的法线方向或由实体的边、轴的方向来定义。该选项允许超出改变尺寸所能达到的范围之外的其他转换。

指定要复制的特征

"选取"：直接在图形窗口内单击选取要复制的原特征。

"所有特征"：选取模型的所有特征。

"不同模型"：从不同的模型中选取要复制的特征。只有使用"新参考"时，该选项可用。

"不同版本"：从当前模型的不同版本中选择要复制特征。

指定原特征与复制特征之间的尺寸关系

"独立"：复制特征的尺寸与原特征的尺寸相互独立，没用从属关系。即原特征的尺寸发生了变化，新特征的尺寸不会受到影响。

"从属":复制特征的尺寸与原特征的尺寸之间存在关联。即原特征的尺寸发生了变化,新特征的尺寸也会随之改变。该选项只涉及截面和尺寸,所有其他参照和属性都不是从属的。

6.2.2　"新参考"方式复制

使用"新参考"方式进行特征复制时,需重新选择特征的放置面与参考面,以确定复制特征的放置平面。

回顾特征建立的过程可知,建立一个特征(无论是草绘特征还是放置特征)首先要选择特征的草绘平面或放置参照:主参照和放置参照,这些参照可以是基准面、边、轴线等。"新参考"方式复制要重新选择与原参照作用相同的参照用以特征的定位。例如,如果原特征是一个孔特征,而主参照是一个平面,选择线性定位的次参照是主参照平面上的两条边线,则复制的孔特征需要重新选择一个新的平面作为主参照,同时要指定两条边来取代原来的次参照的两条边用以孔的定位。

提示:

如果原特征以平面定位,复制特征时系统会提示选择平面用以代替原定位平面,如果原特征以边定位,则系统会提示选择边线用以定位。总而言之,新参照的类型与原特征的对应参照形式相同,起同一个作用。

6.2.3　复制特征建模实例

1. 打开练习文件

打开配书光盘 chap06 文件夹中的文件"chap06-02. prt"。

2. 建立"镜像"方式复制特征

(1)在下拉菜单栏中选择"编辑"→"特征操作"命令,打开"特征"菜单管理器,

(2)在菜单管理器的"特征"菜单中选择"复制"命令,接着选择"镜像"→"选取"→"独立"→"完成"命令。

(3)在模型树中或直接在图形中选择孔特征,选择特征后,在"选取"对话框中单击"确定"按钮。也可以直接在菜单管理器的"选取特征"菜单中选择"完成"命令。

(4)系统弹出"设置平面"菜单,如图 6-7 所示。同时,系统会在提示窗口内显示提示信息"选择一个平面或创建一个基准以其作镜像",这实际上是要求用户选择镜像平面参照。选择 FRONT 基准平面作为镜像平面参照。

(5)单击菜单中的"完成"命令,完成此次特征,如图 6-8 所示。

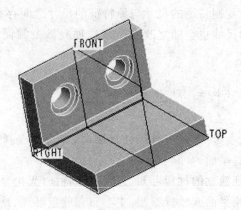

图 6-7   图 6-8

3. 建立"新参考"方式复制特征

(1)在卜拉菜单栏中选择"编辑"→"特征操作"命令,打开"特征"菜单管理器。

(2)在菜单管理器的"特征"菜单中选择"复制"命令,接着选择"新参考"→"选取"→"独立"→"完成"命令。此时,菜单管理器如图 6-9 所示

(3)在图形窗口中或者通过模型树选择要移动复制的孔特征,如图 6-10 所示。选择特征后,在"选取"对话框中单击"确定"按钮。也可以直接在菜单管理器的"选取特征"菜单中选择"完成"命令。

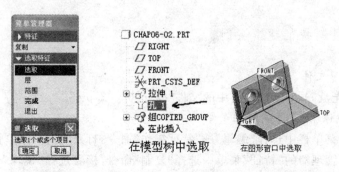

图 6-9   图 6-10

(4)此时,出现如图 6-11 所示的"组元素"对话框和"组可变尺寸"菜单。在"组可变尺寸"菜单中选择"Dim1、Dim2、Dim5、Dim6"尺寸,然后单击"完成"命令。

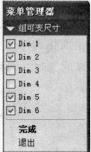

图 6-11

（5）在如图所示的文本框中输入"Dim 1"的新尺寸值为 40，单击 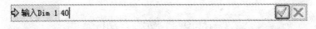（接受）按钮，如图 6-12 所示。

图 6-12

（6）同上，依次输入"Dim 2"的新尺寸：40，"Dim 5"的新尺寸：50，"Dim 6"的新尺寸：30。

（7）系统弹出"参考"菜单，如图 6-13 所示。同时，系统会在提示窗口内显示提示信息"选取 曲面对应于加亮的曲面"，这实际上是要求用户为孔特征选择新的孔的放置平面参照。选择如图 6-14 所示的灰色平面作为新孔的放置平面参照。

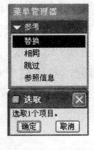

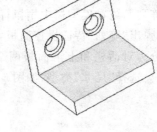

图 6-13　　　　　　　　　图 6-14

提示：

"参考"菜单中各选项功能如下：

"替换"：为复制特征选取新参照。

"相同"：指明原始参照应用于复制特征。

"跳过"：跳过当前参照，以便以后可重定义参照。

"参照信息"：提供解释放置参照的信息。

（8）系统在提示窗口内显示提示信息"选取 边对应于加亮的边"，此时选择如图 6-15 所示的边作为新的孔的定位参照。

（9）系统在提示窗口内显示提示信息"选取 边对应于加亮的边"，此时选择如图 6-16 所示灰色的边作为新的孔的定位参照。

（10）单击菜单中的"完成"命令，完成此次特征，如图 6-17 所示。

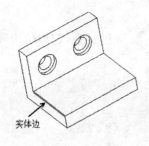

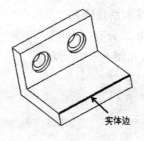

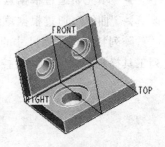

图 6-15　　　　　　　　　图 6-16　　　　　　　　　图 6-17

4. 保存文件

单击工具栏中的保存文件按钮 □ ，完成当前文件的保存。

6.3 阵 列

"阵列"命令可以根据一个特征，在一次操作中复制多个完全相同的特征。在建模过程中，如果需要建立许多相同或类似的特征，如手机的按键、法兰的固定孔等，就需要使用阵列特征。

系统允许只阵列一个单独特征。如果要阵列多个特征，可创建一个"组"，然后阵列这个"组"。创建"组"阵列后，可取消阵列或取消分组实体以便可以对其进行独立修改。

要执行"阵列"命令，可选取要阵列的特征，然后在编辑特征工具栏中单击阵列 □ 按钮，或单击"编辑"→"阵列"，或在模型树中用鼠标右键单击特征名称，然后从快捷菜单中选取"阵列"命令，系统弹出"阵列"特征操控面板，如图 6-18 所示。

"阵列"操控面板分为对话栏和上滑面板两个部分。对话栏中包括阵列类型的下拉列表框，在默认情况下会选择"尺寸"类型，如图 6-18 所示。而对话框中的其他内容则取决于所选择的阵列类型。

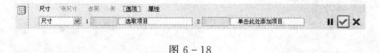

图 6-18

Pro/ENGINEER 提供了 7 种阵列类型，下面分别进行介绍。

➤ "尺寸"：通过使用驱动尺寸并指定阵列的增量变化来创建阵列。尺寸阵列可以是单向的，也可以是双向的。

➤ "方向"：通过指定方向并使用拖动句柄设置阵列增长的方向和增量来创建阵列。方向阵列可以是单向或双向。

➤ "轴"：通过使用拖动句柄设置阵列的角增量和径向增量来创建径向阵列。也可将阵列拖动成为螺旋形。

➤ "表"：通过使用阵列表并为每一阵列实例指定尺寸值来创建阵列。

➤ "参照"：通过参照另一阵列来创建阵列。

➤ "填充"：通过根据选定栅格用实例填充区域来创建阵列。

➤ "曲线"：通过根据草绘曲线来创建阵列。

阵列特征按阵列尺寸的再生方式分有"相同"、"可变"及"一般"3 种类型，它们位于阵列工具操控板的"选项"操控板中，如图 6-19 所示。

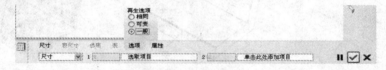

图 6-19

➤ "相同"单选按钮:选择该单选按钮时,阵列而成的特征与原始特征的大小尺寸相同。

➤ "可变"单选按钮:选择该单选按钮时,阵列而成的特征与原始特征的大小尺寸可以有所变化,但阵列出来的特征成员之间不能够存在体积相互重叠的现象。选择该单选按钮时,可以直接修改阵列成员的参数,但修改后的阵列成员不能相交。

➤ "一般"单选按钮:选择该单选按钮时,阵列而成的特征和原始特征可以不相同,并且阵列成员之间可以相交。此选项为默认项,具有较大的自由度,但再生所需的时间较多。选择该单选按钮时,可以直接修改阵列成员的参数。

6.3.1　尺寸阵列特征建模实例

本例使用阵列特征工具建立零件模型,完成的零件模型如图 6-20 所示。

1. 打开练习文件

打开配书光盘 chap06 文件夹中的文件"chap06-03.prt",如图 6-21 所示。

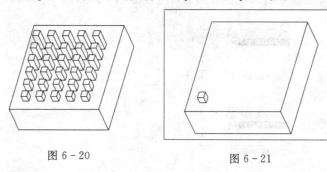

图 6-20　　　　　　　　　　　　　图 6-21

2. 第一个方向阵列

(1)在模型树中(或在模型中),选中图中小矩形柱特征。

(2)单击阵列工具按钮▦,打开阵列特征操控板。

(3)此时,"尺寸"阵列选项为默认选项,如图 6-22 所示。在图形窗口中,要阵列的特征显示出其尺寸,如图 6-23 所示。

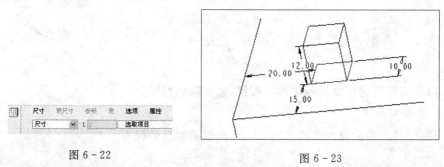

图 6-22　　　　　　　　　　　　　图 6-23

(4)单击"尺寸"按钮,进入"尺寸"操控板,然后在模型中单击数值为 20 的尺寸,该尺寸作为方向 1 的尺寸变量,输入其增量为 25,按 Enter 键,如图 6-24 所示。

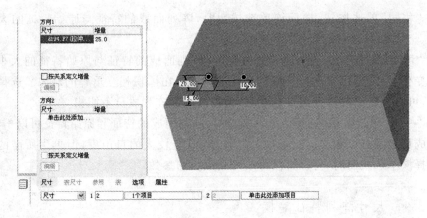

图 6-24

(5)在"尺寸"操控板上,单击"方向 2"收集器从而将其激活,然后在模型中单击数值为 15 的尺寸,输入该尺寸增量为 20,按 Enter 键,按下 Ctrl 键,选择小矩形柱高度尺寸"12",在弹出的文本栏中输入在该方向的尺寸增量为 4。如图 6-25 所示。

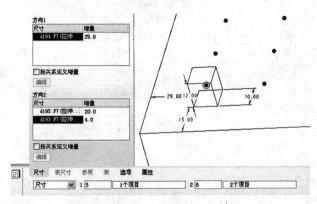

图 6-25

(6)在阵列工具操控板中输入方向 1 的阵列成员数为 5,方向 2 的阵列成员数为 6,如图 6-26 所示。

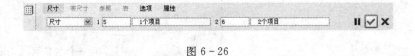

图 6-26

(7)单击阵列特征操控板中的 ✓ 按钮,完成阵列特征。

3. 保存文件

单击工具栏中的保存文件按钮 ⊟ ,完成当前文件的保存。

6.3.2 轴、填充阵列特征建模实例

本例使用轴阵列、填充阵列特征建立零件模型,完成的零件模型如图 6-27 所示。

1. 打开练习文件

(1)打开配书光盘 chap06 文件夹中的文件"chap06－04. prt",如图 6－28 所示。

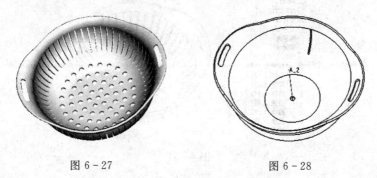

图 6－27　　　　　　　　　　　　　　图 6－28

2. 建立"轴"类型阵列特征

(1)在模型树(或模型)中选择如图 6－29 所示特征 ⊞ ⌐ 拉伸 3 。

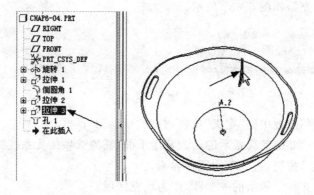

图 6－29

　(2)单击阵列工具按钮 ,打开阵列特征操控板,选择阵列类型为"轴",选择中心轴线 A_2 为阵列轴。

　(3)设定方向 1 的阵列个数为 50,角度间隔为 7.2,如图 6－30 所示。

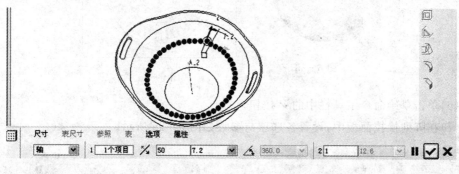

图 6－30

(4)单击阵列面板中的 按钮,完成特征阵列,如图 6－31 所示。

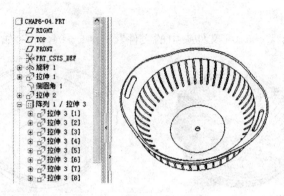

图 6 - 31

3. 建立"填充"阵列特征

(1)选择模型中的孔特征  ,单击阵列工具按钮 ▦ ,打开阵列特征操控板,选择阵列类型为"填充",如图 6 - 32 所示。

图 6 - 32

(2)单击"参照"面板中的"定义"按钮,打开"草绘"对话框。

(3)选择图 6 - 33 中箭头指示的面为草绘平面,其他选项接受系统默认的设置。

(4)单击"草绘"按钮,进入草绘工作界面。

(5)绘制如图 6 - 34 所示的一个圆,作为填充区域。

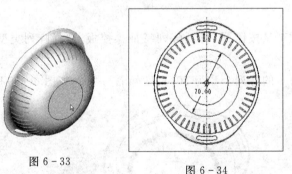

图 6 - 33

图 6 - 34

(6)单击草绘命令工具栏中的 ✔ 按钮。

(7)在阵列操控面板中,设置各选项与参数如图 6 - 35 所示。

图 6 - 35

(8)单击阵列特征操控板中的 ✔ 按钮,完成特征阵列,如图 6 - 36 所示。

图 6 - 36

4. 保存文件

单击工具栏中的保存文件按钮▣,完成当前文件的保存。

提示:

阵列特征的中心与填充边界的最小值,可设置负值,其结果是部分子特征将分布在填充区域之外。

6.3.3   曲线阵列特征建模实例

本例使用曲线阵列特征建立零件模型,完成的零件模型如图 6 - 37 所示。

1. 打开练习文件

打开配书光盘 chap06 文件夹中的文件"chap06－05. prt",如图 6 - 38 所示。

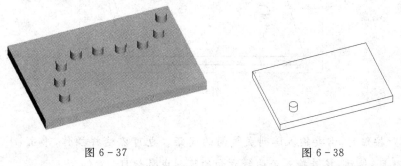

图 6 - 37   图 6 - 38

2. 建立曲线阵列特征

(1)选择模型中的拉伸特征⊞ 🗗**拉伸 2** ,单击阵列工具按钮▣,打开阵列特征操控板,选择阵列类型为"曲线",如图 6 - 39 所示。

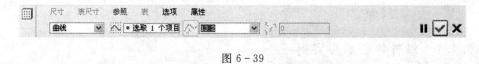

图 6 - 39

(2)单击"参照"面板中的"定义"按钮,打开"草绘"对话框。

(3)选择图 6 - 40 中箭头指示的平面为草绘平面,其他选项接受系统默认的设置。

（4）单击"草绘"按钮，进入草绘工作界面。

（5）绘制如图 6-41 所示的样条曲线。

图 6-40

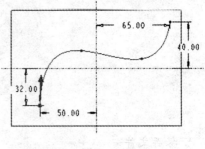

图 6-41

（6）单击草绘命令工具栏中的 ✔ 按钮。

（7）在阵列操控面板中，设置各选项与参数如图 6-42 所示。

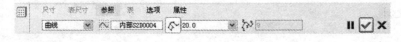

图 6-42

（8）单击阵列特征操控板中的 ✔ 按钮，完成特征阵列，结果如图 6-43 所示。

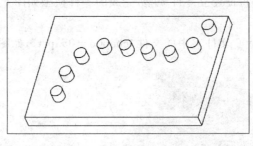

图 6-43

说明：

选中 ✧ 按钮时，需要输入阵列成员间的间距。也可以这样操作，单击 ⚡（曲线上的阵列成员数目）按钮，接着输入沿曲线方向的阵列成员数目。

6.4 编辑特征综合实例

6.4.1 编辑特征综合实例—

本实例将练习多种编辑特征的应用，完成的零件模型如图 6-44 所示。需要重点掌握的是阵列特征、镜像特征的创建方法，另外需要注意如何利用组特征来创建阵列特征。

图 6-44

下面介绍该实例的具体操作步骤。

1. 建立新文件

新建一个名为 chap06-06 的零件文件,采用 mmns_part_solid 模板。

2. 建立旋转增料特征

(1)单击旋转特征工具按钮 ,在旋转特征操控板中单击"位置"面板中的"定义"按钮,系统显示"草绘"对话框。

(2)选择 FRONT 基准面为草绘平面,RIGHT 基准面为参照平面,接受系统默认的视图方向,单击"草绘"对话框中的"草绘"按钮,系统进入草绘工作环境。

(3)绘制如图 6-45 所示的一条中心线和特征截面,然后单击草绘命令工具栏中的 按钮。

(4)在旋转特征操控板中接受默认的旋转角度为 360°。

(5)单击旋转特征操控板中的 (完成)按钮,完成本次旋转特征的建立,按 Ctrl+D 组合键,如图 6-46 所示。

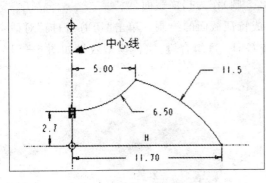

图 6-45

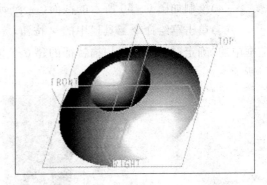

图 6-46

3. 建立倒圆角特征

(1)单击 (倒圆角工具)按钮,打开倒圆角工具操控板。在操控板上输入当前倒圆角集的圆角半径为 1。选择如图 6-47 所示的边线作为倒圆角边。

(2)单击 (完成)按钮。如图 6-48 所示。

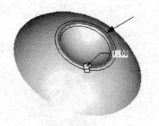

图 6-47   图 6-48

4. 建立扫描减料特征(即创建用来阵列的原始模型)

(1)单击菜单"插入"→"扫描"→"切口"选项,弹出"切剪:扫描"对话框与菜单。在"扫描轨迹"菜单中选择"草绘轨迹"选项,以绘制扫描轨迹线。

(2)选择 FRONT 基准平面作为草绘平面,并在出现的菜单管理器菜单中选择"正向"→"缺省"命令,进入草绘模式。

(3)绘制如图 6-49 所示的扫描轨迹线(一圆弧),单击草绘命令工具栏中的 ✔ 按钮。

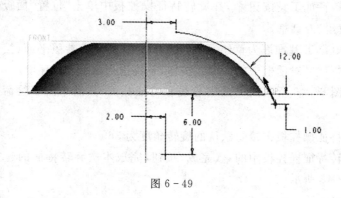

图 6-49

(4)绘制如图 6-50 所示的截面(一个 φ2.5 圆)作为扫描截面。

(5)单击草绘命令工具栏中的 ✔ 按钮,完成特征截面的绘制。单击"切剪:扫描"对话框中的"确定"按钮,完成扫描特征的建立。按 Ctrl+D 组合键,实体模型效果如图 6-51 所示。

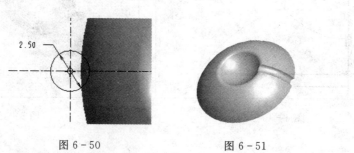

图 6-50   图 6-51

5. 建立"轴"类型阵列特征

(1)在模型树(或模型)中选择刚创建的扫描特征 ⌯切剪 标识105,如图 6-52 所示。

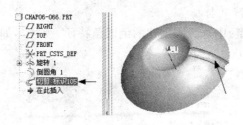

图 6-52

（2）单击阵列工具按钮▦，打开阵列特征操控板，选择阵列类型为"轴"，选择中心轴线 A_1 为阵列轴。

（3）设定方向 1 的阵列个数为 6，角度间隔为 60，如图 6-53 所示。

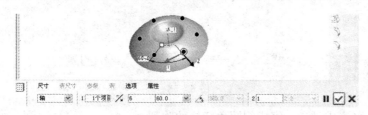

图 6-53

（4）单击阵列面板中的✔按钮，完成特征阵列，结果如图 6-54 所示。

图 6-54

6. 建立倒圆角特征

（1）单击◝（倒圆角）按钮，打开倒圆角操控板。在操控板上输入当前倒圆角集的圆角半径为 0.5。选择如图 6-55 所示的边线作为倒圆角边（注意：选取的边线一定要是步骤 4 创建扫描减料特征形成的切剪边线）。

（2）单击✔（完成）按钮。结果如图 6-56 所示。

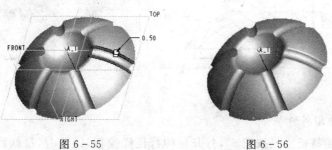

图 6-55   图 6-56

7. 建立"参照"类型阵列特征

(1)在模型树(或模型)中选择刚创建的倒圆角特征 ，如图 6-57 所示。

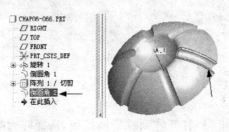

图 6-57

(2)单击阵列工具按钮 ▦ ，打开阵列特征操控板，系统自动设定阵列类型为"参照"。如图 6-58 所示。

图 6-58

(3)单击 ✓ (完成)按钮，完成倒圆角特征的阵列。

8. 建立旋转减料特征

(1)单击旋转特征工具按钮 ✤ ，默认时，旋转操控板上的 □ (实体)按钮处于被选中状态，单击 ⬯ (去除材料)按钮。

(2)在旋转特征操控板中单击"位置"面板中的"定义"按钮，系统显示"草绘"对话框。

(3)单击"草绘"对话框中的 使用先前 按钮，再单击该对话框中的"草绘"按钮，系统进入草绘工作环境。

(4)绘制如图 6-59 所示的一条中心线和特征截面。单击草绘命令工具栏中的 ✓ 按钮，回到旋转特征操控板。

(5)设定去除的材料侧箭头指向特征截面内侧，在旋转特征操控板中接受默认的旋转角度为 360°。

(6)单击旋转特征操控板中的 ✓ 按钮，完成该零件模型的建立，如图 6-60 所示。

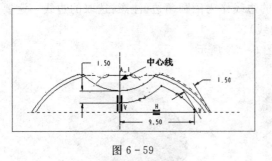

图 6-59

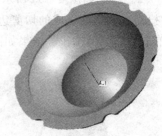

图 6-60

9. 建立拉伸增料特征

(1)单击拉伸特征工具按钮 ⬠ ，打开拉伸特征操控板，默认时，拉伸特征操控板上的

按钮 □ (实体)处于选中状态。

(2)单击"放置"面板中的"定义"按钮,系统显示"草绘"对话框,选择 TOP 基准平面为草绘平面,接受系统默认的设置。单击"草绘"按钮,系统进入草绘工作环境。

(3)绘制如图 6-61 所示的截面(两个圆),单击草绘命令工具栏中的 ✔ 按钮,完成拉伸截面的绘制。

(4)在拉伸工具操控板上选择系统默认的 ⪦(拉伸至下一曲面)拉伸模式选项,单击拉伸特征操控板中的 ✔ 按钮,完成本次拉伸特征的建立,如图 6-62 所示。

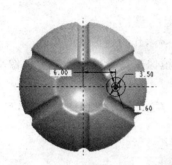

图 6-61

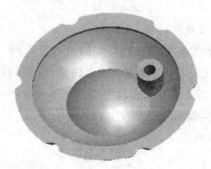

图 6-62

10. 建立 $D \times D$ 的倒角特征

(1)单击倒角工具按钮 ⟍,系统显示倒角特征操控板。

(2)选择"$D \times D$"的倒角方式,设定 D 值为"0.3"。

(3)选择图 6-63 中箭头指示的边线(圆柱内孔边缘)作为倒角边。单击 ✔(完成)按钮,结果如图 6-64 所示。

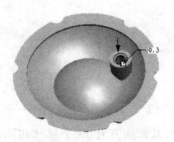

图 6-63

图 6-64

11. 建立组特征

将步骤 9 创建的拉伸特征与步骤 10 创建的倒角特征建立一个组。

(1)在模型树(或模型)中按住 Ctrl 键选择拉伸特征 ⊞ 拉伸 1 与倒角特征 ⟍ 倒角 1,如图 6-65 所示。

(2)单击菜单"编辑"→"组"命令,或单击鼠标右键,在弹出的快捷菜单中,单击"组"命令,此时,拉伸特征与倒角特征变成了一个群组,模型树发生变化,如图 6-66 所示。

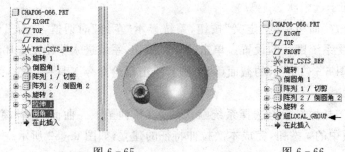

图 6-65　　　　　　　　　　　　　图 6-66

12. 建立镜像特征

(1)在模型树中选择刚建立的组特征 ⊞ ⚙组LOCAL_GROUP，作为镜像的对象。

(2)单击特征工具栏中的 ﹚﹚(镜像)按钮,打开镜像工具操控板。指定镜像平面,选择 FRONT 基准平面作为镜像平面。

(3)在镜像工具操控板上,单击 ✅(完成)按钮,完成的镜像特征的创建,最终效果如图 6-67 所示。

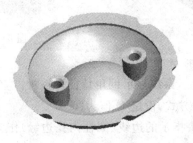

图 6-67

13. 保存文件

单击工具栏中的保存文件按钮 🖫,完成当前文件的保存。

6.4.1　编辑特征综合实例二

本练习将创建如图 6-68 所示的壳体零件,其背面开有 13 个尺寸相同,间距相等的百叶窗,故可先用拉伸特征创建基础实体,然后用壳工具和倒圆角特征完成壳体和圆角的创建,再用拉伸、旋转特征和镜像特征创建第一个百叶窗并通过复制命令完成第二个百叶窗的创建,最后,通过阵列完成其余百叶窗的创建,得到最后的结果。

壳体零件的创建步骤如下:

1. 建立新文件

(1)单击工具栏中的新建文件按钮 🗋。

(2)新建一个名为 chap06-07 的零件文件,采用 mmns_part_solid 模板。

2. 创建拉伸特征

(1)在特征工具栏中单击 🗗(拉伸工具)按钮,打开拉伸工具操控板。默认时,拉伸工具操控板上的□(实体)按钮处于被选中状态。

(2)单击"放置"按钮,单击"定义"按钮,打开"草绘"对话框。

(3)选择 TOP 基准平面作为草绘平面,单击"草绘"按钮,系统进入草绘工作环境。绘制如图 6-69 所示的图形(一个长方形),单击草绘命令工具栏中的✔按钮。

(4)在拉伸工具操控板上输入拉伸值为 120。单击✔(完成)按钮,模型如图 6-70 所示。

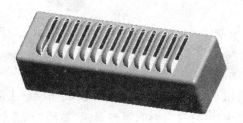

图 6-68

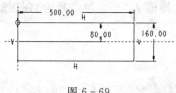

图 6-69

图 6-70

3. 建立倒圆角特征

(1)单击 ◝(倒圆角)按钮,打开倒圆角操控板。在操控板上输入当前倒圆角集的圆角半径为 10。按住 Ctrl 键的同时,选择如图 6-71 所示立方体的八条棱边作为倒圆角的边。

(2)按鼠标中键完成特征,倒圆角后模型如图 6-72 所示。

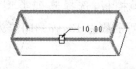

图 6-71

图 6-72

4. 建立壳特征

(1)单击壳工具按钮 ▣,打开壳特征操控板。在壳工具操控板上输入厚度值为 2。

(2)按住鼠标中键调整模型视角,单击如图 6-73 所示的零件的表面,该表面将作为移除的曲面。单击✔(完成)按钮,创建的壳特征如图 6-74 所示。

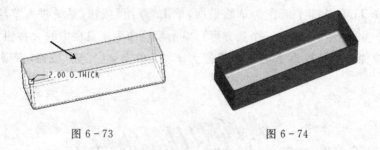

图 6-73   图 6-74

5. 创建第一个百叶窗的孔

(7)单击拉伸工具按钮，打开拉伸特征操控板，单击（去除材料）按钮。

(8)单击"放置"面板中的"定义"按钮，系统显示"草绘"对话框。

(9)选择壳体的上表面为草绘平面，接受系统默认的视图方向。单击"草绘"对话框中的"草绘"按钮，系统进入草绘工作环境。绘制如图 6-75 所示的截面。

(10)单击草绘命令工具栏中的 ✔ 按钮，返回拉伸特征操控板。

(11)在拉伸工具操控板中的文本框中输入拉伸值为"2"。单击拉伸特征操控板中的 ✔ 按钮，如图 6-76 所示。

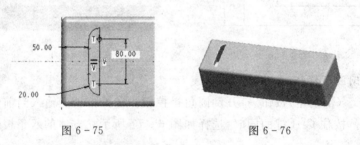

图 6-75   图 6-76

6. 阵列百叶窗孔(采用"方向"类型阵列特征)

(1)在模型树中选择刚创建的拉伸特征。

(2)单击阵列工具按钮，打开阵列特征操控板，选择阵列类型为"方向"，选择 RIGHT 基准平面为方向参照。设定方向 1 的阵列个数为 13，阵列间隔为 30，如图 6-77 所示。阵列结果如图 6-78 所示。

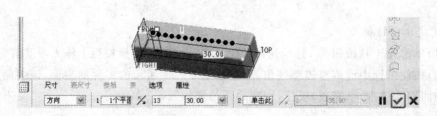

图 6-77

图 6-78

7. 创建第一个百叶窗楣

（1）通过旋转特征创建窗楣：采用旋转特征创建一薄板实体，单击旋转特征，以壳体上表面为草绘平面，旋转截面如图 6-79 所示，其余参数的设置如图 6-80 所示（注意：应单击薄板厚度值框右侧的薄板生长方向按钮，使薄板沿着壳体的实体方向生长），生成的窗楣如图 6-81 所示。

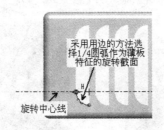

图 6-79

图 6-80

图 6-81

（2）通过拉伸特征创建窗楣：以旋转窗楣的侧平面为草绘平面，绘制如图 6-82 所示的拉伸截面（注意绘制的截面一定要封闭），退出草绘后，在拉伸深度选项中选择"拉伸至指定平面"，然后选择如图 6-83 所示的 FRONT 基准平面，将实体拉伸至此平面，如图6-84所示。

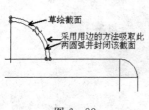

图 6-82　　　　　　　　　　　　图 6-83

（3）通过镜像特征镜像窗楣：在图形中选择上面创建的旋转和拉伸百叶窗（选择时应同时按下 Ctrl 键），单击特征工具栏中的 ⑪（镜像工具）按钮，打开镜像工具操控板。指定镜像平面，选择 FRONT 基准平面作为镜像平面。单击 ✅（完成）按钮，完成的镜像效果如图 6-85 所示。

图 6-84　　　　　　　　　　　　图 6-85

8. 建立组特征

将步骤 6 创建的旋转、拉伸及镜像特征建立一个组

（1）在模型树（或模型）中按住 Ctrl 键选择旋转特征 ⑪旋转 1 、拉伸特征 ⑪拉伸 3 及镜像特征 ⑪镜像 1，如图 6-86 所示。

（2）单击菜单"编辑"→"组"命令，或单击鼠标右键，在弹出的快捷菜单中，单击"组"命令，此时，拉伸特征与倒角特征变成了一个群组，模型树发生变化，如图 6-87 所示。

图 6-86　　　　　　　　　　　　图 6-87

9. 阵列其余的窗楣（采用"参照"类型阵列特征）

（1）在模型树（或模型）中选择刚创建的组 ⑪组LOCAL_GROUP 。

（2）单击阵列工具按钮 ▦，打开阵列特征操控板，系统自动设定阵列类型为"参照"。如图 6-88 所示。

图 6-88

（3）单击 ✓（完成）按钮，完成其余百叶窗的阵列。如图 6-89 所示。

图 6-89

10. 保存文件

单击工具栏中的保存文件按钮 💾，完成当前文件的保存。

思考与练习

一、思考题

1. 简述创建镜像特征的一般步骤。

2. 如何进行移动复制的操作，请举一个应用例子来辅助说明。

3. 可以使用哪几种方式来创建阵列特征？

4. 延伸知识思考：执行菜单栏中的"编辑"→"特征操作"命令，将打开一个菜单管理器"特征"菜单，除了本章介绍的"复制"命令外，还有"重新排序"命令和"插入模式"命令。请通过软件的帮助文件，了解如何对特征进行重新排序和设置插入模式。

二、上机练习

1. 打开附盘文件"\chap06\chap06-08.prt"，如图 6-90 所示，利用"复制"特征变换成如图 6-91 所示图形。

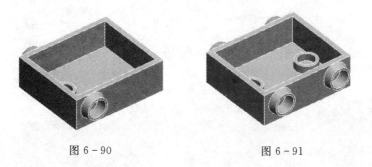

图 6-90　　　　　　　　　图 6-91

2. 本练习将创建如图 6-92 所示的零件，通过该练习巩固旋转特征、孔特征、阵列特征、等知识。

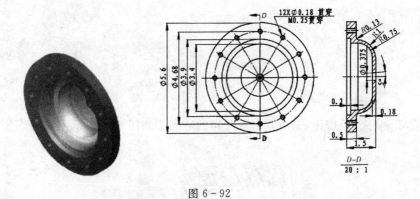

图 6 - 92

第 7 章 高级特征

要成为一名 Pro/ENGINEER 应用高手,仅仅靠掌握前面介绍的工具或命令是远远不够的,还需要掌握一些高级命令,学会创建高级特征。例如,螺旋扫描特征、扫描混合特征、骨架折弯特征、环形折弯特征、唇特征、半径圆顶特征和剖面圆顶特征等。

有些高级特征的创建命令,只有当配置文件选项"allow_anatomic_features"的值设置为"yes"时,才能显示在"插入"→"高级"级联菜单中。

7.1 可变剖面扫描特征

可变剖面扫描特征是一种比较复杂的扫描方法,它允许用户控制扫描截面的方向、旋转与几何形状,可以沿一条或多条选定轨迹扫描截面,从而创建实体或曲面。在创建可变剖面扫描时,可以使用恒定截面和可变截面。

单击"可变剖面扫描工具"按钮🖉,打开可变剖面扫描特征操控板,如图 7-1 所示。默认的绘图选项为产生曲面特征🖂,利用其创建曲面特征和创建实体特征的步骤相同。

图 7-1

提示:

在创建原始轨迹线和轮廓线时,力求两种轨迹的垂直高度相同,如是两者高度不同,则所生成的三维模型的高度会以最短的轨迹的垂直高度为准来生成。

7.1.1 可变剖面扫描特征建模实例一(花瓶)

本实例将创建如图 7-2 所示的花瓶模型(壁厚为 2),创建的基本思路如图 7-3 所示。

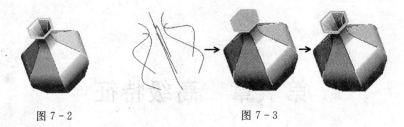

图 7-2　　　　　　　　　　　　　　　图 7-3

1. 建立新文件

新建一个名为 chap07-01 的零件文件,采用 mmns_part_solid 模板。

2. 绘制原始轨迹线及轮廓线

(1)单击基准特征工具栏中的 [图标] (草绘基准曲线)按钮,打开"草绘"对话框。

(2)选择 FRONT 基准面作为草绘平面,RIGHT 基准面作为参照面,单击"草绘"按钮,进入草绘工作界面。

(3)绘制如图 7-4 所示的两段曲线(一条直线和一条由直线和圆弧组成的曲线),其中直线将作为变截面扫描的原始轨迹线,另一曲线作为其中一条轮廓线。

(4)单击草绘命令工具栏中的 [图标] 按钮,完成曲线的绘制。按 Ctrl+D 组合键,以标准方向的视角来显示,效果如图 7-5 所示。

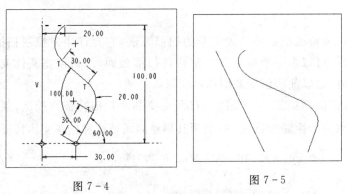

图 7-4　　　　　　　　　　　　　　　图 7-5

(5)选择由直线和圆弧组成的那条曲线,单击菜单"编辑"→"复制",再次单击菜单"编辑"→"选择性粘贴",在弹出的"选择性粘贴"操控板中,选择"旋转"选项,并选择图形中的直线作为旋转轴,输入旋转角度为 60,单击操控板上的"选项"按钮,取消"隐藏原始几何"复选框,其参数如图 7-6 所示。单击鼠标中键完成选择性粘贴操作,得到的图形如图 7-7 所示。

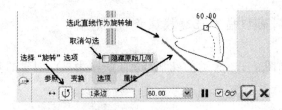

图 7-6

(6)在模型树(或模型)中选择刚复制得到的曲线。再单击阵列工具按钮 ⊞,打开阵列特征操控板,选择阵列类型为"尺寸",选择"60°"尺寸为方向 1 的尺寸变量,输入其增量为 60,按 Enter 键,并输入方向 1 上的阵列数量为 5,单击阵列面板中的 ✓ 按钮,完成特征阵列,如图 7-8 所示。

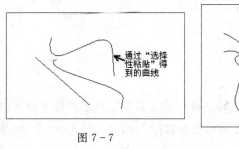

图 7-7

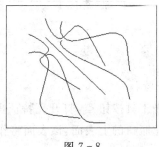

图 7-8

3.　建立可变剖面扫描特征

(1)单击可变剖面扫描工具按钮 ,打开可变剖面扫描特征操控板,如图 7-9 所示。

图 7-9

(2)单击 □(扫描为实体)按钮,以生成实体特征。如图 7-10 所示选择原始轨迹线,按下 Ctrl 键,依次选择其他 6 条轮廓线。注意扫描的起始点在原始轨迹线(亦称引导线)的下方,且正方向向上。

(3)在"选项"面板中选择"可变剖面"选项。单击 ☑ 按钮,系统进入草绘状态。绘制如图 7-11 所示的截面(正六边形),注意正六边形的每个顶点与轮廓线的 6 个端点重合。草绘截面与 7 条轨迹的位置关系如图 7-12 所示。

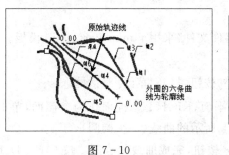

图 7-10

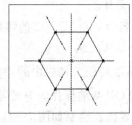

图 7-11

(4)单击草绘命令工具栏中的 ✓ 按钮,完成草图的绘制;单击特征操控板中的 ✓(完成)按钮,完成可变剖面扫描特征的建立,如图 7-13 所示。

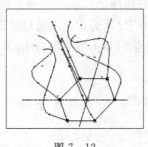

图 7 - 12

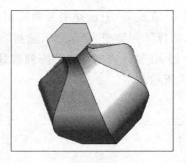

图 7 - 13

4. 建立壳特征

(1)单击壳工具按钮 回 ,打开壳特征操控板。在壳工具操控板上输入厚度值为 2。

(2)单击花瓶口的上表面,该表面将作为移除的曲面。单击 ✓(完成)按钮,创建的壳特征如图 7 - 14 所示。

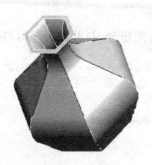

图 7 - 14

5. 保存文件

单击菜单"文件"→"保存"命令,保存当前模型文件。

7.1.2 可变剖面扫描特征建模实例二

1. 建立新文件

新建一个名为 chap07-02 的零件文件,采用 mmns_part_solid 模板。

2. 绘制原始轨迹线

(1)单击基准特征工具栏中的 按钮,打开"草绘"对话框。

(2)选择 TOP 基准面作为草绘平面,RIGHT 基准面作为参照面,单击"草绘"按钮,进入草绘工作界面。绘制如图 7 - 15 所示的曲线(一个椭圆)。

(3)单击草绘命令工具栏中的 ✓ 按钮,完成曲线的绘制。按 Ctrl+D 组合键,以标准方向的视角来显示,效果如图 7 - 16 所示。

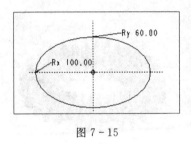

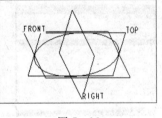

图 7 - 15　　　　　　　　　　　　图 7 - 16

3. 使用关系式建立可变剖面扫描特征

(1)单击可变剖面扫描工具按钮 ，打开可变剖面扫描特征操控板，如图 7 - 17 所示。

图 7 - 17

(2)单击 （扫描为实体）按钮，以生成实体特征。选择上一步骤绘制的圆作为原始轨迹线。

(3)在"选项"面板中选择"可变剖面"选项。单击 按钮，系统进入草绘工作界面。

(4)绘制如图 7 - 18 所示的圆形剖面(尺寸任意，先不修改)。

(5)单击菜单"工具"→"关系"命令，打开"关系"窗口，模型中尺寸显示为符号形式，如图 7 - 19 所示。

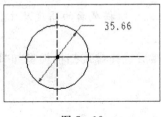

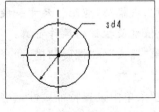

图 7 - 18　　　　　　　　　　　　图 7 - 19

提示：

当"关系"对话框显示出来时，图形工作区中的尺寸就会从值显示方式转换为名称显示方式，以便于在"关系"对话框中输入正确的尺寸名称。用鼠标左键单击图形工作区中的尺寸，系统即可自动将其名称输入到对话框中。

(6)在关系窗口中输入关系式："sd3 ＝ 50 ＋ 20 * sin(360 * trajpar * 30)"如图 7 - 20 所示。

(7)单击"确定"按钮，完成关系式的添加。

(8)单击草绘命令工具栏中的 按钮，完成草图的绘制；单击特征操控板中的 按钮，完成可变剖面扫描特征的建立，如图 7 - 21 所示。

图 7 - 20

图 7 - 21

4. 保存文件

单击菜单"文件"→"保存"命令,保存当前模型文件。

7.2 螺旋扫描特征

螺旋扫描即一个截面沿着一条螺旋轨迹扫描,产生螺旋状的扫描特征。特征的建立需要有旋转轴、轮廓线、螺距、截面四要素。常见的弹簧、螺纹等三维特征,可由"螺旋扫描"的工具命令来建造。

提示:

用螺旋扫描特征进行建模时,应首先明确其旋转中心线和轮廓线。

扫描截面放置在轮廓线的起点(箭头所在的一端),若要更改轮廓线起点,可使用"起始点"命令。

为保证成功生成模型,螺距的尺寸一般应大于扫描截面的高度尺寸。

创建定螺距值螺旋扫描的操作步骤:

(1)单击菜单"插入"→"螺旋扫描"命令,然后选择螺旋扫描类型如"伸出项"等,打开"属性"菜单。

(2)在"属性"菜单中设置特征属性。

(3)选择草绘面与参照面,绘制旋转中心线和轮廓线。

(4)绘制截面。

(5)输入螺距值。

(6)若是生成曲面特征,明确是开口曲面还是封闭曲面。

(7)预览并完成螺旋特征。

7.2.1 螺旋扫描特征建模实例一

1. 建立新文件

(1)新建一个名为 chap07-03 的零件文件,采用 mmns_part_solid 模板。

2. 定义螺旋属性

(1)单击菜单"插入"→"螺旋扫描"→"伸出项"命令,打开如图 7-22 所示"属性"菜单如图所示。接受"属性"菜单中的默认命令"常数"、"穿过轴"、"右手定则",然后单击"完成"命令。

(2)选择 TOP 基准面作为草绘平面,单击"正向"接受默认的视图方向,单击"草绘视图"菜单中的"缺省"命令,系统进入草绘状态。

3.　绘制旋转轴与轮廓线

(1)绘制如图 7 - 23 所示的旋转轴和轮廓线。

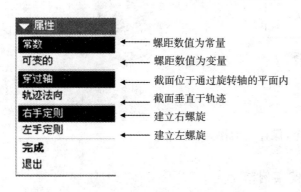

图 7 - 22　　　　　　　　　　图 7 - 23

提示:

在草绘旋转曲面轮廓线时,需要遵守如下规则:

草绘图元必须是开放截面,并且需要草绘中心线来定义旋转轴。

轮廓图元不必有在任何点都垂直于中心线的切线。

如果选择"垂直于轨迹"选项,则轮廓图元一定是相切连续的。

轮廓的起点定义了扫描轨迹的起点。如果要修改扫描轨迹的起点,则先选择要作为起始点的轮廓端点,然后选择"草绘"→"特征工具"→"起始点"命令。

(2)单击草绘命令工具栏中的 ✔ 按钮,在信息区显示的文本栏中输入螺距值为"5",单击☑(接受)按钮,如图 7 - 24 所示。

图 7 - 24

4.　绘制剖面并生成特征

(1)系统再次进入草绘状态,以绘制螺旋扫描剖面。在起始中心绘制一直径为"3"的圆,如图 7 - 25 所示。

(2)单击草绘命令工具栏中的 ✔ 按钮,再单击鼠标中键,完成后的模型如图 7 - 26 所示。

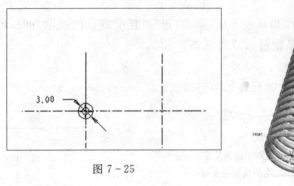

图 7 - 25

图 7 - 26

5. 保存文件

单击菜单"文件"→"保存"命令,保存当前模型文件。

7.2.2　螺旋扫描特征建模实例二

本例将创建如图 7 - 27 所示的弹簧。其创建的具体步骤如下:

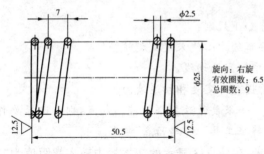

旋向:右旋
有效圈数:6.5
总圈数:9

图 7 - 27

1. 建立新文件

(1)新建一个名为 chap07-04 的零件文件,采用 mmns_part_solid 模板。

2. 定义螺旋属性

(1)单击菜单"插入"→"螺旋扫描"→"伸出项"命令,打开"属性"菜单。接受"属性"菜单中的命令"可变的"、"穿过轴"、"右手定则",然后单击"完成"命令。

(2)选择 FRONT 基准面作为草绘平面,单击"正向"接受默认的视图方向,单击"草绘视图"菜单中的"缺省"命令,系统进入草绘状态。

3. 绘制旋转轴与轮廓线

(1)绘制如图 7 - 28 所示的中心线作为旋转轴和轮廓线(由一直线、4 个点组成)。单击草绘命令工具栏中的 ✔ 按钮。

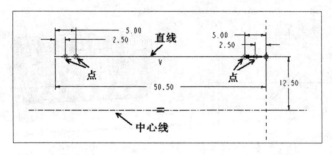

图 7 - 28

(2)在如图所示的"在轨迹起始输入节距值"文本框中输入起点处的螺距值为"2.5"。单击☑(接受)按钮,如图 7 - 29 所示。

图 7 - 29

(3)在如图所示的"在轨迹起始末端输入节距值"文本框中输入末端处的螺距值为"2.5"。单击☑(接受)按钮,如图 7 - 30 所示。

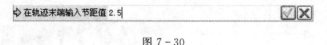

图 7 - 30

(4)系统弹出如图 7 - 31 所示的节距变化演示图形和如图 7 - 32 所示的"控制曲线"和"定义控制曲线"菜单,要求选择不同节距的位置点,选择如图 7 - 32 所示的点 1 作为第 1 个添加点。在如图 7 - 33 所示的"输入节距值"文本框中输入添加处的螺距值为"2.5",单击☑(接受)按钮。

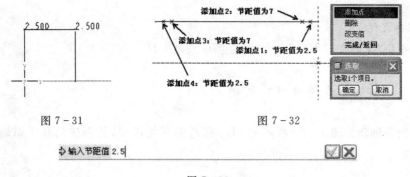

图 7 - 31　　　　　　　　　　　　　图 7 - 32

图 7 - 33

(5)方法同上,依次选择第 2、3、4 个添加点,并依次输入不同的节距值:7、7、2.5。

(6)单击"控制曲线"菜单中的"完成"命令。

4. 绘制剖面并生成螺旋扫描特征

(1)系统再次进入草绘状态,以绘制螺旋扫描剖面,在起始中心绘制如图 7 - 34 所示直径为 2.5 的一个圆。

(2)单击草绘命令工具栏中的 ✓ 按钮,再单击鼠标中键,完成后的模型如图 7 - 35 所示。

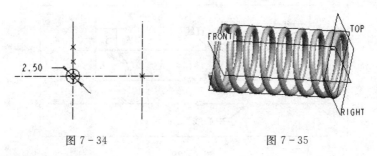

图 7-34　　　　　　　　　　　　　图 7-35

5. 建立拉伸减料特征

(1)单击拉伸工具按钮 🔲 ,在拉伸特征操控板上单击 ⬭ (去除材料)按钮。

(2)单击"放置"面板中的"定义"按钮,系统显示"草绘"对话框。选择 FRONT 基准平面为草绘平面,RIGHT 基准平面为参照平面,接受系统默认的视图方向。单击"草绘"对话框中的"草绘"按钮,系统进入草绘工作环境。

(3)绘制如图 7-36 所示的截面(一个矩形)。单击草绘命令工具栏中的 ✔ 按钮,在拉伸工具操控板上选择 ⊟ (双向拉伸)拉伸模式选项,并单击拉伸方向为反向,输入拉伸的深度为 40。单击 ✔ (完成)按钮,模型如图 7-37 所示。

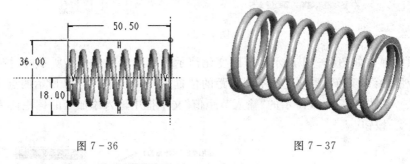

图 7-36　　　　　　　　　　　　　图 7-37

6. 保存文件

单击菜单"文件"→"保存"命令,保存当前模型文件。

7.2.3　螺旋扫描特征建模实例三

本实例将创建如图 7-38 所示的 M10 螺母的三维模型,其创建的基本思路如图 7-39 所示。

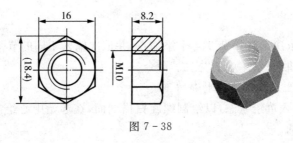

图 7-38

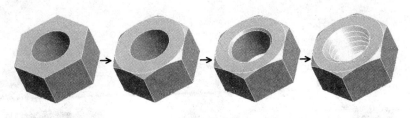

图 7-39

1. 建立新文件

(1)新建一个名为 chap07-05 的零件文件,采用 mmns_part_solid 模板。

2. 创建拉伸特征

(1)在特征工具栏中单击🔳(拉伸工具)按钮,打开拉伸工具操控板。默认时,拉伸工具操控板上的🔲(实体)按钮处于被选中状态。

(2)单击"放置"按钮,单击"定义"按钮,打开"草绘"对话框。

(3)选择 TOP 基准平面作为草绘平面,单击"草绘"按钮,系统进入草绘工作环境。绘制如图 7-40 所示的图形(一个圆和一个正六边形:可用调色板调用),单击草绘命令工具栏中的✔️按钮。

(4)在拉伸工具操控板上,输入拉伸深度为8.2。单击✔️(完成)按钮,模型如图 7-41 所示。

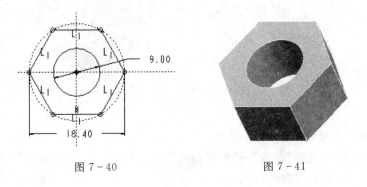

图 7-40　　　　　　　　　　图 7-41

3. 建立旋转减料特征

(1)单击旋转工具按钮💠,在旋转操控板上单击✍(去除材料)按钮。再单击"位置"面板中的"定义"按钮,系统显示"草绘"对话框。

(2)选择 RIGHT 基准面为草绘平面,单击"草绘"对话框中的"草绘"按钮,系统进入草绘工作环境。

(3)绘制如图 7-42 所示的一条中心线和一条与垂直线成 30°的直线。单击草绘命令工具栏中的✔️按钮,回到旋转特征操控板。

(4)设定"去除的材料侧"箭头指向外部,如图 7-43 所示。在旋转特征操控板中接受默认的旋转角度为360°。单击旋转特征操控板中的✔️按钮,如图 7-44 所示。

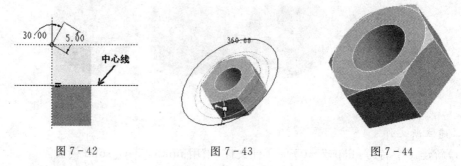

图 7-42　　　　　　　图 7-43　　　　　　　图 7-44

2. 倒角

(1)单击倒角工具按钮，系统显示倒角特征操控板。选择"$D \times D$"的倒角方式,设定 D 值为"0.5"。

(2)选择图 7-45 中箭头指示的 2 条边(提示:选择边时,按住 Ctrl 键,以使这两条边为一组)。单击(完成)按钮,结果如图 7-46 所示。

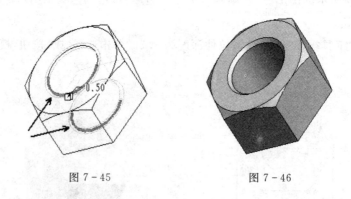

图 7-45　　　　　　　　　图 7-46

3. 建立螺旋扫描特征

(1)在菜单栏中,选择"插入"→"螺旋扫描"→"切口"命令,打开如图 7-47 所示的"切剪:螺旋扫描"对话框和菜单管理器。

(2)在菜单管理器的"属性"菜单中选择"常数"→"穿过轴"→"右手定则"→"完成"命令。

(3)选择 FRONT 基准平面作为草绘平面,接着在菜单管理器中选择"正向"→"缺省"命令,进入草绘模式。

(4)绘制如图 7-48 所示的一段直线段(直线与大圆柱面外轮廓重合)和中心线,单击草绘命令工具栏中的按钮。

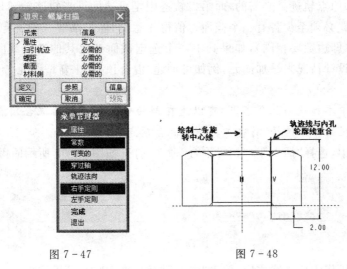

图 7 - 47　　　　　　　　　　　　图 7 - 48

（5）在如图 7 - 49 所示的文本框中输入螺距值为"1.5"，单击 （接受）按钮。

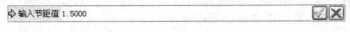

图 7 - 49

（6）系统再次进入草绘状态，以绘制螺旋扫描剖面。绘制如图 7 - 50 所示的等边三角形截面，单击草绘命令工具栏中的 按钮。

（7）在菜单管理器的"方向"菜单中选择"正向"命令，接受默认要切除的区域。

（8）单击"切剪：螺旋扫描"对话框中的"确定"按钮，创建的外螺纹的三维效果如图 7 - 51 所示。

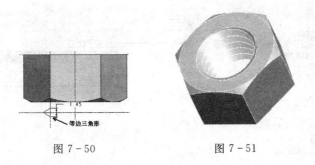

图 7 - 50　　　　　　　　　　图 7 - 51

4. 保存文件

单击菜单"文件"→"保存"命令，保存当前模型文件。

7.3　扫描混合特征

扫描混合功能相当于将扫描和混合两个功能结合在一起。定义扫描混合特征，需要定义两个主要方面，即轨迹、多个混合截面。扫描混合功能具有两种轨迹，即原点轨迹和第二轨迹,其中原点轨迹是必需的,而第二轨迹则是可选的。当轨迹轮廓是闭合的,在起始点和其他位置必须至少各有一个截面。值得注意的是,扫描混合的所有截面必须具有相同的图元数(即边数要相同),如果其中一个选定截面有比其他选定截面更少的图元,那么需要根据设计情况来添加图元,例如可创建"混合顶点"来新增图元。

提示:

要在剖面中添加一个混合顶点,可以先在剖面中选择要作为混合顶点的点,然后从菜单栏的"草绘"菜单中选择"特征工具"→"混合顶点"命令。

在菜单栏中,选择"插入"→"扫描混合"命令,打开如图 7-52 所示的操控板。

图 7-52

在选择曲线作为轨迹线之后,单击"参照"按钮,进入"参照"操控板,如图 7-53 所示。在该操控板上提供了 3 个常用剖面控制的选项,即"垂直于轨迹"选项、"垂直于投影"选项和"恒定法向"选项,它们的功能如下:

➤ "垂直于轨迹"选项:该选项用来定义扫描混合的剖面平面垂直于指定的轨迹。

➤ "垂直于投影"选项:该选项用来定义剖面平面沿指定的方向垂直于原点轨迹的 2D 投影。

➤ "恒定法向"选项:该选项用来定义剖面平面垂直向量保持与指定的方向参照平行。

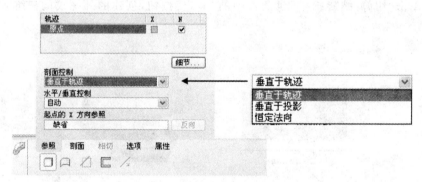

图 7-53

7.3.1 扫描混合特征建模实例

1. 建立新文件

(1)新建一个名为 chap07-06 的零件文件,采用 mmns_part_solid 模板。

2. 建立扫描混合轨迹线

(1)在特征工具栏中单击 ※ (草绘工具)按钮,打开"草绘"对话框。选择 FRONT 基准平面作为草绘平面,单击"草绘"按钮,进入草绘模式。

(2)绘制如图7-54所示的图形(该图形共由2段圆弧和1个点组成,曲线两端的端点1、3和中间绘制的点2将作为截面控制点),单击草绘命令工具栏中的✓按钮。完成草绘基准曲线的创建。

3. 创建基准点 PNT0

(1)单击 ✗✗ (基准点工具)按钮,系统打开"基准点"对话框。

(2)鼠标左键在如图7-55所示草绘基准曲线上单击选择上段圆弧,在"基准点"对话框中,选择"比率"选项,输入偏移比率为0.45。单击"确定"按钮完成基准备点的创建。

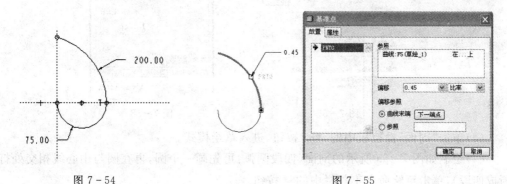

图 7-54　　　　　　　　　　　　图 7-55

4. 建立扫描混合特征

(1)在菜单栏中选择"插入"→"扫描混合"命令,打开扫描混合工具操控板。在操控板中,单击□(实体)按钮。

(2)选择刚创建的曲线作为轨迹线,单击"剖面"按钮,打开"剖面"操控板,接着在图形窗口中单击轨迹线的起点(链首)作为起点截面位置,如图7-56所示。

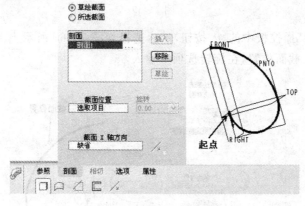

图 7-56

提示:

若扫描混合的起始点方向在另外一端,可通过下面方法改变扫描混合的起始点方向。

单击"参照"按钮,打开"参照"操控板,如图7-57所示,在操控板上单击 细节 按钮,此时,弹出"链"对话框,如图7-58所示。单击"链"对话框内的"选项"选项卡,单击"反向"按钮可改变扫描混合的起点方向。

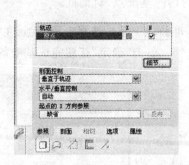

图 7-57   图 7-58

(3)单击"剖面"操控板中的 草绘 按钮,进入草绘模式。

(4)绘制如图7-59所示的剖面(四段圆弧:可先画一个圆,再在圆与中心线相交处打断成四段),单击草绘命令工具栏中的 ✓ 按钮。

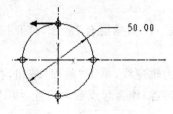

50.00

图 7-59

(5)单击"剖面"操控板中的 插入 按钮,然后选择如图7-60所示上一步骤创建的基准点PNT0作为第二截面位置,在旋转选项中输入65。

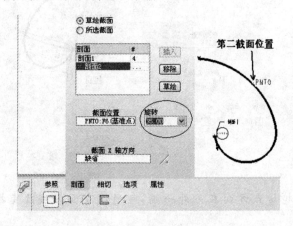

图 7-60

(6)单击"剖面"操控板中的 草绘 按钮,进入草绘模式。

(7)绘制如图 7-61 所示的剖面(一个正方形),单击草绘命令工具栏中的 ✔ 按钮。

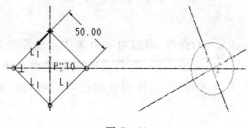

图 7-61

(8)再次单击"剖面"操控板中的 插入 按钮,接着选择如图 7-62 所示两圆弧的交点作为终点截面位置,在旋转选项中输入 90。

(9)单击"剖面"操控板中的 草绘 按钮,进入草绘模式。

(10)绘制如图 7-63 所示的剖面(一个点),单击草绘命令工具栏中的 ✔ 按钮。

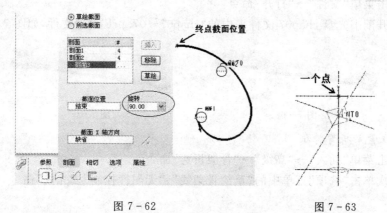

图 7-62   图 7-63

(11)单击扫描混合特征操控板上的"相切"按钮,打开"相切"操控板,选择终止截面的条件为"平滑",如图 7-64 所示。

(12)单击扫描混合特征操控板上的 ✔ (完成)按钮,完成扫描混合特征的建立,如图 7-65 所示。

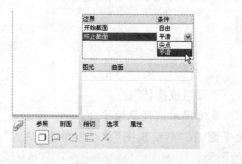

图 7-64   图 7-65

5. 保存文件

单击菜单"文件"→"保存"命令,保存当前模型文件。

7.4 骨架折弯特征

使用骨架折弯(Spinal Bend)命令,可以对一个实体或曲面沿着轨迹线进行弯曲。原有实体或曲面的截面垂直于某条中心轴,弯曲后的截面将垂直于轨迹线,此轨迹线如同骨架形状,将实体或曲面进行弯曲,因此称为骨架折弯。弯曲后的实体体积和表面积都有可能改变。

7.4.1 骨架折弯特征建模实例(扳手模型)

本例使用骨架折弯建模工具建立零件模型,完成的零件模型如图 7-66 所示。

1. 打开练习文件

(1)单击菜单"文件"→"打开"命令。

(2)打开配书光盘 chap07 文件夹中的"chap07-07.prt"模型文件,如图 7-67 所示。

图 7-66   图 7-67

2. 建立骨架折弯特征

(1)单击菜单"插入"→"高级"→"骨架折弯"命令。

(2)依次单击"选项"菜单中的"草绘骨架线"、"无属性控制"、"完成"命令,如图 7-68 所示。

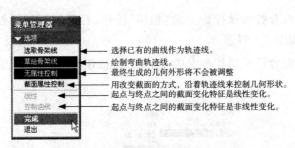

图 7-68

(3)系统提示"选取要折弯的一个面组或实体"。

(4)选择实体的任何一个侧面,系统提示选择草绘平面。

(5)选择 TOP 基准面为草绘平面,在"草绘视图"菜单中单击"缺省"命令,系统进入草绘模式,绘制如图 7-69 所示的图形。

提示:

所绘制的用来作为骨架轨迹线的线条必须为圆滑过渡的,若由多段图元构成时,各连接图元间存在着相切的关系。

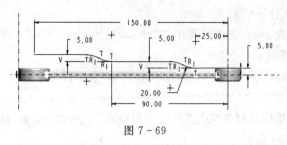

图 7-69

（6）完成弯曲曲线的绘制，单击草绘命令工具栏中的 ✔ 按钮，系统提示"指定要定义折弯量的平面"，此时在弯曲曲线的起点处产生基准平面 DTM3，如图 7-70 所示。

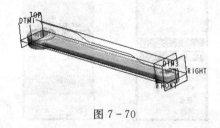

图 7-70

（7）单击基准平面 DTM1 定义折弯量，结果如图 7-71 所示。

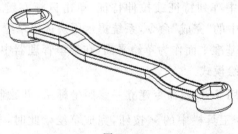

图 7-71

3. 保存文件

单击菜单"文件"→"保存"命令，保存当前模型文件。

7.5　环形折弯特征

使用环形折弯命令，可对一个实体或曲面特征在 $0.001° \sim 360°$ 范围内进行任意弯曲。但该特征必须要有两个平面，以便定义角度。另外，在弯曲过程中还需绘制弯曲的轨迹，且绘制轨迹时必须加入参照坐标系（Coordinate System）供弯曲使用。

7.5.1　环形折弯建模实例

本例使用环形折弯建模工具建立零件模型。

1. 打开练习文件

(1)单击菜单"文件"→"打开"命令。

(2)打开配书光盘 chap07 文件夹中的"chap07－08. prt"模型文件。

2. 建立环形折弯特征

(1)单击菜单"插入"→"高级"→"环形折弯"命令。打开如图 7 - 72 所示的"选项"菜单。

(2)在"选项"菜单中选择"360"、"曲线折弯收缩"、"完成"选项,打开如图 7 - 73 所示的"定义折弯"菜单。

图 7 - 72　　　　　　　　图 7 - 73

(3)在实体模型中选中阵列特征或拉伸特征,单击鼠标左键,接着单击鼠标中键确定;选择"定义折弯"菜单中的"完成"命令,系统提示用户选择草绘平面。

(4)选择图 FRONT 基准平面作为草绘平面,在菜单管理器中选择"正向"命令,接着选择"缺省"选项,进入草绘模式。

(5)在草绘环境中使用 按钮命令建立一参照坐标系,并绘制如图 7 - 74 所示的圆弧和直线。单击草绘命令工具栏中的 按钮,完成草绘。此时,菜单管理器如图 7 - 75 所示。

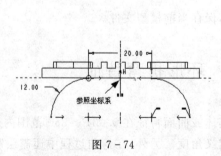

图 7 - 74　　　　　　　　图 7 - 75

(6)选择图 7 - 76 中箭头指示的实体两端两个平行端面定义折弯长度。

(7)完成后的环形折弯特征如图 7 - 77 所示。

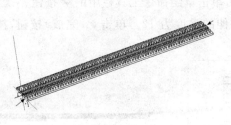 

图 7-76　　　　　　　　　　　　　图 7-77

3. 保存文件

单击菜单"文件"→"保存"命令,保存当前模型文件。

7.6　综合实例

7.8.1　综合实例一

本实例要创建的是如图 7-78 所示电话听筒模型。应用到的特征包括拉伸特征、拔模特征、骨架折弯特征等。

图 7-78

模型制作的过程如图 7-79 所示。

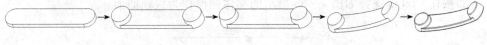

图 7-79

下面是具体操作过程。

1. 建立新文件

(1)新建一个名为 chap07-09 的零件文件,采用 mmns_part_solid 模板。

2. 创建拉伸特征(创建电话听筒手柄)

(1)在特征工具栏中单击 ⬚(拉伸工具)按钮,打开拉伸工具操控板。默认时,拉伸工具操控板上的 □(实体)按钮处于被选中状态。

(2)单击"放置"按钮,进入"放置"操控板,单击"定义"按钮,打开"草绘"对话框。选择 TOP 基准平面为草绘平面,RIGHT 基准平面为参照平面,接受系统默认的视图方向。单击"草绘"对话框中的"草绘"按钮,系统进入草绘工作环境。

(3)绘制如图 7-80 所示的图形,单击草绘命令工具栏中的 ✔ 按钮。

(4)在拉伸工具操控板上输入拉伸的深度为 12。单击 ✔ (完成)按钮,按 Ctrl+D 组合键,模型如图 7-81 所示。

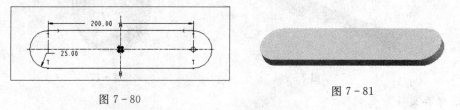

图 7-80   图 7-81

3. 创建拉伸特征(创建听筒部分)

(1)在特征工具栏中单击 ⚏ (拉伸工具)按钮,打开拉伸工具操控板。默认时,拉伸工具操控板上的 □ (实体)按钮处于被选中状态。

(2)单击"放置"按钮,进入"放置"操控板,单击"定义"按钮,打开"草绘"对话框。选择刚创建的手柄上平面为草绘平面,接受系统默认的参照平面和视图方向。单击"草绘"对话框中的"草绘"按钮,系统进入草绘工作环境。

(3)绘制如图 7-83 所示的图形(两个圆),单击草绘命令工具栏中的 ✔ 按钮。

(4)在拉伸工具操控板上输入拉伸的深度为 15。单击 ✔ (完成)按钮,按 Ctrl+D 组合键,模型如图 7-84 所示。

图 7-83   图 7-84

4. 建立拔模特征

(1)单击 ⚏ (拔模工具)按钮,打开拔模工具操控板。

(2)按住 Ctrl 键选择如图 7-85 所示的实体侧面作为拔模曲面。

图 7-85

(3)在操控板上单击 ⚏ [●选取 1 个项目   ] (拔模枢轴收集器)按钮,接着在模型中选择如图 7-85 所示箭头所指平面 1 作为拔模枢轴参照。

(4)在操控板的角度框中输入拔模角度为 -10,按 Enter 键,如图 7-86 所示。

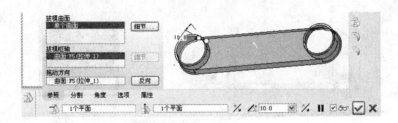

图 7 - 86

（5）单击✔（完成）按钮，完成拔模特征的建立。结果如图 7 - 87 所示。

图 7 - 87

5. 建立骨架折弯特征

（1）单击菜单"插入"→"高级"→"骨架折弯"命令。

（2）依次单击"选项"菜单中的"草绘骨架线"、"无属性控制"、"完成"命令。

（3）系统提示"选取要折弯的一个面组或实体"。选择实体的任何一个侧面，系统提示选择草绘平面。

（4）选择 FRONT 基准平面为草绘平面，单击缺省，系统进入草绘模式，绘制如图 7 - 88 所示的曲线。

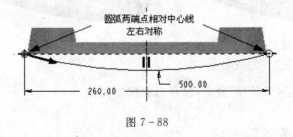

图 7 - 88

（5）完成弯曲曲线的绘制，单击草绘命令工具栏中的 ✔ 按钮，系统提示"指定要定义折弯量的平面"，此时在弯曲曲线的起点处产生基准平面 DTM1，如图 7 - 89 所示。

（6）系统弹出的"设置平面"菜单，如图 7 - 90 所示。在"设置平面"菜单中选择"产生基准"选项，在弹出的"产生基准"菜单中选择"偏距"选项，在绘图区选择如图 7 - 89 所示的基准平面 DTM1，在"偏距"菜单中选择"输入值"选项，在弹出的文本框中输入偏矩值为"250"，单击"完成"，骨架折弯后结果如图 7 - 91 所示。

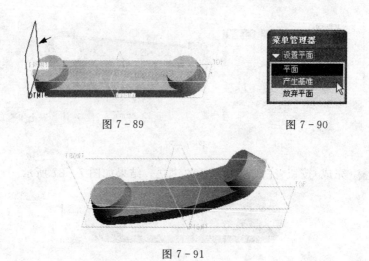

图 7 - 89   图 7 - 90

图 7 - 91

6. 建立倒圆角特征

（1）单击 ⏷（倒圆角工具）按钮，打开倒圆角工具操控板。在操控板上输入当前倒圆角集的圆角半径为 2。选择如图 7 - 92 所示的边线。

（2）单击 ✔（完成）按钮，完成倒圆角特征的操作，最终模型如图 7 - 93 所示。

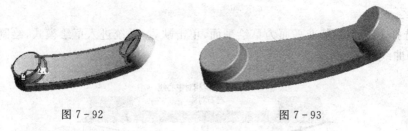

图 7 - 92   图 7 - 93

7. 保存文件

单击菜单"文件"→"保存"命令，保存当前模型文件。

7.6.2 综合实例二

本例创建如图 7 - 94 所示塑料瓶模型。

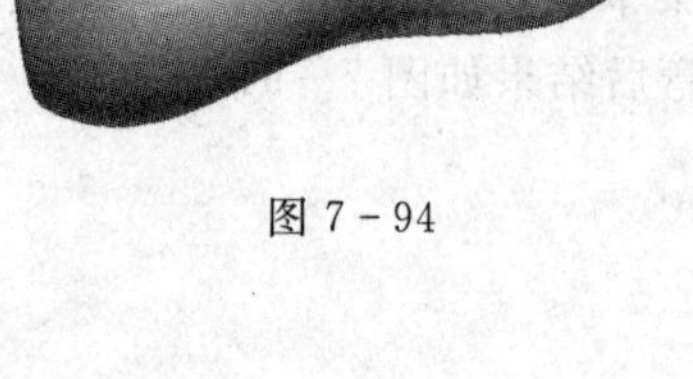

图 7 - 94

1. 建立新文件

新建一个名为 chap07－10 的零件文件，采用 mmns_part_solid 模板。

2. 绘制原始轨迹线及轮廓线

(1)单击基准特征工具栏中的 ⬚（草绘工具）按钮，打开"草绘"对话框。

(2)选择 FRONT 基准面作为草绘平面，RIGHT 基准面作为参照面，单击"草绘"按钮，进入草绘工作界面。

(3)绘制如图 7-95 所示的两条样条曲线和一条直线。单击草绘命令工具栏中的 ✔ 按钮，完成曲线的绘制，如图 7-96 所示。

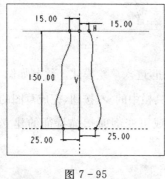

图 7-95　　　　　　　　　　图 7-96

3. 绘制其他轮廓线

(1)单击基准特征工具栏中的 ⬚（草绘工具）按钮，打开"草绘"对话框。

(2)选择 RIGHT 基准面作为草绘平面，接受系统默认的视图参照，单击"草绘"按钮，进入草绘工作界面。

(3)绘制如图 7-97 所示的曲线。单击草绘命令工具栏中的 ✔ 按钮，完成曲线的绘制。结果如图 7-98 所示。

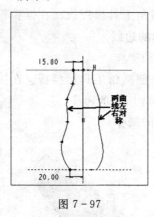
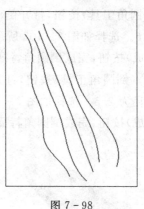

图 7-97　　　　　　　　　　图 7-98

4. 建立可变剖面扫描特征

(1)单击可变剖面扫描工具按钮 ⬚，打开可变剖面扫描特征操控板。

(2)单击 ⬚（实体）按钮，以生成实体特征。如图 7-99 所示选择原始轨迹线（中间的直线），按下 Ctrl 键，依次选择其他 4 条轮廓线，如图 7-100 所示。

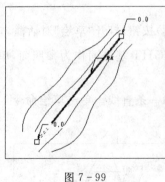

图 7-99

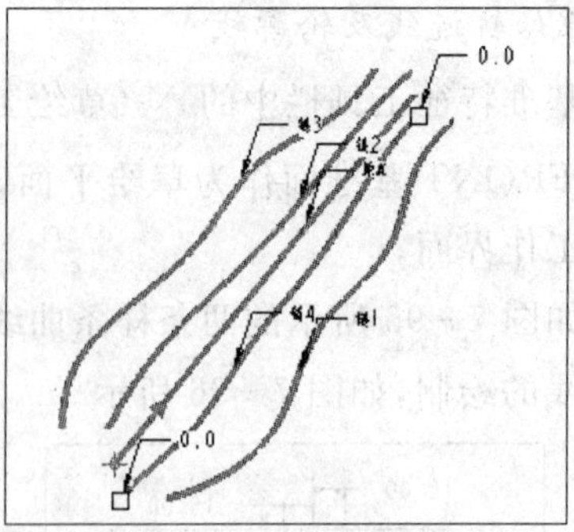

图 7-100

(3)在操控板上单击▨(创建或编辑剖面)按钮,进入草绘模式。绘制如图 7-101 所示的截面(四条相互相切圆锥曲线)。单击草绘命令工具栏中的 ✔ 按钮,完成草图的绘制。

(4)单击特征操控板中的✔(完成)按钮,完成可变剖面扫描特征的建立,如图 7-102 所示。

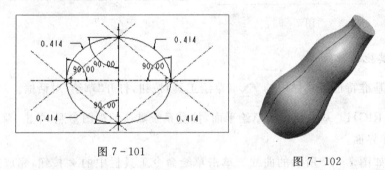

图 7-101

图 7-102

5. 建立倒圆角特征

(1)单击◝(倒圆角工具)按钮,打开倒圆角工具操控板。在操控板上输入当前倒圆角集的圆角半径为 6。选择如图 7-103 所示的边线。

(2)单击✔(完成)按钮,完成倒圆角特征的操作。

(3)再次单击◝(倒圆角工具)按钮,打开倒圆角工具操控板。在操控板上输入当前倒圆角集的圆角半径为 2.5。选择如图 7-104 所示的边线。

(4)单击✔(完成)按钮,完成倒圆角特征的操作。

图 7-103

图 7-104

6. 建立基准平面特征

在特征工具栏上单击□（基准平面）按钮，打开基准平面对话框，选择 TOP 平面作为建立基准平面的参照，在对话框中选择"偏移"类型，输入平移距离为 170，如图 7 - 105 所示，单击"确定"按钮，完成基准平面的创建。

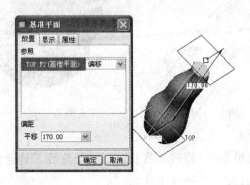

图 7 - 105

7. 创建拉伸特征

(1)在特征工具栏中单击□（拉伸工具）按钮，打开拉伸工具操控板。默认时，拉伸工具操控板上的□（实体）按钮处于被选中状态。

(2)单击"放置"按钮，进入"放置"操控板，单击"定义"按钮，打开"草绘"对话框。选择刚建立的 DTM1 平面为草绘平面，RIGHT 平面为参照平面，接受系统默认的视图方向。单击"草绘"对话框中的"草绘"按钮，系统进入草绘工作环境。

(3)绘制如图 7 - 106 所示的图形(一个圆)，单击草绘命令工具栏中的 ✔ 按钮，完成草图绘制。

(4)在拉伸工具操控板上单击 % 按钮，使拉伸方向朝向刚创建的实体模型，并输入拉伸的深度为 30。单击 ✔（完成）按钮，完成拉伸特征的创建，如图 7 - 107 所示。

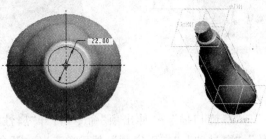

图 7 - 106   图 7 - 107

8. 建立壳特征

(1)单击壳工具按钮 回，打开壳特征操控板。

(2)在壳工具操控板上输入厚度值为 2。选取如图 7 - 108 所示的零件表面，该表面将作为移除的曲面。单击 ✔（完成）按钮，创建的壳特征如图 7 - 109 所示。

图 7 - 108   图 7 - 109

9. 创建旋转增料特征

(1)在特征工具栏上单击 ✦（旋转工具）按钮，打开旋转工具操控板。默认时，旋转工具操控极上的 ☐（实体）按钮处于被选中状态。

(2)单击"位置"按钮，进入"位置"操控板，单击"定义"按钮，打开"草绘"对话框。选择 FRONT 基准面作为草绘平面，RIGHT 基准面作为参照面，视图方向为"底部"，再单击该对话框中的"草绘"按钮，系统进入草绘工作环境。

(3)绘制如图 7 - 110 所示的一条中心线和截面。单击草绘命令工具栏中的 ✔ 按钮，回到旋转特征操控板。接受默认的旋转角度为 360°。

(4)在旋转工具操控板上，单击 ✔（完成）按钮，完成的旋转特征结果如图 7 - 111 所示。

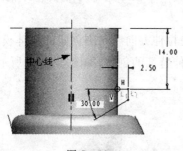

图 7 - 110   图 7 - 111

10. 创建螺旋扫描特征

(1)单击菜单"插入"→"螺旋扫描"→"伸出项"命令，打开"属性"菜单。接受"属性"菜单中的默认命令"常数"、"穿过轴"、"右手定则"，然后单击"完成"命令。

(2)选择 FRONT 基准面作为草绘平面，单击"正向"接受默认的视图方向，单击"草绘视图"菜单中的"缺省"命令，系统进入草绘状态。

(3)绘制如图 7 - 112 所示的旋转轴和轮廓线。

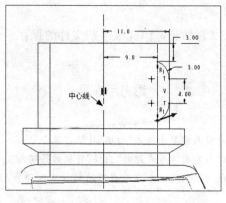

图 7 - 112

(4)单击草绘命令工具栏中的 ✔ 按钮,在信息区显示的文本栏中输入螺距值为"2.5",单击☑(接受)按钮。

(5)系统再次进入草绘状态,以绘制螺旋扫描剖面。在起始中心绘制如图 7 - 113 所示截面。

(6)单击草绘命令工具栏中的 ✔ 按钮,再单击鼠标中键,完成后的结果如图 7 - 114 所示。

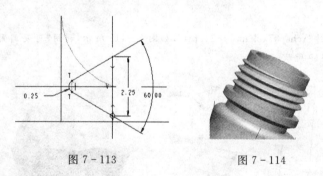

图 7 - 113   图 7 - 114

11. 创建倒角特征

(1)单击倒角工具按钮 ,系统显示倒角特征操控板。选择"$D \times D$"的倒角方式,设定 D 值为"0.8"。选择如图 7 - 115 所示中箭头指示的边作为倒角边。

(2)单击☑(完成)按钮,完成倒角特征的建立。完成后的最终模型如图 7 - 116 所示。

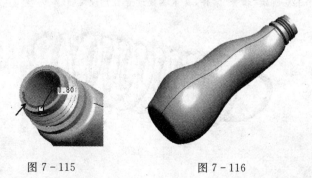

图 7 - 115   图 7 - 116

12. 保存文件

单击工具栏中的保存文件按钮 ,完成当前文件的保存。

思考与练习

一、思考题

1. 简述"扫描混合"特征与前面章节介绍的"扫描"特征、"混合"特征的异同点？

2. 简述"变剖面扫描特征"与前面章节介绍的"扫描"特征的异同点？

3. 如何利用"螺旋扫描"命令来创建一个可变螺距的圆柱压缩弹簧,具体参数读者自行设定,参考模型如图 7-117 所示。

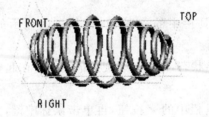

图 7-117

二、上机练习题

1. 打开附盘文件"\chap07\chap07-11.prt",如图 7-118 所示,利用"可变剖面扫描"特征创建显示器外形,如图 7-119 所示。

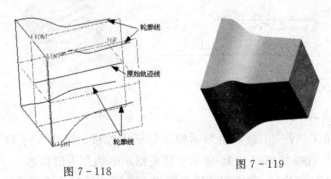

图 7-118

图 7-119

2. 创建如图 7-120 所示"拉簧"零件,具体参数读者自行设定。

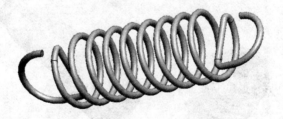

图 7-120

3. 利用"扫描混合"、"扫描"、"旋转"特征创建烟斗实体，如图 7 - 121 所示。

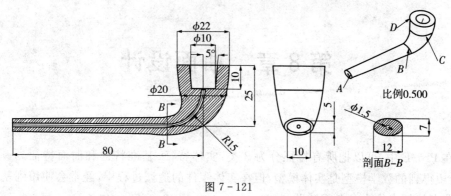

图 7 - 121

第 8 章　曲面设计

在 Pro/E 中,可以把所有特征分为 3 类:实体特征、基准特征和曲面特征。一般来说,希望得到的数学模型是实体模型,但在实体零件的造型过程中,经常会使用到基准特征和曲面特征来作为参考或辅助。

实体特征造型方式比较固定,仅能使用拉伸、旋转、扫描、混合等方式来建立实体特征,当然使用可变剖面扫描等高级方式也能产生一定的特殊效果,但毕竟有限。所以实体特征造型方式适用于比较规则的零件。

但是对于复杂程度较高的零件来说,如某些消费电子产品及模具零件等,仅使用实体特征来造型就很困难了,这时可利用曲面特征来造型,曲面特征提供了非常灵活的方式来建立曲面,也可将多张单一曲面合并为一张完整且没有间隙的曲面模型,最后再转化为实体模型。曲面特征的建立方式除了与实体特征相同的拉伸、旋转、扫描、混合等方式外,也可由基准点建立基准曲线,再由基准曲线建立为曲面,或由边界线来建立曲面。曲面与曲面间还可有很高的操作性,例如曲面的合并、修剪、延伸等。

8.1　曲面的创建方式

(1)可以使用"插入"菜单(如图 8-1 所示)中的下列选项来创建曲面特征。

➤ "拉伸":在垂直于草绘平面的方向上,通过将草绘截面拉伸到指定深度来创建面组。

➤ "旋转":通过绕截面中草绘的第一条中心线,将草绘截面旋转至某特定角度来创建面组。也可指定旋转角度。

➤ "扫描":通过沿指定轨迹扫描草绘截面来创建面组。可草绘轨迹线,也可使用现有基准曲线作为轨迹线。

➤ "混合":创建连接多个草绘截面的平滑面组。

➤ "扫描混合":使用扫描混合几何创建面组。

➤ "螺旋扫描":使用螺旋扫描几何创建面组。

➤ "边界混合":通过在一到两个方向上选取边界来创建曲面特征。

➤ "可变剖面扫描":使用可变剖面扫描几何创建面组。

➤ "高级":打开"高级"菜单,如图 8-2 所示,允许用复杂的特征定义创建曲面。

"高级"菜单内容分别简介如下。

◆ "圆锥曲面和 N 侧曲面片":通过选取边界线及控制线来建立截面为二次方曲线的平滑曲面,或以至少 5 条边界线(必须形成一个封闭的循环)建立多边形(至少五边形)的曲面。

◆ "将剖面混合到曲面":从一个截面到一个相切曲面混成来创建新的曲面。

◆ "在曲面间混合":从一曲面到另一相切曲面混成来创建新的曲面。

◆ "从文件混合":通过文件指定的截面来混成创建新的曲面。

◆ "将切面混合到曲面":从一条边或曲线向相切曲面混成来创建新的曲面。

◆ "曲面自由形状":通过动态操作创建新的曲面。

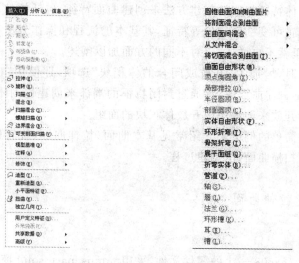

图 8-1　　　　　　　　　　　　　　图 8-2

(2)也可使用"编辑"菜单中的下列选项来创建曲面特征,当模型中没有任何曲面特征时,"编辑"菜单如图 8-3 所示,有如下选项。

➢ "填充":通过草绘边界创建平面组。

(3)当模型中已存在曲面特征且选中某曲面特征时,"编辑"菜单如图 8-4 所示,又有如下选项:

图 8-3　　　　　　　　　　　　　　图 8-4

➢ "复制"和"粘贴"：通过复制现有面组或曲面来创建面组。指定选取方法，然后选取要复制的曲面。Pro/E 可以直接在所选曲面的上面创建曲面特征。

➢ "镜像"：创建关于指定平面的现有面组或曲面的镜像副本。

➢ "偏移"：通过由面组或曲面偏移来创建面组。

8.2　与实体特征相似的曲面特征

可以采用与实体特征相似的创建方法来创建曲面特征，包括拉伸、旋转、扫描、混合、扫描混合、螺旋扫描、可变剖面扫描等特征，其基本的流程和操作方法与前面章节介绍的实体特征相似，这里就不再详述，仅对不同的方面加以阐述。

创建曲面特征时，增加了"开放或闭合的体积块"选项，即使用"拉伸"、"旋转"、"扫描"或"混合"等特征创建曲面时，可通过封闭特征的端部来创建包围闭合体积块的面组，也可使其端部保持开放来创建包围开放体积块的面组。

下面通过一些简单的例子来介绍常见基本曲面（拉伸曲面、旋转曲面、混合曲面、扫描曲面和可变剖面扫描曲面）的创建过程。

8.2.1　创建拉伸曲面实例

1. 建立新文件

新建一个名为 chap08-01 的零件文件，采用 mmns_part_solid 模板。

2. 创建拉伸曲面特征

（1）单击拉伸工具按钮，打开拉伸特征操控板，单击拉伸特征操控板上的按钮（曲面）按钮以指定要创建的模型为曲面，如图 8-5 所示。

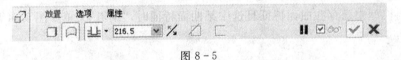

图 8-5

（2）单击"放置"面板中的"定义"按钮，系统显示"草绘"对话框。

（3）选择 FRONT 基准面为草绘平面，RIGHT 基准面为参照平面，接受系统默认的视图方向。单击对话框中的"草绘"按钮，系统进入草绘工作环境。

（4）绘制如图 8-6 所示的截面（此工形轮廓可通过调色板来绘制），单击草绘命令工具栏中的 ✔ 按钮，完成拉伸截面的绘制。

（5）在操控板上输入拉伸深度为 100。单击 ✔（完成）按钮，创建的拉伸曲面如图 8-7 所示。

3. 修改拉伸特征

（1）在模型树中右键单击刚建立的拉伸特征，在弹出的快捷菜单中单击"编辑定义"命令，系统重新回到拉伸特征操控板。

(2)在操控板中再单击"选项"按钮,选中"封闭端"复选框,如图 8-8 所示。

提示:

拉伸曲面特征与拉伸实体特征比较,可以发现拉伸曲面特征比拉伸实体特征增加了"封闭端"选项,点选前后效果如图 8-7 和图 8-9 所示。

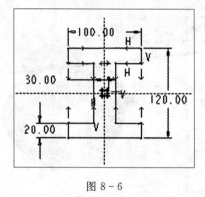

图 8-6

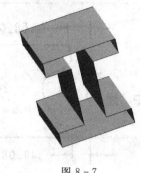

图 8-7

(3)单击 ✓(完成)按钮,创建的拉伸曲面如图 8-9 所示。

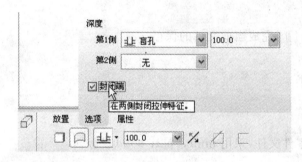

图 8-8

图 8-9

4. 保存文件

单击工具栏中的保存文件按钮 🖫 ,完成当前文件的保存。

8.2.2 创建旋转曲面实例

1. 建立新文件

新建一个名为 chap08-02 的零件文件,采用 mmns_part_solid 模板。

2. 创建旋转曲面特征

(1)在特征工具栏上,单击 ✦(旋转工具)按钮,打开旋转工具操控板,单击旋转特征操控板上的按钮 ☐(曲面)按钮以指定要创建的模型为曲面。

(2)单击"位置"按钮,打开"位置"操控板,单击其上的"定义"按钮,打开"草绘"对话框。

(3)选择 FRONT 基准平面作为草绘平面,单击"草绘"按钮,系统进入草绘工作环境。

(4)绘制如图 8-10 所示的图形,并绘制一条作为旋转轴的中心线。单击草绘命令工具栏中的 ✓ 按钮,完成旋转截面的绘制。

(5)在操控面板上输入旋转角度为 270°。在旋转工具操控板上,单击 ✓(完成)按钮,完成的旋转曲面如图 8-11 所示。

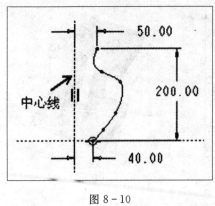

图 8-10

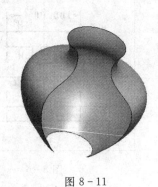

图 8-11

3. 保存文件

单击工具栏中的保存文件按钮 🖫 ,完成当前文件的保存。

8.2.3　创建混合曲面实例

1. 建立新文件

新建一个名为 chap08-03 的零件文件,采用 mmns_part_solid 模板。

2. 采用平行混合方式

(1)单击菜单"插入"→"混合"→"曲面"选项。

(2)在"混合选项"菜单中选择"平行"→"规则截面"→"草绘截面"→"完成"命令,如图 8-12 所示。并弹出如图 8-13 所示"曲面:混合,平行,规则截面"对话框和"属性"菜单。

图 8-12

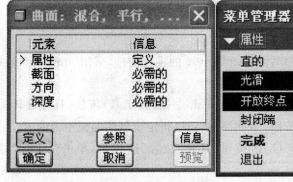

图 8-13

(3)在"属性"菜单中依次单击"光滑"、"开放终点"、"完成"选项。

(4)选择 TOP 基准平面作为草绘平面,选择"正向"→"缺省"命令,进入草绘模式。

(5)绘制如图 8-14 所示截面 1(一个正方形)。在绘图区长按鼠标右键,在弹出的快捷菜单中选择"切换剖面"命令,或在菜单栏中选择"草绘"→"特征工具"→"切换剖面"命令。绘制截面 2(四段圆弧:先画一个圆,然后把其与中心线相交位置打断成四段),如图 8-15 所示。

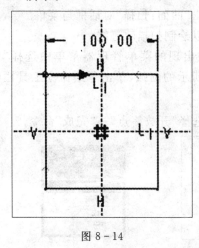

图 8-14

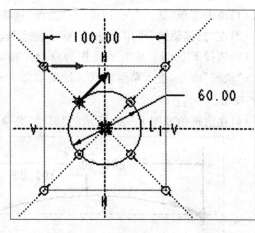

图 8-15

(6)单击草绘命令工具栏中的 ✔ 按钮,完成混合截面的绘制,退出草绘模式。

(7)系统弹出如图 8-16 所示"深度"菜单,单击"深度"菜单中的"完成"命令。在弹出的尺寸文本框中输入截面 2 至截面 1 的距离为 60,单击 ✔ (接受)按钮。

(8)单击"曲面:混合,平行,规则截面"对话框中的"确定"按钮,创建的混合曲面如图 8-17 所示。

提示:

当创建的为混合曲面时,则系统会在"曲面:混合"对话框"属性"项中,增加"开放终点"和"封闭端",如图 8-13 所示,在此例中,若选择"封闭端",单击"完成",最后得到的图形如图 8-18 所示,请读者自行分析两图形间的区别。(注意:在混合曲面创建时,若要使"封闭端"有效,则混合截面应为封闭截面)

图 8-16

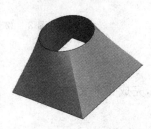

图 8-17

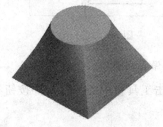

图 8-18

3. 保存文件

单击工具栏中的保存文件按钮 🖫 ,完成当前文件的保存。

8.2.4 创建扫描曲面实例

1. 建立新文件

新建一个名为 chap08-04 的零件文件,采用 mmns_part_solid 模板。

2. 创建扫描曲面特征

(1)单击菜单"插入"→"扫描"→"曲面"选项,弹出"曲面:扫描"对话框与菜单。

(2)在"扫描轨迹"菜单中选择"草绘轨迹"选项,以绘制扫描轨迹线。

(3)选择 FRONT 基准平面作为草绘平面,并在出现的菜单管理器菜单中选择"正向"→"缺省"命令,进入草绘模式。绘制如图 8-19 所示的圆弧,单击草绘命令工具栏中的 ✔ 按钮。

(4)在出现的如图 8-20 所示的"属性"菜单中,选择"开放终点"→"完成"命令。

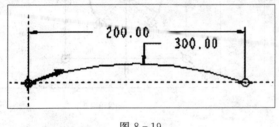

图 8-19   图 8-20

(5)系统再次进入草绘模式,绘制如图 8-21 所示的截面(一段圆弧)作为扫描截面。

(6)单击草绘命令工具栏中的 ✔ 按钮,完成特征截面的绘制。单击"曲面:扫描"对话框中的"确定"按钮,完成扫描特征的建立。按 Ctrl+D 组合键,实体模型效果如图 8-22 所示。

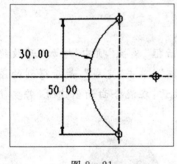

图 8-21

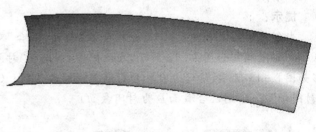

图 8-22

3. 保存文件

单击工具栏中的保存文件按钮 🖫 ,完成当前文件的保存。

8.2.5 创建可变剖面扫描曲面实例

1. 建立新文件

新建一个名为 chap08-05 的零件文件,采用 mmns_part_solid 模板。

2. 绘制原始轨迹线及轮廓线

(1)单击基准特征工具栏中的 ▨ (草绘工具)按钮,打开"草绘"对话框。选择 FRONT 基准面作为草绘平面,RIGHT 基准面作为参照面,单击"草绘"按钮,进入草绘工作界面。

(2)绘制如图 8-23 所示的曲线(一条直线和一段圆弧,注意直线和圆弧的高度应一致)。单击草绘命令工具栏中的 ✔ 按钮,完成曲线的绘制。如图 8-24 所示。

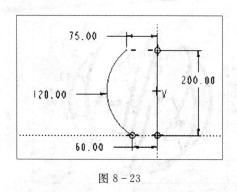

图 8-23　　　　　　　　　　　　　图 8-24

3. 创建其他轮廓线

(1)在绘图区选择圆弧曲线,然后选择"编辑"→"复制"命令,再选择"编辑"→"选择性粘贴"命令,在弹出的"选择性粘贴"操控面板中,单击 ⟳ (旋转)按钮,然后选择直线为旋转轴,输入旋转角度为 45,并在"选项"操控板上取消勾选"隐藏原始几何"复选框,如图 8-25所示。单击 ✔ (完成)按钮,完成曲线旋转复制。

(2)选择刚旋转复制的曲线,然后单击阵列工具按钮 ▦ ,打开阵列特征操控板。单击"尺寸"按钮,进入"尺寸"操控板,然后在模型中单击数值为 45 的尺寸,该尺寸作为方向 1 的尺寸变量,输入其增量为 45,按 Enter 键。在阵列工具操控板中输入方向 1 的阵列成员数为 7,单击 ✔ (完成)按钮,完成曲线的阵列,如图 8-26 所示。

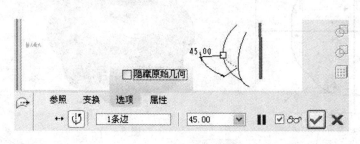

图 8-25　　　　　　　　　　　　　图 8-26

4. 建立可变剖面扫描特征

(1)单击可变剖面扫描工具按钮 ◰ ,打开可变剖面扫描特征操控板,在默认时,▨ (曲面)按钮处于被选中的状态。如图 8-27 所示。

图 8－27

（2）选择如图 8－28 所示的曲线作为原点轨迹，接着按住 Ctrl 键分别选取另外 8 条曲线，如图 8－29 所示。

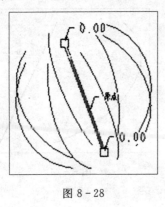

图 8－28

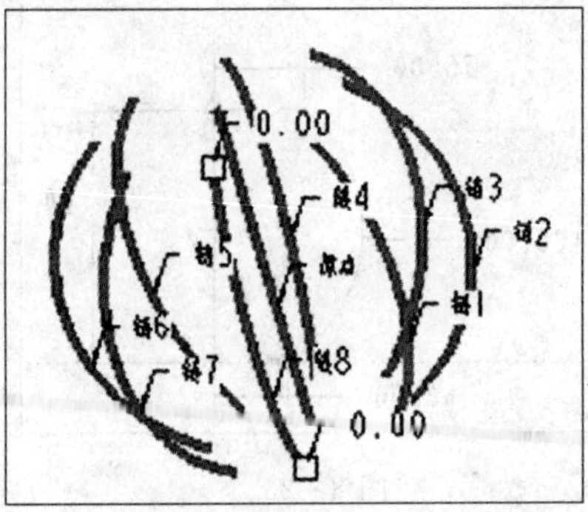

图 8－29

（3）在操控板上单击☑（创建或编辑剖面）按钮，进入草绘模式。绘制如图 8－30 所示的样条曲线剖面（8 段等半径的圆弧）。单击草绘命令工具栏中的 ✔ 按钮，完成草图的绘制。

（4）单击特征操控板中的✔（完成）按钮，完成可变剖面扫描特征的建立，如图 8－31 所示。

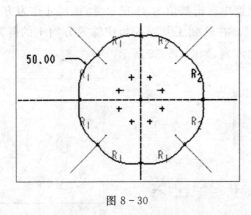

图 8－30

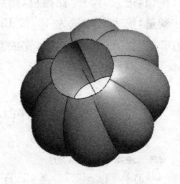

图 8－31

（5）在屏幕左端模型树中选择变截面扫描特征 Var Sect Sweep 1 ，单击鼠标右键，在弹出的快捷菜单中，选择"编辑定义"，系统再次进入变截面扫描特征操控板。

（6）在可变剖面扫描特征操控板上的"选项"上滑面板中勾选"封闭端点"复选框。单击特征操控板中的✔（完成）按钮，完成可变剖面扫描特征的建立，如图 8－32 所示。可以发现，刚创建的曲面已用上下两平面进行了封闭。

图 8 - 32

5. 保存文件

单击工具栏中的保存文件按钮 ⊞，完成当前文件的保存。

8.2.6　创建填充曲面特征实例

可以通过草绘边界来创建平的曲面，即以零件上的某一个平面或基准平面作为绘图平面，绘制曲面的边界线，系统自动将边界线内部填入材料，成为一个平面型的曲面。

1. 建立新文件

新建一个名为 chap08-06 的零件文件，采用 mmns_part_solid 模板。

2. 创建填充曲面特征

(1)从菜单栏中选择"编辑"→"填充"命令，打开如图 8-33 所示的填充工具操控板。

图 8 - 33

(2)单击填充工具操控板上的"参照"按钮，打开"参照"操控板，如图 8-34 所示。

图 8 - 34

(3)单击"参照"操控板上的"定义"按钮，打开"草绘"对话框。选择 FRONT 基准平面作为草绘平面，单击"草绘"按钮，进入草绘模式。

(4)绘制如图 8-35 所示的截面（提示：草图外形必须是封闭的）。单击草绘命令工具栏中的 ✔ 按钮，完成草图的绘制。单击 ✔（完成）按钮，创建的填充曲面如图 8-36 所示。

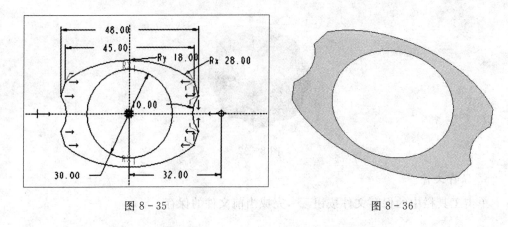

图 8-35   图 8-36

3. 保存文件

单击工具栏中的保存文件按钮 ▣ ,完成当前文件的保存。

8.3   边界混合曲面

使用边界混合工具,通过定义边界的方式产生曲面。

在菜单栏中选择"插入"→"边界混合"命令,或者单击 ▨ (边界混合工具)按钮,打开如图 8-37 所示的操控板。

图 8-37

该操控板上具有两个重要的收集器,即 ▨ [选取项目] (第一方向链收集器)和 ▨ [单击此处添加项目] (第二方向链收集器)。若只使用 ▨ [选取项目] (第一方向链收集器),则创建的曲面是单向的边界混合曲面,如图 8-38 所示。若 ▨ [选取项目] (第一方向链收集器)和 ▨ [单击此处添加项目] (第二方向链收集器)都使用,那么创建的曲面将是双向的边界混合曲面,如图 8-39 所示。

图 8-38   图 8-39

点选"曲线",系统弹出如图 8-40 所示的上滑面板,点选作为第一个方向的边界曲线(选多条曲线时按住 Ctrl 键),单击"第二方向"下的区域,使其获得输入焦点,点选作为第二个方向的边界曲线。此时可以单击收集器右侧的 ✦（在连接序列中向上重新排序链）按钮或 ✦（在连接序列中向下重新排序链）按钮，从而调整该方向上的曲线链的顺序。注意：曲线链的顺序不同，则所生成的曲面也会有所不同。

　　若创建的为单方向边界混合曲面，选取完第一方向边界曲线后，在"曲线"操控板上，选中"闭合混合"复选框，那么创建的边界混合曲面将通过第一条边链和最后一条边链，从而形成一个闭合的环状，如图 8－41 所示。

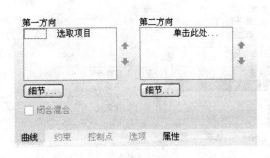

图 8－40　　　　　　　　　　　　　　　　图 8－41

　　点选"选项"按钮，系统弹出如图 8－42a 中所示的上滑面板，可以设置影响曲面形状的曲线。单击"影响曲线"下方区域，再点选控制曲线，如图 8－42b 中所示，并设置备用基准曲线参数即可。控制效果前后对比如图 8－42c 和图 8－42d 中所示。

➢ "平滑度因子"：输入的平滑度因子越大，曲面就越平滑。

➢ "在方向上的曲面片"：定义曲面沿第一个方向和第二个方向形成的曲面片数，曲面片数的范围为 1－29。

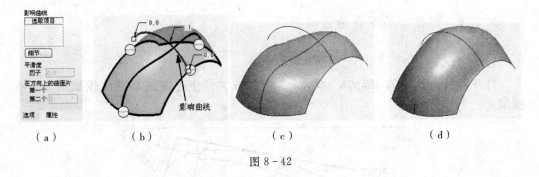

（a）　　　　　　（b）　　　　　　（c）　　　　　　（d）

图 8－42

　　（a）"选项"上滑面板；b 点选控制曲线；c、d 控制效果

　　点选"约束"按钮，系统弹出如图 8－43 所示的上滑面板，可以给以其他曲面或基准平面相邻的侧边加上一定的约束关系，单击一种"约束类型"（包括自由、切线、曲率及垂直），单击"图元－曲面"下侧区域，使其获得输入焦点，并点选相邻的曲面或基准平面即可。

　　下面介绍各边界约束条件选项的功能。

➢ "自由"：在边界链处不设置相切条件。

➢ "切线"：定义混合曲面与参照曲面在该边界链处相切。

➤ "曲率"：设置边界曲率等于曲面参照的曲率。

➤ "垂直"：设置边界与曲面参照垂直。

点选"控制点"，系统弹出如图 8－44 所示的上滑面板，可以设置曲线间混合时不同的连接方式。

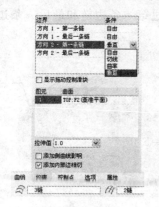 

图 8－43   图 8－44

提示：

关于如何选择边界混合参考元素作如下说明：

➤ 在边界混合特征中，可选择曲线、实体模型的边、基准点、曲线的端点等作为参考元素。

➤ 在每个方向，必须按顺序选择参考元素。

➤ 以两个方向定义的混合曲面外部边界必须构成一封闭环。

8.3.1　创建边界混合曲面实例

1. 打开文件

打开随书光盘中的 chap08－07.prt 文件，该文件中存在的基准曲线如图 8－45 所示。

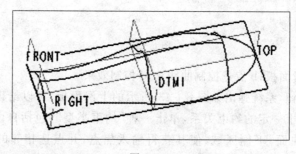

图 8－45

2. 创建第一个边界混合曲面（双向的边界混合曲面）

（1）单击 ⊘ （边界混合工具）按钮，打开边界混合工具操控板。

（2）点选"曲线"按钮，系统弹出如图 8－46 所示的上滑面板，点选作为第一个方向的边界曲线 1,并按住 Ctrl 键的同时选择曲线 2 和曲线 3,如图 8-46 所示。

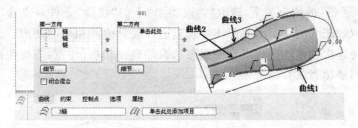

图 8-46

(3)在"曲线"上滑面板,单击"第二方向"下的区域,使其获得输入焦点,点选作为第二个方向的边界曲线 1,并按住 Ctrl 键的同时选择曲线 2 和曲线 3,如图 8-47 所示。

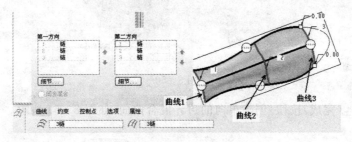

图 8-47

(4)单击✔(完成)按钮,创建双向的边界混合曲面,如图 8-48 所示。

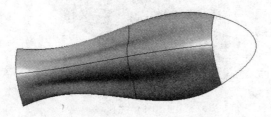

图 8-48

3. 创建第二个边界混合曲面(单向的边界混合曲面)

(1)单击 ⚫(边界混合工具)按钮,打开边界混合工具操控板。

(2)单击"曲线"按钮,系统弹出如图 8-49 所示的上滑面板,点选作为第一个方向的边界曲线 1,并按住 Ctrl 键的同时选择曲线 2,如图 8-49 所示。

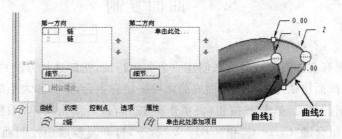

图 8-49

（3）点选"约束"按钮，系统弹出"约束"的上滑面板，点选"边界－条件"下侧区域的"方向1－第一条链"的约束关系，选取"约束类型"下的"切线"条件。点选"图元－曲面"下侧区域，选取如图8-50所示曲面作为新建边界混合曲面相切的曲面。通过这样的约束操作，可以使这次创建的边界混合曲面与选取的曲面相切（注意：若要使两曲面相切是有一定条件的，请读者认真思考）。

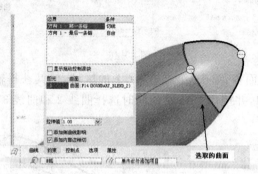

图 8-50

（4）单击 ✓（完成）按钮，创建单向的边界混合曲面，如图8-51所示。

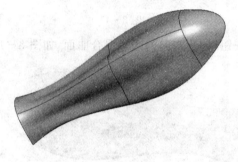

图 8-51

5. 保存文件

单击工具栏中的保存文件按钮 ，完成当前文件的保存。

8.4 曲面复制

通过复制现有实体表面或曲面来创建一个曲面特征，指定选择方法并选择要复制的曲面，粘贴后新曲面特征与原实体表面或曲面特征位置重合，形状和大小都相同。

选择要复制的曲面，单击 按钮，再单击 按钮，或者单击菜单"编辑"→"复制"→"粘贴"，或者用组合键"Ctrl＋C"和"Ctrl＋V"命令，打开复制曲面控制面板，如图8-52所示。

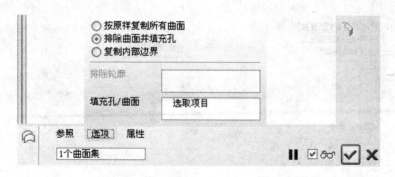

图 8－52

"选项"中的命令及其含义如下。

(1)按原样复制所有曲面:准确地按原样复制曲面。

(2)排除曲面并填充孔:复制某些曲面,同时可以选择填充曲面内的孔,选择此项,以下两项可使用。

①排除曲面:明确在当前复制特征中不进行复制的曲面。

②填充孔/曲面:选择孔并填充到选择的曲面上。

(3)复制内部边界:仅复制边界内的曲面,用于复制原始曲面中的一部分区域。选择此项,面板中显示"边界曲线"选项。

8.4.1　曲面复制实例

1.打开文件

打开随书光盘中的 chap08－08.prt 文件,如图 8－53 所示。

2.曲面复制

(1)为方便我们选取曲面,首先在选取选择器的下拉列表框中,选择"几何"选项,如图 8－54 所示。

(2)按原样复制曲面:选取如图 8－55 所示的曲面,在系统绘图区上侧工具条单击 ▣ (复制)按钮,再单击 ▣ (粘贴)按钮,系统显示曲面复制操控面板。

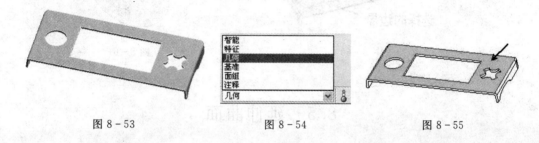

图 8－53　　　　　　　　　图 8－54　　　　　　　　　图 8－55

(3)点选"选项",系统弹出如图 8－56 所示的上滑面板。选择"按原样复制所有曲面"的复制方式。单击 ✔ (完成)按钮,完成曲面的复制。复制的曲面示例如图 8－57 所示。

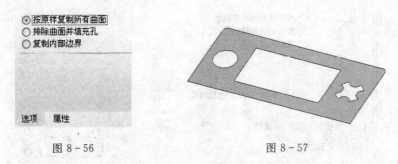

图 8-56   图 8-57

（4）排除曲面并填充孔方式复制曲面：要模型树中选择刚创建的复制特征 <svg>复制 1</svg>，单击右键，在弹出的快捷菜单中选择"编辑定义"，在弹出的复制操控面板上，点选"选项"，在系统弹出的上滑面板上，选择"排除曲面并填充孔"的复制方式，并在"填充孔/曲面"选项中选择如图 8-58 所示的孔边界。单击 ✔（完成）按钮，完成曲面的复制。复制的曲面示例如图 8-59 所示。

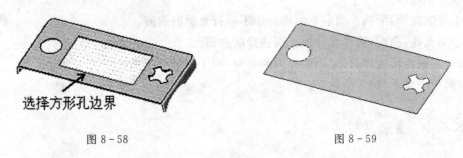

选择方形孔边界

图 8-58   图 8-59

（5）复制内部边界方式复制曲面：同上操作，在弹出的复制操控面板上，点选"选项"，在系统弹出的上滑面板上，选择"复制内部边界"的复制方式，并在"边界曲线"选项中择如图 8-60 所示的边界。单击 ✔（完成）按钮，完成曲面的复制。复制的曲面示例如图 8-61 所示。

选择的边界

图 8-60   图 8-61

8.5　延伸曲面

延伸曲面也称为曲面的延伸，是将曲面上某一选中的边按照一定的规律来延伸。曲面延伸的种类较多，包括相同延伸、相切延伸、将曲面延伸至参照平面和修改量度延伸等。

通常,延伸曲面图标是处于未被激活状态,当选择了准备延伸的边之后,方能将其激活。单击"编辑"→"延伸",打开"延伸"操控面板,如图 8-62 所示。

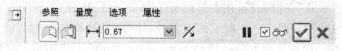

图 8-62

(1)延伸特征操控面板中的命令及其含义如下:

①按距离延伸▢:将曲面沿曲面上指定的边界线延伸指定的距离。

②延伸到面▢:将曲面沿曲面上指定的边界线延伸到指定的面。

③延伸距离⊢:指定曲面延伸的距离,在其后的组合框中输入延伸距离。

④延伸方向反向命令✗:将曲面延伸的方向反向,其结果类似于将曲面修剪。

(2)按距离延伸方式可以选择延伸曲面是相同、切线或逼近方式,可在"选项"上滑面板中设定,"选项"面板如图 8-63 所示。

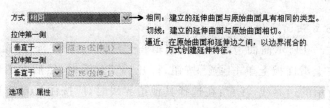

图 8-63

8.5.1　延伸曲面实例

1. 打开文件

打开随书光盘中的 chap08-09.prt 文件。

2. 相同方式曲面延伸

选取如图 8-64 所示曲面边界,单击"编辑"→"延伸",打开"延伸"操控面板,系统默认延伸方式为相同,输入延伸距离"20",单击单击✓(完成)按钮完成延伸曲面的创建,如图 8-65 所示。(注意:如果将曲面延伸的方向反向,曲面将被修剪,反射延伸后的曲面如图 8-66 所示)

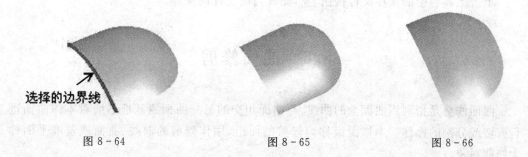

选择的边界线

图 8-64　　　　　　　　　　图 8-65　　　　　　　　　　图 8-66

3. 切线方式曲面延伸

选取如图 8-67 所示曲面边界(提示:扫描曲面有多个边界需一次延伸,但仍需先选一条边界线,待调出命令后才可选其他各条边界线)。单击"编辑"→"延伸",打开"延伸"操控面板,单击"参照"上滑面板,在上滑面板上单击 细节 按钮,打开"链"对话框,然后在图形中依次添加选择如图 8-68 所示的边界线(注意:在选择其他边界线时,应按住 Ctrl键选取)。单击 确定 按钮回到"延伸"操控面板,单击"选项"上滑面板,选择"切线"方式延伸,输入延伸距离"30",单击单击✓(完成)按钮完成延伸曲面的创建,如图 8-69 所示。

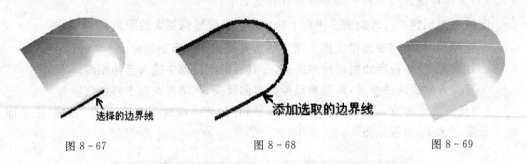

图 8-67   图 8-68   图 8-69

4. 至平面方式曲面延伸

选取如图 8-70 所示曲面边界,单击"编辑"→"延伸",打开"延伸"操控面板,单击"参照"上滑面板,在上滑面板上单击 细节 按钮,打开"链"对话框,然后在图形中依次添加选择如图 8-71 所示的边界线(注意:在选择其他边界线时,应按住 Ctrl 键选取)。单击 确定 按钮回到"延伸"操控面板,延伸到平面按钮 ,然后选择"DTM2"基准平面,单击单击✓(完成)按钮完成延伸曲面的创建,如图 8-72 所示。

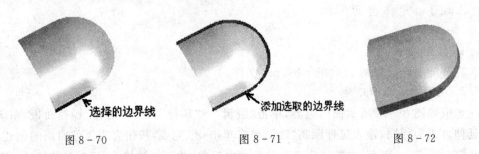

图 8-70   图 8-71   图 8-72

5. 保存文件

单击工具栏中的保存文件按钮 ,完成当前文件的保存。

8.6　曲面修剪

曲面修剪是指利用曲面上的曲线、与曲面相交的另一曲面或基准平面对本体曲面进行剪切或分割的操作。本体面组称为修剪的面组,用作修剪的曲线、曲面或基准平面称为修剪对象。

　　修剪曲面的方法比较多,大致可分为两种主要的方式:一种方式是利用"减料"特征工具对曲面进行去除材料剪切;另一种方式是利用"修剪"工具沿着曲面上的曲线或与之相交的面组或基准平面对曲面进行裁剪或分割。

　　单击 ⬚(修剪工具)按钮,或者在菜单栏中选择"编辑"→"修剪"命令,打开曲面修剪工具操控板,如图 8-73 所示。(提示:启动修剪命令前,应首先选中被修剪的对象)

图 8-73

　　修剪操控面板包括两个主要按钮,即"参照"和"选项"按钮,单击按钮,分别出现"参照"上滑面板和"选项"上滑面板。

　　(1)"参照"上滑面板:如图 8-74 所示,主要用于设置被修剪的曲面和用作修剪对象的元素(曲线、曲面或基准平面)并显示选取的信息。其中包括两个收集器:即"修剪的面组"和"修剪对象"。

　　① 修剪的面组:即要被修剪的曲面或面组,一般在执行命令前已经选取。

　　② 修剪对象:即用作修剪曲面的对象,可以是曲线、曲面或基准平面。单击收集器中的字符,激活收集器,即选取对象。此收集器与主操控面板中的收集器功能相同。

　　(2)"选项"上滑面板:如图 8-75 所示,用于设置修剪的方式。包括两个复选项,一个"薄修剪方式"下拉列表框和一个"排除曲面"收集器。

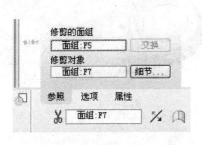

图 8-74

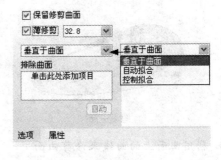

图 8-75

　　① 保留修剪曲面:即曲面修剪后,仍然保留作为修剪对象的曲面,此选项只有选曲面为修剪对象时才起作用,且为系统默认选项。

　　② 薄修剪:将修剪对象沿着指定方向加厚,再对曲面进行修剪。加厚的方式有 3 种,即垂直于曲面、自动拟合和控制拟合,选中"薄修剪",此下拉列表框才被激活。

　　◇ 垂直于曲面:从修剪曲面的法向方向偏移曲面进行修剪操作。

　　◇ 自动拟合:系统自动确定拟合方向。

　　◇ 控制拟合:用户自行确定偏移方向。

　　③ 排除曲面:设置禁止薄修剪的曲面。

8.6.1 曲面修剪实例

1. 打开文件

单击 (打开现有对象)按钮,选择随书光盘中的 chap08－10.prt 文件,单击对话框中的"打开"按钮,该文件中存在如图 8－76 所示的曲面。

2. 利用与曲面相交的面组来修剪曲面

(1)选择要修剪的曲面,如图 8－77 所示。

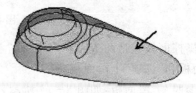

图 8－76   图 8－77

(2)单击 (修剪工具)按钮,或者在菜单栏中选择"编辑"→"修剪"命令,打开曲面修剪工具操控板。

(3)单击 选取 1 个项目 中的字符,选取圆柱曲面,如图 8－78 所示。箭头所示方向为保留曲面的方向,从图可知保留曲面方向朝外圆柱表面外侧。单击"选项"按钮,在"选项"上滑面板中取消选中"保留修剪曲面"和"薄修剪"两个复选框,单击中键,完成曲面修剪,如图 8－79 所示。

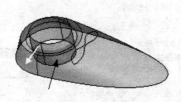

图 8－78   图 8－79

3. 利用曲面上的曲线来修剪曲面

(1)选择要修剪的曲面,如图 8－80 所示。

(2)单击 (修剪工具)按钮,打开曲面修剪工具操控板,选择曲面上的曲线作为修剪对象,使保留曲面方向朝曲线轮廓外侧。如图 8－81 所示。

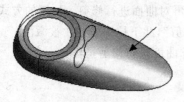
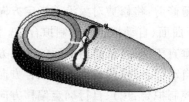

图 8－80   图 8－81

(3)单击✔(完成)按钮,修剪结果如图 8-78 所示。

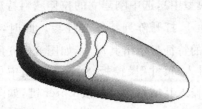

图 8-82

4. 利用拉伸减料特征来修剪曲面

(1)单击拉伸工具按钮⬚,打开拉伸特征操控板,单击拉伸特征操控板上的按钮⬚
(曲面)按钮以指定要创建的模型为曲面,单击⬚(去除材料)按钮,如图 8-83 所示。

图 8-83

(2)单击"放置"面板中的"定义"按钮,系统显示"草绘"对话框。

(3)选择 TOP 基准面为草绘平面,接受系统默认的视图方向。单击对话框中的"草绘"按钮,系统进入草绘工作环境。

(4)绘制如图 8-84 所示的截面(一个椭圆),单击草绘命令工具栏中的✔按钮,完成拉伸截面的绘制。

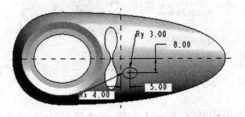

图 8-84

(5)在操控板上单击拉伸深度方向按钮⤢,使拉伸深度朝向 TOP 基准平面上方,并输入拉伸深度为 20。单击✔(完成)按钮,创建的拉伸曲面对原始曲面修剪结果如图 8-85 所示。

图 8-85

5. 利用尺寸阵列特征阵列刚建立的修剪曲面

(1)在模型树中(或在模型中),选中刚建立的拉伸减料特征。

(2)单击阵列工具按钮 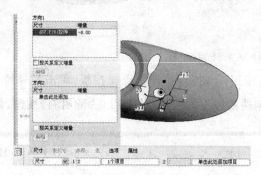,打开阵列特征操控板。此时,"尺寸"阵列选项为默认选项。在图形窗口中,要阵列的特征显示出其尺寸,如图 8-86 所示。

(3)单击"尺寸"按钮,进入"尺寸"操控板,然后在模型中单击数值为 8 的尺寸,该尺寸作为方向 1 的尺寸变量,输入其增量为-8,按 Enter 键,如图 8-86 所示。

图 8-86

(4)在"尺寸"操控板上,单击"方向 2"收集器从而将其激活,然后在模型中单击数值为 5 的尺寸,输入该尺寸增量为 10,按 Enter 键,如图 8-87 所示。

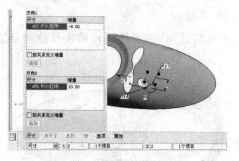

图 8-87

(5)在阵列工具操控板中输入方向 1 的阵列成员数为 3,方向 2 的阵列成员数为 4,如图 8-88 所示。

图 8-88

(6)单击阵列特征操控板中的 ✓(完成)按钮,完成阵列特征,结果如图 8-89 所示。

图 8-89

6. 保存文件

单击工具栏中的保存文件按钮 ▢ ，完成当前文件的保存。

8.7 曲面偏移

通过对现有实体表面或曲面进行偏移来创建一个曲面特征，偏移时可以指定距离、方式和参考曲面。

经常用到的曲面偏移有 3 种：标准偏移特征、具有拔模特征的偏移特征和展开特征偏移。单击选择一个曲面后，在菜单栏中点选"编辑"→"偏移"命令，系统显示如图 8-90 所示的曲面"偏移"操控面板。

图 8-90

在曲面"偏移"操控面板中。单击"选项"按钮，系统弹出如图 8-91 所示的上滑面板。系统提供了 3 种偏移方式：垂直于曲面、自动拟合及控制拟合，分别简介如下。

图 8-91

➢垂直于曲面：沿参考曲面的法线方向进行偏移，是系统默认的偏移方式。

➢自动拟合：由系统估算出最佳的偏移方向和缩放比例，向曲面的法线方向生成与原曲面外形相仿的结果，但不能保证各方向都为均匀偏移。如图 8-92 所示。

➢控制拟合：向用户指定的坐标系及轴向进行偏移。如图 8-93 所示。

图 8-92   图 8-93

8.7.1 曲面偏移实例

1. 打开文件

单击 (打开现有对象)按钮,选择随书光盘中的 chap08－11. prt 文件,单击对话框中的"打开"按钮,该文件中存在如图 8-94 所示的曲面。

2. 创建偏移曲面

(1)选择文件中存在的曲面特征。在菜单栏中点选"编辑"→"偏移"命令,系统显示曲面"偏移"操控面板。

(2)接受默认的 (标准偏移特征)选项,在偏移工具操控板上输入偏移距离 3,如图 8-95 所示。

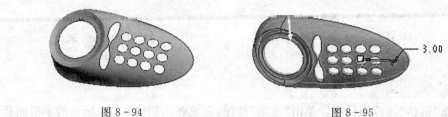

图 8-94   图 8-95

(3)单击"选项"按钮,打开"选项"操控板,在列表框中选择"垂直于曲面"选项,选中"创建侧曲面"复选框,则创建的曲面带有侧曲面,如图 8-96 所示。

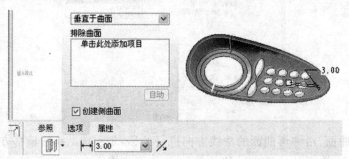

图 8-96

(4)单击 (完成)按钮,完成曲面偏移特征的创建。如图 8-97 所示。

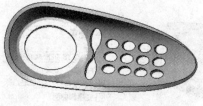

图 8-97

3. 保存文件

单击工具栏中的保存文件按钮 ,完成当前文件的保存。

8.8　曲面合并

将两个相邻或相交的曲面或面组合并成一个面组,曲面合并是曲面造型中使用频率最高的方法之一。

点选需要合并的两个曲面(选完一个曲面后按住 Ctrl 键再选另一个曲面),如图 8-98 所示。在菜单栏中点选"编辑"→"合并"命令,或在系统绘图区右侧工具条单击☑(合并工具)按钮,系统显示曲面合并操控面板,如图 8-99 所示。

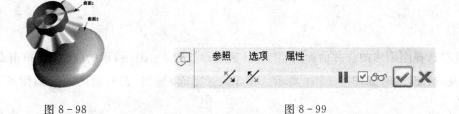

图 8-98　　　　　　　　　　　　　　　　图 8-99

合并工具操控板上主要按钮及选项的功能如下。

➢ ⅍ 按钮:改变要保留的第一面组的侧。

➢ ⅍ 按钮:改变要保留的第二面组的侧。

工作区中两个曲面上显示方向箭头,箭头所指方向为合并后保留的曲面侧,可分别单击图标面板上的按钮 ⅍ 和 ⅍ 按钮进行转换,如图 8-100 所示为两个曲面采用不同保留侧的 4 种组合情况。

图 8-100

➢ "求交":合并两个相交的曲面(面组),只保留曲面(面组)相交之后定义的部分。此为默认项。

➢ "连接":合并两个相邻曲面(面组),其中一个曲面(面组)的一侧边必须在另一曲面(面组)上。

8.8.1　曲面合并操作实例

1. 打开文件

单击 ☑(打开现有对象)按钮,打开随书光盘中的 chap08-12.prt 文件,如图 8-101 所示。

2. 曲面合并

(1)选择如图 8 - 101 所示的曲面 1,按住 Ctrl 键选择曲面 2。单击 ◌(合并工具)按钮,此时如图 8 - 102 所示。单击 ✓(完成)按钮,合并后的曲面如图 8 - 103 所示。

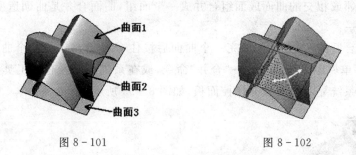

图 8 - 101　　　　　　　　　　　　　　　图 8 - 102

(2)选择刚创建的合并曲面,按住 Ctrl 键选择如图 8 - 101 所示的曲面 3。单击 ◌(合并工具)按钮,此时如图 8 - 104 所示。单击 ✓(完成)按钮,合并后的曲面如图 8 - 105 所示。

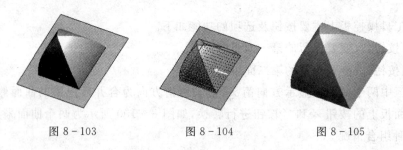

图 8 - 103　　　　　　　图 8 - 104　　　　　　　图 8 - 105

3. 保存文件

单击工具栏中的保存文件按钮 ▭,完成当前文件的保存。

8.9　曲面加厚

曲面加厚就是将已有的曲面用加材料的方式将其转换成薄壳实体。通常可以利用"加厚"工具创建复杂形状的薄壳实体。

选择要加厚的曲面之后,在菜单栏中选择"编辑"→"加厚"命令,打开如图 8 - 106 所示的曲面加厚操控板。

图 8 - 106

单击"选项"按钮,打开"选项"操控板。可以在该操控板上,选择"垂直于曲面"、"自动拟合"或者"控制拟合"选项来定义曲面加厚的形式。其中,"垂直于曲面"选项为默认项。

8.9.1 曲面加厚实例

1. 打开文件

单击 (打开现有对象)按钮,打开随书光盘中的 chap8－13. prt 文件,如图 8－107 所示。

2. 曲面加厚

(1)选择如图 8－108 所示的鼠指针所指的曲面。注意:为了方便选择曲面,可以将选择过滤器的选项设置为"面组"。

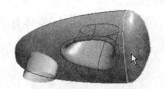

图 8－107　　　　　　　　　　　　图 8－108

(2)选择"编辑"→"加厚"命令,打开曲面加厚工具操控板,在操控板的尺寸框中输入加厚的厚度值为 2.5。单击 (完成)按钮,加厚效果如图 8－109 所示。

(3)选择如图 8－110 所示的箭头所指的曲面。

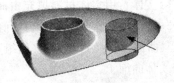

图 8－109　　　　　　　　　　　　图 8－110

(4)选择"编辑"→"加厚"命令,打开曲面加厚工具操控板。单击操控板中的 (去除材料)按钮。在操控板的尺寸框中输入加厚的厚度值为 5。

(5)两次单击 (反转结果几何的方向)按钮,使加厚的方向如图 8－111 所示。单击 (完成)按钮,完成的效果如图 8－112 所示。

图 8－111　　　　　　　　　　　　图 8－112

3. 保存文件

单击工具栏中的保存文件按钮 ，完成当前文件的保存。

8.10 实体化

由曲面实体化就是将创建的曲面特征转化为实体特征。在设计中，可以利用"实体化"工具进行添加、移除和替换实体材料。由于创建曲面相对于常规的实体特征具有更大的灵活性，所以"实体化"特征可以设计比较复杂的实体特征。

实体化操作的步骤如下：

(1)选择曲面。

(2)在"编辑"菜单中选择"实体化"命令，打开如图 8-113 所示的实体化工具操控板。

图 8-113

(3)在操控板上选择 □(实体)、◢(切口)和 ◻(曲面片替换)按钮三者之一。必要时，单击 ✕ 按钮来更改刀具操作方向，指定生成的实体化特征。

➤ □(实体)：用实体材料填充由曲面(面组)界定的体积块。

➤ ◢(切口)：移除曲面(面组)内侧或外侧的材料。

➤ ◻(曲面片替换)：用曲面(面组)替换指定的实体曲面部分，其中，曲面(面组)边界必须位于实体曲面上。

(4)单击 ✓(完成)按钮，完成实体化操作。

8.10.1 实体化操作实例

1. 打开文件

单击 ◪(打开现有对象)按钮，打开随书光盘中的 chap8-14.prt 文件，如图 8-114 所示。

2. 实体化操作

(1)选择曲面1，在"编辑"菜单中选择"实体化"命令，打开实体化工具操控板。

(2)单击操控板上的 ◢(切口)按钮，单击 ✕ 按钮，使生成的实体化减料特征方向如图 8-115 所示。

图 8-114　　　　　　　　　　　　　图 8-115

(3)单击☑(完成)按钮,完成的实体化效果如图 8-116 所示。

(4)选择曲面 2。在"编辑"菜单中选择"实体化"命令,打开实体化工具操控板。

(5)系统自动选中□(伸出项实体),单击☑(完成)按钮,完成操作,如图 8-117 所示。

图 8-116　　　　　　　　　　　　　图 8-117

3. 建立倒圆角特征

(1)单击🖌(倒圆角工具)按钮,打开倒圆角工具操控板。在操控板上输入当前倒圆角集的圆角半径为 8。按住 Ctrl 键的同时,选择如图 8-118 所示的两条边线。

(2)单击☑(完成)按钮,倒圆角效果如图 8-119 所示。

图 8-118　　　　　　　　　　　　　图 8-119

4. 建立壳特征

(1)单击🖫(壳工具)按钮,打开壳工具操控板。在操控板上输入厚度值为 0.2。

(2)使用鼠标中键翻转模型,选择如图 8-120 所示的要移除的曲面。

(3)单击☑(完成)按钮,创建的壳特征如图 8-121 所示。

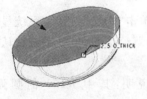

图 8-120　　　　　　　　　　　　　图 8-121

5. 保存文件

单击工具栏中的保存文件按钮 ⌷ ,完成当前文件的保存。

8.11 曲面特征综合实例

8.11.1 曲面特征综合实例一

创建如图 8-122 所示的零件,练习基本曲面特征的建立及编辑。模型创建的思路如图 8-123 所示。

图 8-122

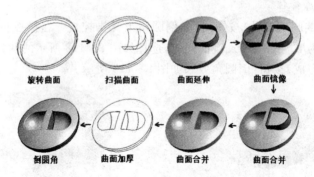

旋转曲面　　扫描曲面　　曲面延伸　　曲面镜像

倒圆角　　曲面加厚　　曲面合并　　曲面合并

图 8-123

1. 建立新文件

新建一个名为 chap08-15 的零件文件,采用 mmns_part_solid 模板。

2. 创建旋转曲面

(1)在基础特征工具栏上单击旋转工具按钮 ⌖ ,系统显示"旋转"特征创建操控面板。单击 ⌷ 按钮,以明确创建曲面特征。

(2)单击"位置"按钮,弹出"位置"上滑面板,单击"定义"按钮。系统显示"草绘"对话框,在工作区中单击点选"FRONT"基准平面作为草绘平面,接受系统默认的草绘视图方向和参考平面,单击"草绘"按钮进入草绘模式。

(3)绘制如图 8-124 所示的特征截面(说明:其中 $R150$ 的圆弧的圆心位于"RIGHT"基准平面投影线上)。截面定义完成后,单击草绘模式工具条上 ✔ 按钮。系统退出二维草绘环境,返回旋转特征创建操控面板,接受默认的旋转角度 360°,单击 ✔ 按钮完成旋转曲面特征的创建,如图 8-125 所示。

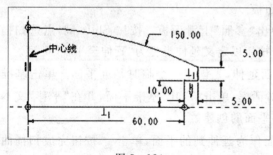

图 8-124

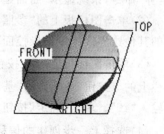

图 8-125

3. 创建扫描曲面特征

(1)在菜单栏中选择"插入"→"扫描"→"曲面"命令。系统显示"曲面:扫描"对话框及"扫描轨迹"菜单。单击"草绘轨迹"选项,系统显示"设置草绘平面"菜单,单击点选"FRONT"基准平面作为草绘面,单击"正向"选项接受默认的视图方向,并单击"缺省"选项接受默认的参考平面,系统进入草绘模式。

(2)草绘如图 8-126 所示的截面作为扫描曲面的轨迹线。草绘完成后,单击草绘模式工具条上 ✔ 按钮。

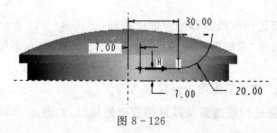

图 8-126

(3)系统显示"属性"菜单,接受默认的"开放终点"选项,然后单击"完成"项。系统再次进入草绘模式,草绘如图 8-127 所示的截面作为扫描曲面的截面。单击草绘模式工具条上 ✔ 按钮,退出草绘模式。

(4)单击"曲面,扫描"对话框中的"确定"按钮,完成扫描曲面特征的创建,如图 8-128 所示。

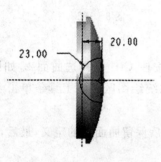

图 8-127

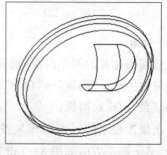

图 8-128

4. 延伸扫描曲面

(1)选择扫描曲面的其中一条边界线,如图 8 - 129 所示。在菜单栏中选择"编辑"→"延伸"命令,系统显示"曲面延伸"操控面板。

(2)单击图标板上的"参照"按钮,弹出"参照"上滑面板。按住 Shift 键,点选扫描曲面的其他边界线。单击操控面板上的 按钮以定义延伸类型为"延伸至平面"类型。

(3)单击图标板上的 按钮暂停曲面延伸,先创建一个临时基准平面。单击基准工具栏上的 按钮,系统显示"基准平面"对话框,单击"TOP"基准平面,并在"平移"文本框中输入"40"。单击"确定"按钮完成偏移平面的创建。

(4)选择上一步创建的偏移基准平面作为延伸到的平面,单击 按钮完成扫描曲面的延伸,如图 8 - 130 所示。

图 8 - 129　　　　　　　　　　图 8 - 130

5. 创建镜像曲面

(1)在模型树中点选扫描曲面和延伸曲面特征,如图 8 - 131 所示。

(2)在菜单栏中选择"编辑"→"镜像"命令(或单击 按钮),系统显示曲面镜像操控面板。

(3)点选"RIGHT"基准平面作为镜像参考面。

(4)单击 按钮完成扫描曲面及其延伸曲面的镜像,如图 8 - 132 所示。

图 8 - 131　　　　　　　　　　图 8 - 132

6. 合并曲面

(1)点选需要合并的两个曲面(选完曲面 1 后按住 Ctrl 键再选曲面 2,如图 8 - 133 所示),在菜单栏中选择"编辑"→"合并"命令,或在系统绘图区右侧工具条单击 按钮,系统显示曲面"合并"操控面板。

(2)单击操控板上的 按钮和 按钮进行合并后保留曲面侧的定义,最后,工作区中两个曲面上显示箭头方向如图 8 - 133 所示。

(3)单击 按钮完成曲面 1 与曲面 2 的合并,如图 8 - 134 所示。

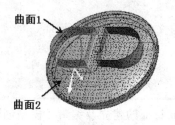

曲面1

曲面2

图 8-133   图 8-134

(4)选择刚合并生成的曲面,按住 Ctrl 键并单击曲面 3,在系统绘图区右侧工具条单击 按钮,系统显示曲面合并图标板。

(5)单击图标板上的 按钮和 按钮进行合并后保留曲面侧的定义,最后,工作区中两个曲面上显示箭头方向如图 8-135 所示。

(6)单击 按钮完成前合并曲面与曲面 3 的合并,如图 8-136 所示。

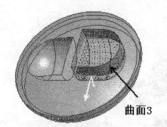

曲面3

图 8-135   图 8-136

7. 创建薄壁实体特征

(1)点选创建的合并曲面。在菜单栏中选择"编辑"→"加厚"命令,系统显示曲面"加厚"操控面板。

(2)在操控面板的文本输入框中输入加厚的厚度值为"1.5",并接受默认加厚方向,即薄壁造型向曲面内延伸。单击 按钮完成薄壁实体特征的创建,如图 8-137 所示。

8. 创建圆角特征

(1)在工具栏中单击 按钮,系统显示"圆角特征"创建操控面板。

(2)按住 Ctrl 键点选如图 8-138 所示要倒圆角的边,并在操控面板的文本框中输入圆角半径值"1"。单击 按钮完成圆角特征的创建,如图 8-139 所示。

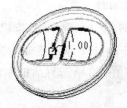

图 8-137   图 8-138   图 8-139

9. 保存文件

单击工具栏中的保存文件按钮 🖳，完成当前文件的保存。

8.11.2 曲面特征综合实例二

创建如图 8-140 所示的零件，练习基本曲面特征的建立及编辑。模型创建的思路如图 8-141 所示。

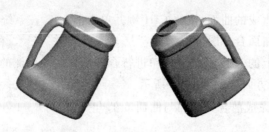

图 8-140

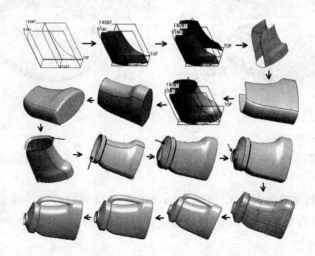

图 8-141

1. 建立新文件

新建一个名为 chap08-16 的零件文件，采用 mmns_part_solid 模板。

2. 创建基准平面和草绘基准曲线

(1)单击基准特征工具栏中的 ▱ (基准平面)按钮，系统弹出"基准平面"对话框。

(2)在绘图窗口中左键选取 FRONT 基准平面作为参照，并设定约束条件为"偏移"，并在偏移距离输入框中输入平移值 35，单击对话框中的"确定"按钮，完成基准平面的创建，系统自动命名为 DTM1。

(3)单击基准特征工具栏中的 ▨ (草绘工具)按钮，打开"草绘"对话框。

(4)选择 FRONT 基准面作为草绘平面，RIGHT 基准面作为参照面，单击"草绘"按钮,进入草绘工作界面。

(5)绘制如图 8-142 所示的一条直线。单击草绘命令工具栏中的 ✔ 按钮,完成草绘基准曲线 1 的绘制。

(6)同上操作,选择 DTM1 基准平面作为草绘平面,分别绘制如图 8-143 和图 8-144 所示(一条直线、一段样条曲线和一段圆弧的组合)的两个曲线。绘制完成的基准曲线 2 和 3,如图 8-145 所示。

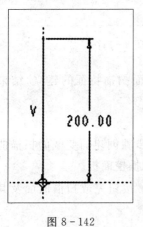

图 8-142

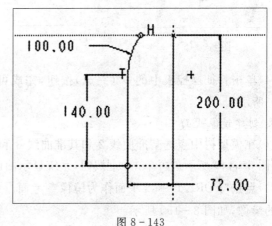

图 8-143

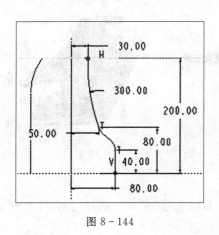

图 8-144

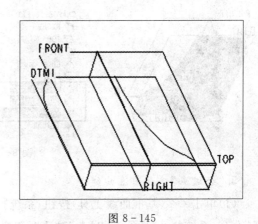

图 8-145

3. 建立可变剖面扫描特征

(1)单击可变剖面扫描工具按钮 ↘ ,打开可变剖面扫描特征操控板,在默认时, ▢ (曲面)按钮处于被选中的状态。

(2)选择中间的直线曲线作为原点轨迹,接着按住 Ctrl 键分别选取另外两条曲线,如图 8-146 所示。

(3)在操控板上单击 ☑ (创建或编辑剖面)按钮,进入草绘模式。绘制如图 8-147 所示的截面(一段圆弧:圆弧的中心与参照重合)。单击草绘命令工具栏中的 ✔ 按钮,完成草图的绘制。

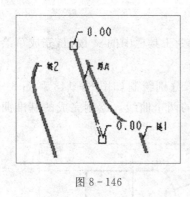

图 8-146

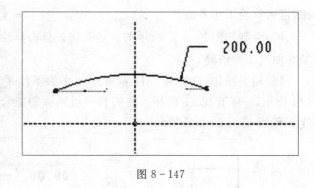

图 8-147

（4）单击特征操控板中的✔（完成）按钮，完成可变剖面扫描特征的建立，结果如图8-148所示。

4. 创建镜像曲面

（1）在模型树中点选基准曲线2和其准曲线3和上一步骤创建的变截面扫描曲面特征，如图8-149所示。再单击⟁按钮，系统显示曲面镜像操控面板。

（2）点选"FORNT"基准平面作为镜像参考面。单击✔按钮完成扫描曲面及其延伸曲面的镜像，如图8-150所示。

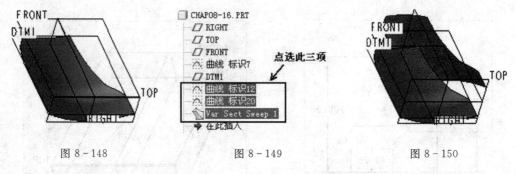

图 8-148   图 8-149   图 8-150

5. "经过点"建立基准曲线

（1）单击～（基准曲线工具）按钮，系统打开"曲线选项"菜单。选择"经过点"→"完成"命令，系统打开"曲线：通过点"对话框和菜单管理器。

（2）默认时，选择"样条"→"整个阵列"→"添加点"命令，此时依次在模型中如图8-151所示的两个点（都为曲线端点），在菜单管理器中选择"完成"命令。

（3）接着选择"曲线：通过点"对话框中的"相切"选项，单击"定义"按钮，在弹出的"定义相切"对话框中设置曲线的"起始"和"终止"方向分别与曲面边界1和曲线边界2相切。设置后，在菜单管理器中选择"完成/返回"命令。（详细的操作步骤可参见本例视频）

（4）单击选择"曲线：通过点"对话框中"确定"按钮，完成基准曲线1的创建，创建的基准曲线1如图8-152所示。

（5）同上操作，完成基准曲线2的创建，创建的基准曲线1如图8-153所示。

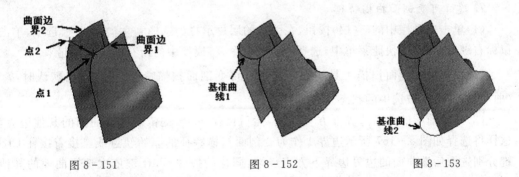

图 8-151　　　　　　　　　　图 8-152　　　　　　　　　　图 8-153

6. 创建边界混合曲面

(1)单击 $\varnothing$ (边界混合工具)按钮,打开边界混合工具操控板。

(2)点选"曲线"按钮,系统弹出如图 8-154 所示的上滑面板,点选如图 8-152 所示的基准曲线 1,并按住 Ctrl 键的同时选择如图 8-153 所示的基准曲线 2。

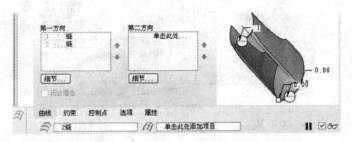

图 8-154

(3)在"曲线"上滑面板,单击"第二方向"下的区域,使其获得输入焦点,点选作为第二个方向的边界曲线 1,并按住 Ctrl 键的同时选择曲线 2,如图 8-155 所示。

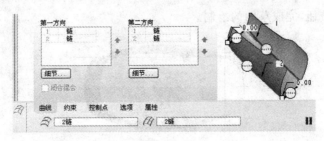

图 8-155

(4)单击 ✓ (完成)按钮,创建双向的边界混合曲面,如图 8-156 所示。

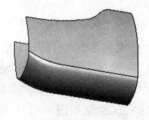

图 8-156

7. 建立可变剖面扫描特征

(1)单击工具栏中的 ◎(层)按钮,在弹出的层显示栏内选择 03__PRT_ALL_CURVES 选项,单击鼠标右键,在弹出的快捷菜单中,选择"隐藏"命令,将模型中的所有曲线隐藏起来。

(2)单击可变剖面扫描工具按钮 📎,打开可变剖面扫描特征操控板,在默认时,◎(曲面)按钮处于被选中的状态。

(3)选择前端的曲面边界下方直线端,然后按住 Shift 键依次选择曲面的其他边界,这样将选择如图 8-157 所示边界 1 作为变剖面扫描特征的原始轨迹线。接着按住 Ctrl 键分别选取后端曲面的边界边界下方直线端,同样的按住 Shift 键依次选择曲面的其他边界,这样将选择如图 8-157 所示边界 2 作为变剖面扫描特征的轮廓线。

(4)单击操控面板上的"参照"按钮,将原点和链 1 中"T"的下方方框勾选,在"剖面控制"选项中选择"垂直于投影",在"方向参照"在选择 RIGHT 基准平面作为参照,如图 8-157 所示。

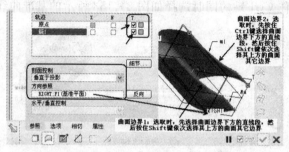

图 8-157

(5)在操控板上单击 ☑(创建或编辑剖面)按钮,进入草绘模式。绘制如图 8-158 所示的截面(一条样条曲线:样条曲线两端分别与倾斜的两条参照线相切)。单击草绘命令工具栏中的 ✔ 按钮,完成草图的绘制。

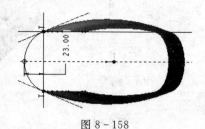

图 8-158

(6)单击特征操控板中的 ✔(完成)按钮,完成可变剖面扫描特征的建立,如图 8-159 所示。

8. 创建填充曲面特征

(1)从菜单栏中选择"编辑"→"填充"命令,打开填充工具操控板。单击填充工具操控板上的"参照"按钮,打开"参照"操控板。单击"参照"操控板上的"定义"按钮,打开"草绘"对话框。选择 TOP 基准平面作为草绘平面,单击"草绘"按钮,进入草绘模式。

(2)采用"通过边创建图元"的方式绘制如图 8-160 所示的图形。单击草绘命令工具

栏中的 ✔ 按钮,完成草图的绘制。单击 ✔(完成)按钮,创建填充曲面后的模型如图 8-161 所示。

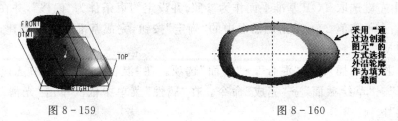

图 8-159   图 8-160

9. 曲面合并

(1)按住 Ctrl 键依次选择如图 8-162 所示的曲面 1、2、3、4,单击 ◁(合并工具)按钮,此时如图 8-163 所示。单击 ✔(完成)按钮,完成四个曲面的合并。

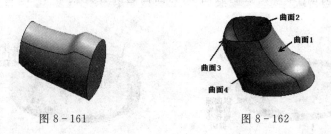

图 8-161   图 8-162

(2)选择刚创建的合并生成的曲面,按住 Ctrl 键选择如图 8-164 所示的底部曲面。单击 ◁(合并工具)按钮,此时如图 8-164 所示。单击 ✔(完成)按钮,完成曲面的合并。

图 8-163   图 8-164

10. 建立倒圆角特征

(1)单击 ◝(倒圆角工具)按钮,打开倒圆角工具操控板。在操控板上输入当前倒圆角集的圆角半径为 10。按住 Ctrl 键的同时,选择如图 8-165 所示的两条边线。

(2)单击 ✔(完成)按钮,倒圆角效果如图 8-166 所示。

图 8-165   图 8-166

11. 创建混合曲面

(1)单击基准特征工具栏中的 ▱（基准平面）按钮，系统弹出"基准平面"对话框。在绘图窗口中左键选取 TOP 基准平面作为参照，并设定约束条件为"偏移"，并在偏移距离输入框中输入平移值 200，单击对话框中的"确定"按钮，完成基准平面的创建，系统自动命名为 DTM2。

(2)单击菜单"插入"→"混合"→"曲面"选项。在"混合选项"菜单中选择"平行"→"规则截面"→"草绘截面"→"完成"命令。在"属性"菜单中依次单击"光滑"、"开放终点"、"完成"选项。

(3)选择 DTM2 基准平面作为草绘平面，选择"正向"→"缺省"命令，进入草绘模式。

(4)绘制如图 8-167 所示截面 1（采用"通过边创建图元"的方式绘制）。在绘图区长按鼠标右键，在弹出的快捷菜单中选择"切换剖面"命令，或在菜单栏中选择"草绘"→"特征工具"→"切换剖面"命令。绘制截面 2（为曲面边界往外偏移 10 得到），如图 8-168 所示。

图 8-167   图 8-168

(5)单击草绘命令工具栏中的 ✔ 按钮，完成混合截面的绘制，退出草绘模式。

(6)系统弹出"深度"菜单，单击"深度"菜单中的"完成"命令。在弹出的尺寸文本框中输入截面 2 至截面 1 的距离为 7.5，单击（接受）按钮。

(7)单击"曲面：混合，平行，规则截面"对话框中的"确定"按钮，创建的混合曲面如图 8-169 所示。

12. 创建拉伸曲面

(1)单击基准特征工具栏中的 ▱（基准平面）按钮，系

图 8-169

统弹出"基准平面"对话框。在绘图窗口中左键选取 TOP 基准平面作为参照，并设定约束条件为"偏移"，并在偏移距离输入框中输入平移值 230，单击对话框中的"确定"按钮，完成基准平面的创建，系统自动命名为 DTM3。

(2)单击拉伸工具按钮 ⬚，打开拉伸特征操控板，单击拉伸特征操控板上的按钮 ▱（曲面）按钮以指定要创建的模型为曲面。

(3)单击"放置"面板中的"定义"按钮，系统显示"草绘"对话框。选择 DTM3 基准面为草绘平面，单击对话框中的"草绘"按钮，系统进入草绘工作环境。

(4)绘制如图 8-170 所示的截面（采用"通过边创建图元"的方式绘制），单击草绘命令工具栏中的 ✔ 按钮，完成拉伸截面的绘制。

(5)在操控板上输入拉伸深度为 22.5,单击拉伸方向按钮使其方向为反向。单击 ✔
(完成)按钮,创建的拉伸曲面如图 8－171 所示。

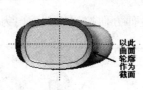

图 8－170　　　　　　　　　　图 8－171

13．创建混合曲面

(1)单击菜单"插入"→"混合"→"曲面"选项。在"混合选项"菜单中选择"平行"→
"规则截面"→"草绘截面"→"完成"命令。在"属性"菜单中依次单击"光滑"、"开放终
点"、"完成"选项。

(2)选择 DTM3 基准平面作为草绘平面,选择"正向"→"缺省"命令,进入草绘模式。

(3)绘制如图 8－172 所示截面 1(采用"通过边创建图元"的方式绘制)。在绘图区长
按鼠标右键,在弹出的快捷菜单中选择"切换剖面"命令,或在菜单栏中选择"草绘"→"特
征工具"→"切换剖面"命令。绘制截面 2(先绘制一个圆,再将其打断成四段圆弧),如图
8－173 所示。

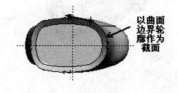

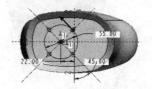

图 8－172　　　　　　　　　　图 8－173

(4)单击草绘命令工具栏中的 ✔ 按钮,完成混合截面的绘制,退出草绘模式。

(5)系统弹出"深度"菜单,单击"深度"菜单中的"完成"命
令。在弹出的尺寸文本框中输入截面 2 至截面 1 的距离为
20,单击 ✔ (接受)按钮。

(6)单击"曲面:混合,平行,规则截面"对话框中的"确定"
按钮,创建的混合曲面如图 8－174 所示。

图 8－174

14．创建拉伸曲面

(1)单击基准特征工具栏中的 ▱ (基准平面)按钮,系统
弹出"基准平面"对话框。在绘图窗口中左键选取 TOP 基准平面作为参照,并设定约束
条件为"偏移",并在偏移距离输入框中输入平移值 258,单击对话框中的"确定"按钮,完
成基准平面的创建,系统自动命名为 DTM4。

(2)单击拉伸工具按钮 🗗,打开拉伸特征操控板,单击拉伸特征操控板上的按钮 ▱
(曲面)按钮以指定要创建的模型为曲面。

(3)单击"放置"面板中的"定义"按钮,系统显示"草绘"对话框。选择 DTM4 基准面

为草绘平面,单击对话框中的"草绘"按钮,系统进入草绘工作环境。

(4)绘制如图 8-175 所示的截面(采用"通过边创建图元"的方式绘制),单击草绘命令工具栏中的 ✔ 按钮,完成拉伸截面的绘制。

(5)在操控板上输入拉伸深度为 8,单击拉伸方向按钮使其方向为反向。单击 ✔(完成)按钮,创建的拉伸曲面如图 8-176 所示。

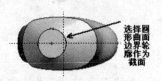

| 图 8-175 | 图 8-176 |

15. 曲面合并

按住 Ctrl 键依次选择如图 8-177 所示的曲面 1、2、3、4、5,单击 ☐(合并工具)按钮,此时如图 8-178 所示。单击 ✔(完成)按钮,完成此五个曲面的合并。

| 图 8-177 | 图 8-178 |

16. 建立基准点

(1)单击 ✗✗(基准点工具)按钮,系统打开如图 8-179 所示的"基准点"对话框。

(2)选择如图 8-179 所示箭头所指的曲面,接着拖动其中一个偏移参照控制图柄选择 FRONT 基准平面,拖动另一个偏移参照控制图柄选择 TOP 基准平面,并分别设置其相应的偏移距离,如图 8-179 所示。

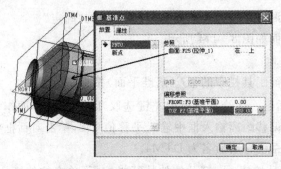

图 8-179

(3)在"基准点"对话框中,鼠标左键切换到 ➡ 新点 创建状态。

（4）鼠标左键在如图 8-180 所示实体边上单击，按住 Ctrl 键再选择 FRONT 基准平面，单击"基准点"对话框中的"确定"按钮。创建的基准点如图 8-180 所示。。

图 8-180

17. 创建扫描曲面特征

（1）单击菜单"插入"→"扫描"→"曲面"选项，弹出"曲面：扫描"对话框与菜单。

（2）在"扫描轨迹"菜单中选择"草绘轨迹"选项，以绘制扫描轨迹线。

（3）选择 FRONT 基准平面作为草绘平面，并在出现的菜单管理器菜单中选择"正向"→"缺省"命令，进入草绘模式。绘制如图 8-181 所示的样条曲线，单击草绘命令工具栏中的 ✔ 按钮。

（4）在出现"属性"菜单中，选择"开放终点"→"完成"命令。系统再次进入草绘模式，绘制如图 8-182 所示的截面作为扫描截面。

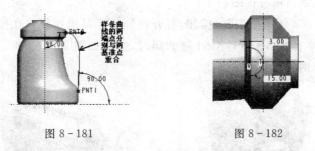

图 8-181　　　　　　　图 8-182

（5）单击草绘命令工具栏中的 ✔ 按钮，完成特征截面的绘制。单击"曲面：扫描"对话框中的"确定"按钮，完成扫描特征的建立。模型效果如图 8-183 所示。

18. 延伸扫描曲面

（1）选择扫描曲面上部的其中一条边界线，在菜单栏中选择"编辑"→"延伸"命令，系统显示"曲面延伸"操控面板。

（2）单击图标板上的"参照"按钮，弹出"参照"上滑面板。按住 Shift 键，点选扫描曲面的另一条边界线。单击操控面板上的 ⟦⟧ 按钮以定义延伸类型为"延伸至平面"类型。单击"RIGHT"基准平面，单击 ✔ 按钮完成扫描曲面的延伸，如图 8-184 所示。

图 8-183　　　　　　　图 8-184

19. 曲面合并

（1）按住 Ctrl 键依次选择主体的曲面和手把曲面，单击 ⟮⟯（合并工具）按钮，系统显示曲面"合并"操控面板。单击操控板上的 ⟋ 按钮和 ⟋ 按钮进行合并后保留曲面侧的定义，最后,工作区中两个曲面上显示箭头方向如图 8-185 所示。

(2)单击 ✔ 按钮完成前合并曲面与曲面 3 的合并,如图 8-186 所示。

图 8-185   图 8-186

20. 建立倒圆角特征

(1)单击 ◌ (倒圆角工具)按钮,打开倒圆角工具操控板。在操控板上输入当前倒圆角集的圆角半径为 6。按住 Ctrl 键的同时,选择如图 8-187 所示的两条边线。单击 ✔ (完成)按钮,完成倒圆角特征的创建。

(2)再次单击 ◌ (倒圆角工具)按钮,打开倒圆角工具操控板。在操控板上输入当前倒圆角集的圆角半径为 6。按住 Ctrl 键的同时,选择如图 8-188 所示的边线。单击 ✔ (完成)按钮,完成倒圆角特征的创建。

图 8-187   图 8-188

(3)再次单击 ◌ (倒圆角工具)按钮,打开倒圆角工具操控板。在操控板上输入当前倒圆角集的圆角半径为 4。按住 Ctrl 键的同时,选择如图 8-189 所示的边线。单击 ✔ (完成)按钮,完成倒圆角特征的创建,模型如图 8-190 所示。

图 8-189   图 8-190

21. 曲面加厚

(1)选择模型的曲面,选择"编辑"→"加厚"命令,打开曲面加厚工具操控板,在操控板的尺寸框中输入加厚的厚度值为 1.6。单击 ✔ (完成)按钮,加厚效果如图 8-191 所示。

22. 保存文件

单击工具栏中的保存文件按钮 ▣ ,完成当前文件的

图 8-191

保存。

思考与练习

一、思考题

1. 曲面造型与实体造型相比较有哪些不同,优势在哪里?

2. 简述填充曲面的创建方法及其步骤,请举例说明。

3. 简述在创建边界混合曲面时,需要注意哪些问题,比如满足什么条件的曲线才能够作为曲面的边界。举一个简单的例子来说明如何创建双向的边界混合曲面。

4. 简述如何复制实体曲面。

5. 绘制一个直径为 100mm 的球面,然后将其向外偏移 30mm 创建一个新的曲面。

6. 简述实体化操作的基本方法及思路。

二、练习题

1. 创建如图 8-192 所示足球模型。

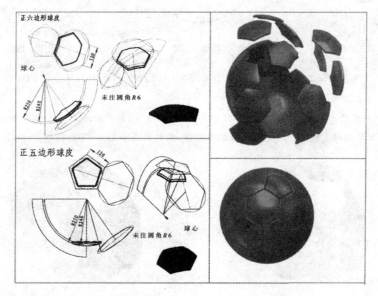

图 8-192

2. 用"边界混合"、"加厚"等特征创建如图 8-193 所示零件台灯灯罩模型。

模型创建的步骤如下:

(1)单击右侧工具箱中的 $\curvearrowright$ (基准曲线)按钮,在弹出的"曲线选项"菜单中选择"从方程"命令创建方程式曲线,选取坐标类型为"笛卡尔",建立的方程式如图 8-194 所示,创建的基准曲线效果如图 8-195 所示。

图 8-193

(2)单击右侧工具箱中的 $\square$ (基准平面)按钮,以基准平面 TOP 为偏移参照,偏移距离为 90,建立一个新的基准平面 DTM1,效果如图 8-196 所示。

(3)单击右侧工具箱中的 $\curvearrowright$ (草绘工具)按钮,以 DTM1 基准平面为草绘平面,绘制如图 8-197 所示的曲线(一个圆),创建后的效果如图 8-198 所示。

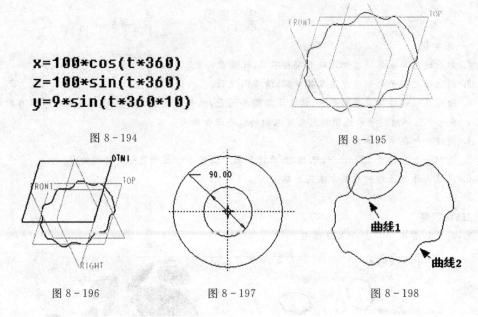

$$x=100*\cos(t*360)$$
$$z=100*\sin(t*360)$$
$$y=9*\sin(t*360*10)$$

图 8-194

图 8-195

图 8-196

图 8-197

图 8-198

(4)单击 （边界混合工具)按钮,分别选择如图 8-198 所示的曲线 1,并按住 Ctrl 键的同时选择曲线 2,创建边界混合曲面,结果如图 8-199 所示。

(5)选取刚创建的边界混合曲面,选择"编辑"→"加厚"命令,打开曲面加厚工具操控板,在操控板的尺寸框中输入加厚的厚度值为 2。完成曲面加厚操作,最终效果如图 8-200 所示。

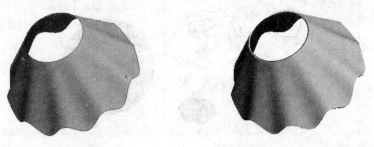

图 8-199

图 8-200

3. 打开附盘文件"\chap08\chap08—17. prt",用"边界混合"、"复制"、"合并"、"实体化"特征将如图 8-201 所示的基准曲线创建成如图 8-202 所示的实体模型。

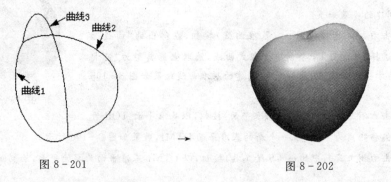

图 8-201

图 8-202

第 9 章　零件装配

　　一个复杂的模型总是被拆分成多个零件,分别完成每个零件的建模之后,再将其按照一定的装配关系组装为组件。零件装配是三维模型设计的重要内容之一,零件之间的装配关系实际上就是零件之间的位置约束关系。零件装配完成后必须首先保证各个零件装配在正确的位置,即装配零件时使用的约束条件是正确而且充分的。Pro/E 软件基础包提供了专门用于装配设计的组件模块。

9.1　新建组件文件

　　新建一个组件文件的步骤如下。

　　(1)单击工具栏中的新建文件按钮 ,打开"新建"对话框。

　　(2)在"新建"对话框中的"类型"选项组中选中"组件"单选按钮,并在"子类型"选项组中选中"设计"单选按钮,输入文件名称,取消选中"使用缺省模板"复选框以不使用默认模板,如图 9-1 所示。

　　(3)单击"新建"对话框中的"确定"按钮,打开"新文件选项"对话框。

　　(4)在"新文件选项"对话框中的"模板"选项组中选择 mmns_asm_design,单击"确定"按钮,进入组件设计界面,如图 9-2 所示。

图 9-1

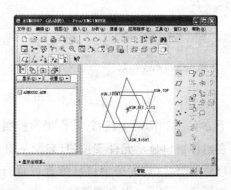

图 9-2

如图 9-2 所示,装配设计界面与零件设计界面基本类似,只是多了 4 个工具按钮,此外,基准平面和基准坐标系的标志与零件设计界面有所不同。多出的 4 个工具按钮分别为"将元件添加到组件"按钮、"在组件模式下创建元件"按钮、"指定要再生的修改特征或元件的列表"按钮和"拖动封装元件"按钮。当然,菜单命令也有所不同,这些都将在本章后面的小节中逐一介绍。

9.2　元件放置

本节主要讲解装配环境下的元件放置。在装配模式下的主要操作有两种方式:装配元件和创建元件。

(1)装配元件:将元件(已创建完成的零件)添加到组件,进行装配的方法为执行菜单栏下的"插入"→"元件"→"装配"命令,或单击右侧工具栏中的"将元件添加到组件"按钮。然后从弹出的"文件打开"对话框中选择零件,单击"打开"按钮,所选零件即可出现在主窗口内。接下来就是进行元件放置以及设置装配约束。

(2)创建元件:除添加元件到组件中进行装配外,还可在组件模式下创建零件,方法是执行"插入"→"元件"→"创建"命令,或单击右侧工具栏中的"在组件模式下创建零件"按钮,在装配模式中直接创建零件。在弹出的"元件创建"对话框中输入名称,单击"确定"按钮,弹出"创建选项"对话框,选择"创建特征"单选按钮,接下来就可以像在零件模式中一样进行各种特征的创建操作。创建元件后,返回组件模式下,将其定位、约束,进行装配。

在 Pro/E 的组件模式下,不单只适用零件的装配,也可含有子组件(子装配、部件),即也可插入 .asm 文件进行装配。

1. 放置元件

单击右侧工具栏中的（将元件添加到组件)按钮,从弹出的"打开"对话框中选择零件,单击"打开"按钮,所选零件即可出现在主窗口内,屏幕下方会出现"元件放置"操控面板,如图 9-3 所示。

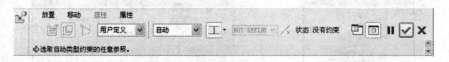

图 9-3

在右下方有和两个按钮,其作用为控制新添加的元件或子组件的显示模式。默认模式为在组件窗口显示元件按钮(装配主窗口),如单击按钮,且关闭按钮,则为"独立窗口显示元件"(装配子窗口),位置可自行拖曳调整,直到装配完毕后子窗口会自行关闭。如图 9-4 所示,也允许两种显示模式并存。

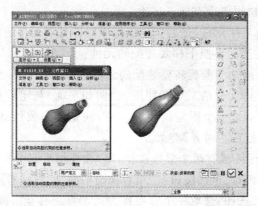

图 9 - 4

2. 操控面板各选项卡含义如下：

"元件放置"操控面板有 3 个主要选项卡，即"放置"、"移动"和"挠性"。

(1)"放置"选项卡：主要用来设置元件与装配组件的约束类型、偏置距离和参照对象等。单击"放置"按钮，系统弹出"放置"上滑面板，如图 9 - 5 所示。在"放置"上滑面板的"约束类型"下拉列表中有默认的"自动"及"匹配"、"对齐"等 11 个选项，其中"匹配"、"对齐"约束需要选择"偏距"、"定向"或"重合"子类型。在"状态"下方会显示约束状态。约束类型的具体含义将在下节"装配约束"中具体介绍。

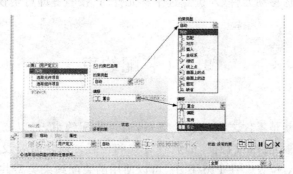

图 9 - 5

(2)"移动"选项卡：主要用来平移、旋转元件到适当的装配位置或调整元件到合适的装配角度，甚至移动元件到合适的位置后直接放置元件。单击"移动"按钮，系统弹出如图 9 - 6 所示的"移动"上滑面板。该面板包括有 3 个选项区域，即"运动类型"下拉列表框、"参照"单选按钮和"运动增量"文本框。

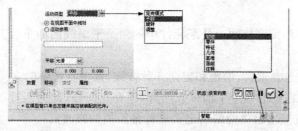

图 9 - 6

① "运动类型"下拉列表中有如下选项。

a. 定向模式:单击装配元件,然后按住鼠标中键即可对元件进行定向操作。

b. 平移:沿所选的运动参照平移要装配的元件。

c. 旋转:沿所选的运动参照旋转要装配的元件。

d. 调整:将要装配的元件的某个参照图元(例如平面)与组件的某个参照图元(例如平面)对齐或匹配。它不是一个固定的装配约束,而是非参数性地移动元件。但其操作方法与固定约束的"匹配"或"对齐"类似。

② "参照"单选按钮区域有两个单选按钮:即"在视图平面中相对"和"运动参照"。

a."在视图平面中相对"单选按钮:在相对视图平面(即显示器屏幕平面)移动元件。

b."运动参照"单选按钮:选取一个参照作为运动参照移动。此时"运动参照"收集器被激活,单击其中的字符,可以激活参照的选取。

③ "运动增量"下拉列表框和文本框:主要用来设置运动位置的增量方式和数值,包括一个"平移"下拉列表框和一个"相对"数值文本框。

a. 平移:设置调整件移动的速度,包括"光滑"、"常数"(1、5、10)或者输入数值确定移动速度。

b. 相对:罗列出调整元件移动位置的平移或旋转数值。

移动的操作方法是:先设置"运动类型",接着定义"运动参照",完成后即可利用鼠标左键在图形区中点选移动元件(左键点选平移元件时,按右键即可切换至"旋转"运动)。

9.3　装配约束

所谓装配约束就是零件之间的配合关系,通过装配约束,可以指定一个元件相对于组件(装配体)中其他元件(或特征)的放置方式和位置。通常需要设置多个约束条件来控制元件之间的相对位置。在 Pro/E 中,可以使用的装配约束类型共有 11 种:"匹配"约束、"对齐"约束、"插入"约束、"相切"约束、"坐标系"约束、"线上点"约束、"曲面上的点"约束、"曲面上的边"约束、"缺省"约束、"固定"约束、"自动"约束。

在 Pro/E 中,一个元件通过装配约束添加到装配体中后,它的位置会随着与其有约束关系的元件改变而相应改变,且约束设置值作为参数可随时修改,这样整个装配体实际上是一个参数化的装配体。

1."匹配"约束

"匹配"(mate)约束可使两个装配元件中的两个平面或曲面重合并且朝向相反,如图9-7所示。

"匹配约束"又包含重合、偏距和定向 3 种方式,其中各选项的含义如下:

(1)重合:相互匹配的两个平面彼此贴合,不存在间隙(此为匹配的默认选项,相当偏距值为0,但不能直接用组件的编辑定义进行偏距值的修改)。

(2)偏距:相互匹配的两个平面之间存在一定的距离,如图9-8所示,当距离为0时两平面重合。

(3)定向:相互匹配的两个平面之间只有方向约束,没有位置约束。即只确定了元件相对于参照组件的方向,而位置不确定。

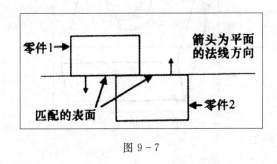

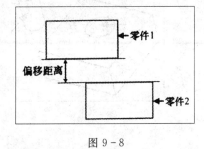

图 9 - 7

图 9 - 8

2."对齐"约束

"对齐"(align)约束可使两个装配元件中的两个平面共面(重合并且朝向同一方向)、两条轴线同轴或两个点重合,可以对齐旋转曲面或边,如图 9 - 9 所示。

"对齐约束"也包含重合、偏距和定向 3 种方式,其中各选项的含义如下:

(1)重合:面与面完全平齐(共面、且朝向同一方向)(此为对齐的默认选项,相当偏距值为 0,但不能直接用组件的编辑定义进行偏距值的修改)。

(2)偏距:输入偏距值(可为负值),则面与面朝向同一方向,并相距一定距离,如图 9 - 10所示。

(3)定向:只约束方向(面与面朝向同一方向),无相对距离约束。

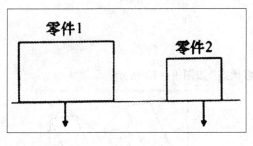

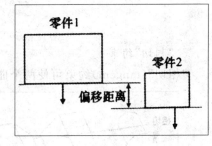

图 9 - 9

图 9 - 10

提示:

在进行"匹配"或"对齐"操作时,对于要配合的两个零件,必须选择相同的几何特征,如平面对平面、旋转曲面对旋转曲面等。

"匹配"或"对齐"的偏移值可为正值也可为负值。若输入负值,则表示偏移方向与模型中箭头指示的方向相反。

3."插入"约束

"插入"(insert)约束可使一旋转曲面插入另一旋转曲面中,且使它们各自的轴同轴。当元件无轴线及轴线选取无效或不方便时,使用这个约束,如图 9 - 11 所示。

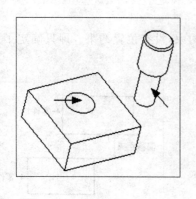 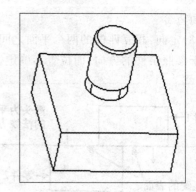

图 9-11

4."坐标系"约束

"坐标系"(coord sys)约束可将两个装配元件的坐标系对齐,或者将元件与组件的坐标系对齐,即两个坐标系中的原点、X 轴、Y 轴、Z 轴分别对齐,彼此重合,这一个约束即能使元件完全约束,如图 9-12 所示。

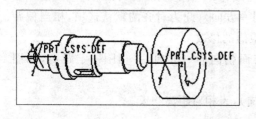 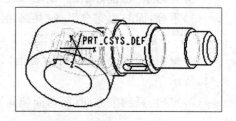

图 9-12

5."相切"约束

"相切"(tangent)约束可使两个曲面成相切状态,如图 9-13 所示。

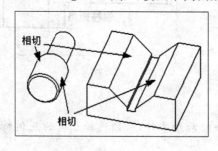 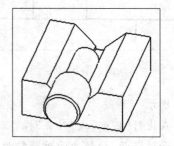

图 9-13

6."线上点"约束

"线上点"(pnt on line)约束可将一个点落在一条线或其延伸线上。"点"可以是零件或组件上的顶点或基准点,"线"可以是零件或组件上的边、轴线、或基准曲线,如图 9-14 所示。

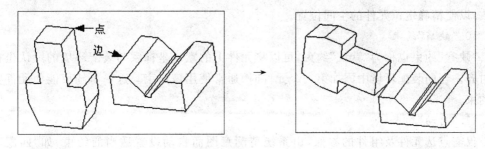

图 9 - 14

7.“曲面上的点”约束

“曲面上的点”(pnt on surf)约束可将一个点落在一个曲面或其延伸面上。“点”可以是零件或组件上的顶点或基准点,“曲面”可以是零件或组件上的基准平面、曲面特征或零件的表面,如图 9 - 15 所示。

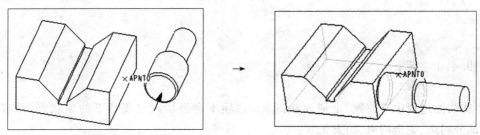

图 9 - 15

8.“曲面上的边”约束

“曲面上的边”(edge on surf)约束可将一条边落在一个曲面或其延伸面上。“边”可以是零件或组件上的边线,“曲面”可以是零件或组件上的基准平面、曲面特征或零件的表面,如图 9 - 16 所示。

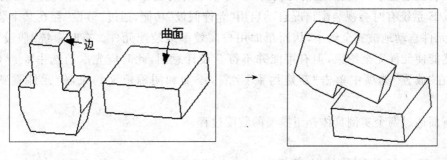

图 9 - 16

9.“固定”约束

“固定”约束可以将元件固定在图形区的当前位置,这一个约束能使元件完全约束。

采用固定约束方式时,系统会记录元件相对于组件坐标系的空间位置,当用户双击装配后的元件时,系统显示这些数值,包括距离和旋转角度。双击这些数值便可以进行修改,以便精确定位元件的空间位置。

10．"缺省"约束

"缺省"约束也称为"默认"约束,可以将元件上的默认坐标系与装配环境的默认坐标系对齐。当向装配环境中添加第一个元件时,通常使用该约束。这一个约束能使元件完全约束。

11．"自动"约束

仅需点选元件及组件的参照,由系统猜测意图而自动设置适当的约束,如"匹配"、"对齐"、"曲面上的边"等,如"匹配"/"对齐"相互错了,可使用"反向"纠错,"自动"对于较明显的装配很适用,但对于较复杂的装配则常常会判断失误,此时就需要自行定义装配约束。

9.4 装配过程

9.4.1 装配过程

在装配过程中,"放置"上滑面板的 状态 选项下会视情况出现如下约束状态:没有约束、部分约束、完全约束、约束无效。

下面分别将部分约束、约束无效特点说明如下。

(1)部分约束:在元件装配过程中,可允许"部分约束"的情况,也就是说元件装配位置并不确定,只是暂时摆放在某个位置上,这种约束状态称为"部分约束"。

(2)约束无效:若选择的参照与系统要求的不符,或出现了"过度约束"的情况,则系统会提示"约束无效"。

在装配过程中,"放置"上滑面板的 状态 选项下有时会出现一个 ☑允许假设 复选框,这是因为 Pro/E 系统有时会视装配情况自动启用"允许假设"功能,通过"假设"存在某个装配约束,使元件自动地被完全约束,从而帮助用户高效率地装配元件。有时系统"假设"的约束虽然能使元件完全约束,但有可能并不符合设计意图,此时应先取消选中 ☑允许假设 复选框,再在"放置"选项中单击"新建约束"字符,添加和明确定义约束,使元件重新完全约束。

下面通过两个实例具体介绍模型的装配过程。

9.4.2 组件装配设计实例一

本例要装的为如图 9-17 所示虎钳装配体,本装配体有 10 个零件组装而成。

具体操作步骤如下:

1．建立新文件

(1)在菜单栏中执行"文件"→"设置工作目录"命令,将工作目录设置到虎钳装配体的全部零件所在的文件夹"chap09\ chap09－01"中。

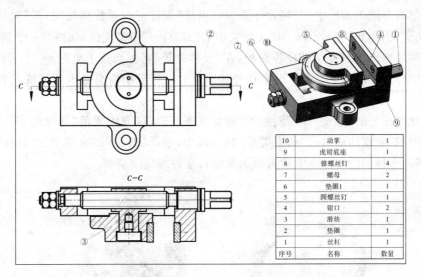

10	动掌	1
9	虎钳底座	1
8	锥螺丝钉	4
7	螺母	2
6	垫圈1	1
5	圆螺丝钉	1
4	钳口	2
3	滑块	1
2	垫圈	1
1	丝杠	1
序号	名称	数量

图 9－17

（2）执行"文件"→"新建"命令或单击工具栏中的 ▢ 按钮。系统弹出"新建"对话框，在"类型"选项区中选择"组件"，在"子类型"选项区中使用默认的"设计"，输入组件文件名"chap09－01"，取消选中"使用缺省模板"复选框，单击"确定"按钮。

（3）在模板选项中，选用 mmns_asm_design 模板，单击"确定"按钮，进入装配界面。

2. 装载虎钳底座零件

（1）单击菜单"插入"→"元件"→"装配"命令，或单击右侧工具栏中的"将元件添加到组件"按钮 ⯐。系统弹出"打开"对话框。

（2）在"打开"对话框中选择配书光盘"chap09\ chap09－01"文件夹中的"109.prt"模型文件，单击"打开"按钮，所选虎钳底座零件即出现在主窗口内，如图 9－18 所示。

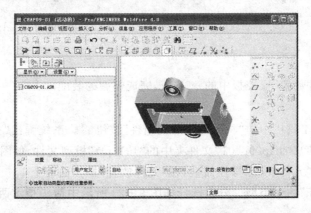

图 9－18

（3）系统弹出"元件放置"操控面板，在"元件放置"操控面板上单击 自动 ▾ 右边的三角按钮，选择"缺省"选项，单击中键，确定虎钳底座零件的装配位置。

3. 装配垫圈

(1)单击右侧工具栏中的"将元件添加到组件"按钮 ，系统弹出"打开"对话框。打开配书光盘"chap09\ chap09－01"文件夹中的"102.prt"模型文件，如图9－19所示。

(2)系统弹出"元件放置"操控面板，在"元件放置"操控面板上单击 自动 右边的三角按钮，选择"对齐"约束类型。分别选择如图9－20所示中箭头指示两零件的轴线作为参照。

(3)此时在"元件放置"操控面板中"放置状态"选项区域中提示"部分约束"，单击"放置"面板中的"新建约束"，在"约束类型"列表框中，选择"匹配"约束类型。"偏移"类型设为"重合"。选择如图9－20中箭头所示虎钳右端面与垫圈端面。

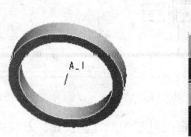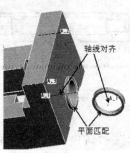

图9－19   图9－20

(4)此时"元件放置"操控板显示当前装配状态为完全约束状态，如图9－21所示。

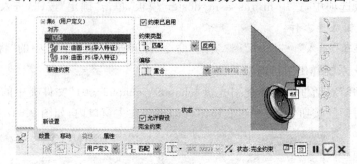

图9－21

(5)单击"元件放置"操控板中的 按钮，完成垫圈的装配。

4. 装配丝杆

(1)单击右侧工具栏中的"将元件添加到组件"按钮 。系统弹出"打开"对话框。打开配书光盘"chap09\ chap09－01"文件夹中的"101.prt"模型文件，如图9－22所示。

(2)系统弹出"元件放置"操控面板，在"元件放置"操控面板上单击 自动 右边的三角按钮，选择"对齐"约束类型。分别选择如图9－23所示中箭头指示两零件的轴线作为参照。

(3)单击"放置"面板中的"新建约束"，在"约束类型"列表框中，选择"匹配"约束类型。"偏移"类型设为"重合"。分别选择如图9－23中箭头所示垫圈零件端面与丝杆轴肩端面。

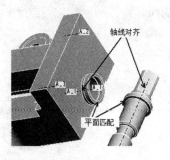

图 9 - 22　　　　　　　　　　　　　　　　　　图 9 - 23

（4）此时"元件放置"操控板显示当前装配状态为完全约束状态，如图 9 - 24 所示。

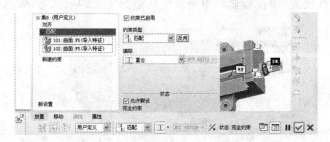

图 9 - 24

（5）单击"元件放置"操控板中的 ✔ 按钮，完成挡丝杆的装配，如图 9 - 25 所示。

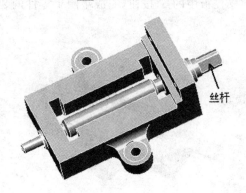

图 9 - 25

5. 装配垫圈 1

（1）单击右侧工具栏中的"将元件添加到组件"按钮 。系统弹出"打开"对话框。打开配书光盘"chap09\ chap09－01"文件夹中的"106. prt"模型文件，如图 9 - 26 所示。

（2）系统弹出"元件放置"操控面板，在"元件放置"操控面板上单击 自动 右边的三角按钮，选择"对齐"约束类型，分别选择如图 9 - 27 所示中箭头指示两零件的轴线作为参照。

（3）单击"放置"面板中的"新建约束"，在"约束类型"列表框中，选择"匹配"约束类型。"偏移"类型设为"重合"。分别选择如图 9 - 27 中箭头所示虎钳底座侧端面与垫圈 1

零件端面。

图 9-26

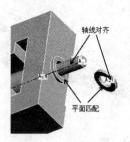

图 9-27

(4)此时"元件放置"操控板显示当前装配状态为完全约束状态,如图 9-28 所示。

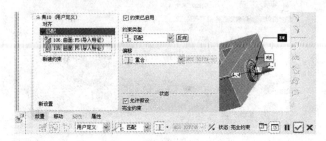

图 9-28

(5)单击"元件放置"操控板中的 ✅ 按钮,完成垫圈 1 零件的装配。装配结果如图 9-29 所示。

图 9-29

6. 装配第一个螺母

(1)单击右侧工具栏中的"将元件添加到组件"按钮 。系统弹出"打开"对话框。打开配书光盘"chap09\ chap09-01"文件夹中的"107. prt"模型文件,如图 9-30 所示。

(2)系统弹出"元件放置"操作面板,在"元件放置"操控面板上单击 右边的三角按钮,选择"对齐"约束类型,分别选择如图 9-31 所示中箭头指示两零件的轴线作为参照。

(3)单击"放置"面板中的"新建约束",在"约束类型"列表框中,选择"匹配"约束类型。"偏移"类型设为"重合"。分别选择如图 9-31 中箭头指示两端面作为参照。

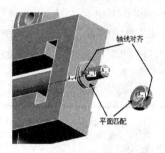

图 9 - 30   图 9 - 31

（4）此时"元件放置"操控板显示当前装配状态为完全约束状态。单击"元件放置"操控板中的 ✔ 按钮，完成螺母的装配。装配结果如图 9 - 32 所示。

图 9 - 32

7. 重复装配螺母

（1）在模型树或绘图区选中刚装配的"107. prt"零件。

（2）在菜单栏中选择"编辑"→"重复"命令，打开"重复元件"对话框。

（3）在"可变组件参照"选项组中选择如图 9 - 33 所示箭头所指"匹配"约束行，单击"添加"按钮。

（4）在组件中单击上一步骤装配好螺母的右侧端面，如图 9 - 34 所示。

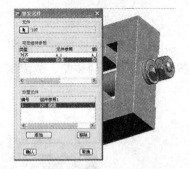

图 9 - 33   图 9 - 34

（5）单击"重复元件"对话框中的"确认"按钮，完成另一个螺母的装配。

8. 装配滑块

（1）单击右侧工具栏中的"将元件添加到组件"按钮 。系统弹出"打开"对话框。打开配书光盘"chap09\ chap09－01"文件夹中的"103.prt"模型文件,如图 9－35 所示。

（2）系统弹出"元件放置"操控面板,在"元件放置"操控面板上单击[自动]右边的三角按钮,选择"对齐"约束类型,分别选择如图 9－36 所示的箭头指示两零件的轴线作为参照。

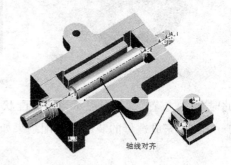

图 9－35

图 9－36

（3）单击"放置"面板中的"新建约束",在"约束类型"列表框中,选择"匹配"约束类型,"偏移"类型设为"重合"。分别选择如图 9－37 中箭头所示两零件端面作为参照。

（4）单击"放置"面板中的"新建约束",在"约束类型"列表框中,选择"匹配"约束类型,"偏移"类型设为"偏距",输入偏距值为 50。分别选择如图 9－38 中箭头所示虎钳底座内侧端面与滑块零件端面作为参照。

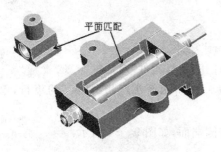

图 9－37

图 9－38

（5）此时"元件放置"操控板显示当前装配状态为完全约束状态,单击"元件放置"操控板中的✓按钮,完成滑块的装配。装配结果如图 9－39 所示。

图 9－39

9. 装配动掌

(1)单击右侧工具栏中的"将元件添加到组件"按钮 。系统弹出"打开"对话框。打开配书光盘"chap09\ chap09－01"文件夹中的"110.prt"模型文件,如图 9－40 所示。

(2)系统弹出"元件放置"操控面板,在"元件放置"操控面板上单击 自动 右边的三角按钮,选择"对齐"约束类型,分别选择如图 9－41 所示中箭头指示两零件的轴线作为参照。

(3)单击"放置"面板中的"新建约束",在"约束类型"列表框中,选择"对齐"约束类型,"偏移"类型设为"重合"。分别选择如图 9－41 中箭头所示两零件平面作为参照。

图 9－40

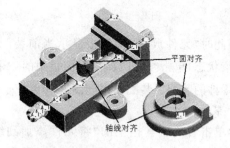

平面对齐

轴线对齐

图 9－41

(4)单击"放置"面板中的"新建约束",在"约束类型"列表框中,选择"匹配"约束类型。分别选择如图 9－42 中箭头所示两零件的平面作为参照,"偏移"类型设为"角度偏移",输入角度偏移值为 0。

(5)此时"元件放置"操控板显示当前装配状态为完全约束状态,单击"元件放置"操控板中的 按钮,完成动掌零件的装配。装配结果如图 9－43 所示。

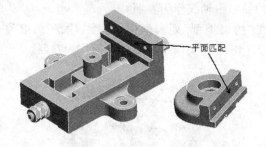

平面匹配

图 9－42

图 9－43

10. 装配螺钉

(1)单击右侧工具栏中的"将元件添加到组件"按钮 。系统弹出"打开"对话框。打开配书光盘"chap09\ chap09－01"文件夹中的"105.prt"模型文件,如图 9－44 所示。

(2)系统弹出"元件放置"操控面板,在"元件放置"操控面板上单击 自动 右边的三角按钮,选择"对齐"约束类型,分别选择如图 9－45 所示中箭头指示两零件的轴线作为参照。

(3)单击"放置"面板中的"新建约束",在"约束类型"列表框中,选择"对齐"约束类型,"偏移"类型设为"重合"。分别选择如图9-45中箭头所示两零件平面作为参照。

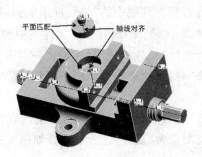

图 9-44

图 9-45

(4)此时"元件放置"操控板显示当前装配状态为完全约束状态,单击"元件放置"操控板中的 ✔ 按钮,完成螺钉零件的装配。装配结果如图9-46所示。

11. 装配钳口

(1)单击右侧工具栏中的"将元件添加到组件"按钮 。系统弹出"打开"对话框。打开配书光盘"chap09\ chap09-01"文件夹中的"104.prt"模型文件,如图9-47所示。

图 9-46

(2)系统弹出"元件放置"操控面板,在"元件放置"操控面板上单击 自动 ▾ 右边的三角按钮,选择"对齐"约束类型,分别选择如图9-48所示中箭头指示两零件的一组轴线作为参照。

(3)单击"放置"面板中的"新建约束",在"约束类型"列表框中,选择"对齐"约束类型,分别选择如图9-48中箭头所示两零件的另一组轴线作为参照。

(4)单击"放置"面板中的"新建约束",在"约束类型"列表框中,选择"对齐"约束类型,"偏移"类型设为"重合"。分别选择如图9-48中箭头所示两零件平面作为参照。

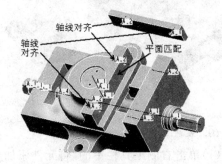

图 9-47

图 9-48

(5)此时"元件放置"操控板显示当前装配状态为完全约束状态,单击"元件放置"操控板中的 ✔ 按钮,完成钳口零件的装配。装配结果如图9-49所示。

12. 装配锥螺丝钉

(1)单击右侧工具栏中的"将元件添加到组件"按钮 。系统弹出"打开"对话框。打

开配书光盘"chap09 \ chap09 － 01"文件夹中的
"108. prt"模型文件,如图 9 - 50 所示。

（2）系统弹出"元件放置"操控面板,在"元件放置"
操控面板上单击 自动 ▾ 右边的三角按钮,选择"对齐"
约束类型,分别选择如图 9 - 51 所示中箭头指示两零件
的轴线作为参照。

（3）单击"放置"面板中的"新建约束",在"约束类
型"列表框中,选择"匹配"约束类型,"偏移"类型设为
"重合"。分别选择如图 9 - 51 中箭头所示两零件的端面作为参照。

图 9 - 49

图 9 - 50

图 9 - 51

（4）此时"元件放置"操控板显示当前装配状态为完
全约束状态。单击"元件放置"操控板中的 ✔ 按钮,完
成锥螺丝钉零件的装配。装配结果如图 9 - 52 所示。

13. 重复装配螺钉

（1）在模型树或绘图区选中刚装配的"108. prt"
零件。

（2）在菜单栏中选择"编辑"→"重复"命令,打开"重
复元件"对话框。

（3）在"可变组件参照"选项组中选择如图 9 - 53 所示箭头所指"对齐"约束行。单击
"添加"按钮。

（4）在组件中单击装配好的钳口零件下方的轴线,单击"重复元件"对话框中的"确
认"按钮。完成另一个螺钉的装配,如图 9 - 54 所示。

图 9 - 52

图 9 - 53

图 9 - 54

14. 装配另一侧的钳口和螺钉

同样的操作,完成另一侧的钳口和螺钉的装配,最好结果如图 9 - 55 所示。

15. 保存文件

单击工具栏中的保存文件按钮 □ ,完成当前
文件的保存。

9.4.3 组件装配设计实例二

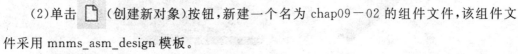

装配调节阀模型。具体操作步骤如下:

1. 建立新文件

(1)在菜单栏中执行"文件"→"设置工作目录"
图 9 - 55

命令,将工作目录设置到调节阀装配体的全部零件所在的文件夹"chap09 - 02"中。

(2)单击 □ (创建新对象)按钮,新建一个名为 chap09 - 02 的组件文件,该组件文件采用 mnms_asm_design 模板。

2. 装配轴类零件

(1)单击菜单"插入"→"元件"→"装配"命令,或单击右侧工具栏中的"将元件添加到组件"按钮 。系统弹出"打开"对话框。

(2)在"打开"对话框中选择配书光盘"chap09\ chap09 - 02"文件夹中的"1. prt"模型文件,如图 9 - 56 所示。

(3)系统弹出"元件放置"操控面板,在"元件放置"操控面板上单击[自动]右边的三角按钮,选择"缺省"选项。

(4)单击"元件放置"操控板中的 ✔ 按钮,完成挡油圈键的装配。如图 9 - 57 所示。

图 9 - 56

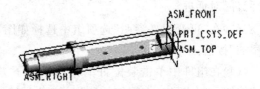

图 9 - 57

3. 装配阀片

(1)单击右侧工具栏中的"将元件添加到组件"按钮 。系统弹出"打开"对话框。打开配书光盘"chap09\ chap09 - 01"文件夹中的"2. prt"模型文件,如图 9 - 58 所示。

(2)系统弹出"元件放置"操控面板,在"元件放置"操控面板上单击[自动]右边的三角按钮,选择"匹配"约束类型。而"偏移"类型为"重合"。

(3)如图 9 - 59 中箭头所示,分别选择轴类零件端面与阀片端面。

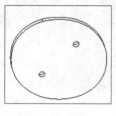

图 9-58

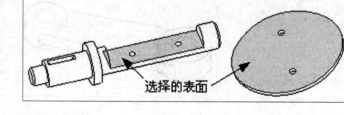

图 9-59

　　(4)单击"放置"面板中的"新建约束",在"约束类型"列表框中,选择"对齐"约束类型,而"偏移"类型为"重合"。分别选择如图 9-60 所示中箭头指示两零件的轴线作为参照。

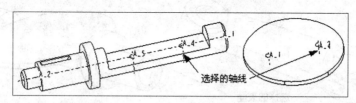

图 9-60

　　(5)再次单击"放置"面板中的"新建约束",在"约束类型"列表框中,选择"对齐"约束类型,而"偏移"类型为"重合"。分别选择如图 9-61 所示中箭头指示两零件的轴线作为参照。

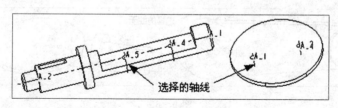

图 9-61

　　(6)此时"元件放置"操控板显示当前装配状态为完全约束状态,如图 9-62 所示。

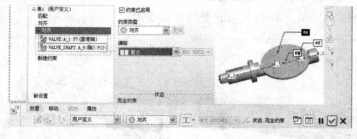

图 9-62

　　(7)单击"元件放置"操控板中的 ✔ 按钮,完成阀片的装配。

　　4. 装配曲柄零件

　　(1)单击右侧工具栏中的"将元件添加到组件"按钮 🔧 。系统弹出"打开"对话框。打开配书光盘"chap09\ chap09-02"文件夹中的"3.prt"模型文件,如图 9-63 所示。

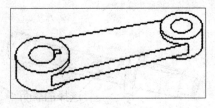

图 9 - 63

（2）系统弹出"元件放置"操控面板，在"元件放置"操控面板上单击 自动 右边的三角按钮，选择"对齐"约束类型，而"偏移"类型为"重合"。如图 9 - 64 中箭头所示，分别选择曲柄零件端面与轴类零件端面。

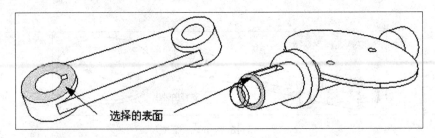

图 9 - 64

（3）单击"放置"面板中的"新建约束"，在"约束类型"列表框中，选择"插入"约束类型。分别选择如图 9 - 65 所示中箭头指示两零件的曲面作为参照。

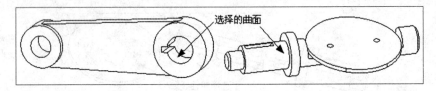

图 9 - 65

（4）再次单击"放置"面板中的"新建约束"，在"约束类型"列表框中，选择"对齐"约束类型，而"偏移"类型为"重合"。分别选择如图 9 - 66 所示中箭头指示曲柄零件的 RIGHT 基准平面和组件的 ASM_RIGHT 基准平面作为参照。

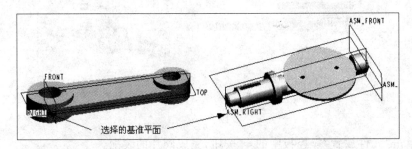

图 9 - 66

（5）此时"元件放置"操控板显示当前装配状态为完全约束状态，如图 9 - 67 所示。

（6）单击"元件放置"操控板中的 ✓ 按钮，完成曲柄零件的装配。

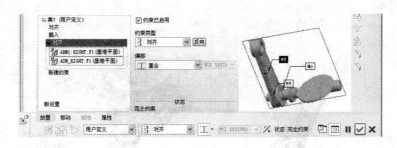

图 9 - 67

5. 装配泵体零件

(1)单击右侧工具栏中的"将元件添加到组件"按钮 ，系统弹出"打开"对话框。打开配书光盘"chap09\ chap09－02"文件夹中的"4.prt"模型文件，如图 9 - 68 所示。

(2)系统弹出"元件放置"操控面板，在"元件放置"操控面板上单击 自动 右边的三角按钮，选择"匹配"约束类型，而"偏移"类型为"重合"。分别选择如图 9 - 69 所示中箭头指示两零件的表面作为参照。

图 9 - 68

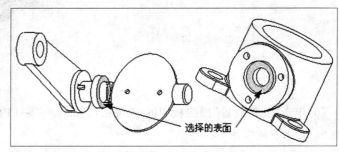

选择的表面

图 9 - 69

(3)单击"放置"面板中的"新建约束"，在"约束类型"列表框中，选择"对齐"约束类型，而"偏移"类型为"重合"。分别选择如图 9 - 70 所示中箭头指示两零件的轴线作为参照。

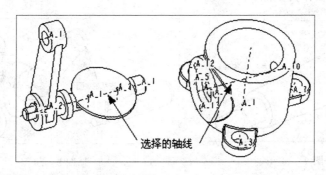

选择的轴线

图 9 - 70

(4)再次单击"放置"面板中的"新建约束"，在"约束类型"列表框中，选择"匹配"约束类型，而"偏移"类型为"重合"。分别选择如图 9 - 71 所示中箭头指示油缸零件的 DTM7基准平面和组件的 ASM_TOP 基准平面作为参照。

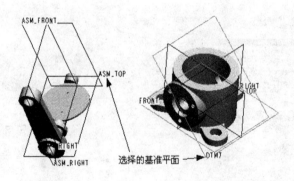

图 9-71

(5)此时"元件放置"操控板显示当前装配状态为完全约束状态,如图 9-72 所示。

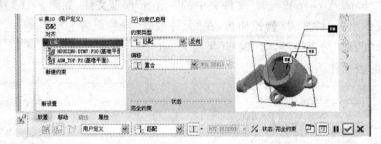

图 9-72

(6)单击"元件放置"操控板中的 ✔ 按钮,完成泵体零件的装配。

6. 装配手柄零件

(1)单击右侧工具栏中的"将元件添加到组件"按钮 ⚙。系统弹出"打开"对话框。打开配书光盘"chap09\ chap09-02"文件夹中的"5. prt"模型文件,如图 9-73 所示。

(2)系统弹出"元件放置"操控面板,在"元件放置"操控面板上单击 自动 右边的三角按钮,选择"匹配"约束类型,而"偏移"类型为"重合"。分别选择如图 9-74 所示中箭头指示两零件的表面作为参照。

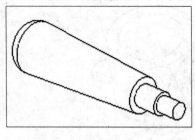

图 9-73

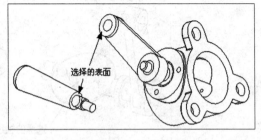

图 9-74

(3)单击"放置"面板中的"新建约束",在"约束类型"列表框中,选择"对齐"约束类型,而"偏移"类型为"重合"。分别选择如图 9-75 所示中箭头指示两零件的轴线作为参照。

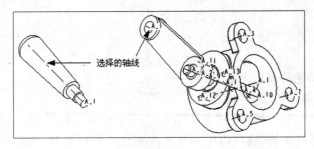

图 9 - 75

（4）此时"元件放置"操控板显示当前装配状态为完全约束状态，如图 9 - 76 所示。

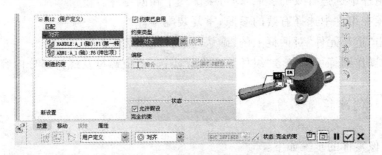

图 9 - 76

（5）单击"元件放置"操控板中的 ✔ 按钮，完成手柄零件的装配。

（6）装配结果如图 9 - 77 所示。

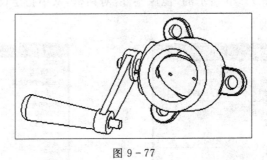

图 9 - 77

7. 保存文件

单击工具栏中的保存文件按钮 🖫 ，完成当前文件的保存。

9.5 装配相同零件

对于一些相同零件的装配，若按照常规的方法一个一个地装配，则会耗费大量的设计时间，大大降低模型装配的效率。在这种情况下，可以利用系统提供的"重复"功能、"阵列"功能或者创建"镜像"零件功能，来达到快速地装配这些相同零件的效果。下面将介绍"重复"元件和创建"镜像"零件这两种方法。

9.5.1 "重复"元件

执行"重复"功能的方法介绍如下：

(1)选择装配体中的源零件。

(2)在菜单栏中,选择"编辑"→"重复"命令,打开如图9-33所示的"重复元件"对话框。

(3)在"可变组件参照"选项组中选择允许变化的参照类型,然后在"放置元件"选项组中单击"添加"按钮。

(4)在组件中选择有效的参照,即可装配一个相同零件。

(5)继续在组件中选择有效的参照,重复装配零件。

(6)单击"重复元件"对话框上的"确认"按钮,完成装配。

具体的操作训练可以参考"组件装配设计实例一"中螺母及螺钉部分内容。

9.5.2 创建镜像零件

创建镜像零件的步骤如下：

(1)单击  (在组件模式下创建元件)按钮,打开"元件创建"对话框。

(2)指定元件类型为"零件",子类型为"镜像",输入元件名,如图9-78所示。单击"确定"按钮。

(3)系统弹出如图9-79所示的"镜像零件"对话框,从中指定镜像类型选项和从属关系控制选项。

图9-78   图9-79

(4)选择零件参照。

(5)选择平面参照定义镜像平面。

(6)单击"镜像零件"对话框中的"确定"按钮。

9.5.3 创建镜像元件装配实例

1. 打开组件模型

(1)在菜单栏中执行"文件"→"设置工作目录"命令,将工作目录设置到装配体的全部零件所在的文件夹"chap09\ chap09—03"中。

（2）打开随书光盘"chap09\ chap09—03"文件夹内的 chap09—03.asm 文件，该文件中已经存在的组件模型如图 9-80 所示。

2. 镜像装配零件

（1）单击 （在组件模式下创建元件）按钮，打开"元件创建"对话框。

（2）在"类型"选项组中选中"零件"单选按钮，在"子类型"选项组中选中"镜像"单选按钮，输入元件名为"3"，单击"确定"按钮。

（3）接受"镜像零件"对话框上的默认选项。

（4）选择"2.prt"零件作为零件参照。选择 ASM_RIGHT 基准平面作为镜像平面参照。

（5）单击"镜像零件"对话框中的"确定"按钮，完成的组件如图 9-81 所示。

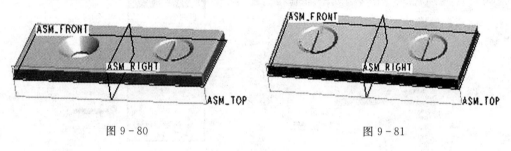

图 9-80   图 9-81

3. 保存文件

单击工具栏中的保存文件按钮 ，完成当前文件的保存。

9.6 组件分解

为了查看某个组件（装配体）中各个零件的相对位置关系，或表达组件的装配过程及组件的构成，在 Pro/E 中可以将组件分解（explode）。实际上组件分解就是将装配体中的各零部件沿着某一视图平面或直线或坐标系进行移动或旋转操作，使各个零件从装配体中分离出来。

组件分解分为系统默认分解和设计者自定义分解两种。

1. 系统默认分解

系统默认分解就是 Pro/E 软件系统根据组件的装配中使用的约束情况自行分解形成的组件分解图（亦称爆炸图）。要观察默认的组件分解图，可在菜单栏中执行"视图"→"分解"→"分解视图"命令，但是默认的分解视图通常无法贴切地表达各元件的相对位置关系。因此，通常情况下都由设计者自行定义装配体的分解状态，形成所需要的爆炸图。

2. 自定义分解

自定义分解就是由设计者根据所需表达的意图，在某一视图平面、某一特定位置的边线、坐标系的轴等作为参照对装配体中间的各元件进行移动或旋转操作，然后定义其位置而形成的分解。自定义分解可以充分展现装配元件在装配体中间的具体位置和约束关系,使设计者能够充分表达自己的设计意图,是应用较多的分解方法。

9.6.1　建立组件分解视图

1. 在组件模式下,建立分解视图的典型方法

(1)打开已有的组件模型,在如图9-82所示菜单栏中,选择"视图"→"分解"→"分解视图"命令。此时,得到的是由系统默认的分解位置显示分解图,该爆炸视图往往显得零乱,需要调整相关零件的位置。

(2)选择"视图"→"分解"→"编辑位置"命令,打开如图9-83所示的"分解位置"对话框。

图 9-82

图 9-83

(3)利用"分解位置"对话框,选择移动参照,再选择零件并结合鼠标拖动的方式,调整各零件的放置位置。

2."分解位置"对话框中各功能选项的意义

(1)"选取的元件"收集器:主要用来收集选取元件的信息。单击左边的按钮,就可以激活元件选取,同时选取的元件显示于右边的收集器中。

(2)"运动类型"选项区:主要用来选择运动类型选项,各选项的含义如图9-69解释所示。"平移"选项是系统的默认选项,即直接用鼠标拖动元件移到适当的位置。

(3)"运动参照"下拉列表框:主要用于设置运动参照。单击 图元/边 右边的三角按钮,下拉列表框中显示6个选项,如图9-83所示。

① 视图平面:即在视图平面上任意移动元件,也可定位在视图平面的任意位置。视图平面就是屏幕平面。此项移动实质上为三维移动。

② 选取平面:即在模型上的表面平面或基准平面上移动元件,移动的元件只能定位在此平面上或在平面的延伸位置上。此为二维移动。

③ 图元/边:即在选定的图元或边上移动元件,元件的位置只能定在图元/边或它们的延长线上。此为一维移动。

④ 平面法向:即在选定平面的垂直方向移动元件,元件的位置也只能定在选定平面的垂直线上。此为一维移动。

⑤ 2点:即在选定的两点之间移动元件。元件也只定位于两点之间。

⑥ 坐标系：即在选定的坐标系的某一坐标轴上移动元件,元件只能定位于选定的坐标轴上。

(4)"运动增量"下拉列表框：主要用于定义移动的步幅。

(5)"位置"显示：用于显示移动位置的数值。

(6). 撤消：撤销上次的操作。

(7). 重做：恢复上次撤销的操作。

(8). 优先选项：过滤选取移动选项。单击该按钮,弹出"优先选项"对话框。

9.6.2　创建分解视图实例

1. 打开组件模型

(1)在菜单栏中执行"文件"→"设置工作目录"命令,将工作目录设置到装配体的全部零件所在的文件夹"chap09\ chap09－04"中。

(2)打开随书光盘"chap09\ chap09－04"文件夹内的 chap09－04. asm 文件,该文件中已经存在的组件模型如图 9－84 所示。

2. 使模型处于分解状态

选择菜单中"视图"→"分解"→"分解视图"命令。得到的是由系统默认的分解位置显示分解图,如图 9－85 所示。

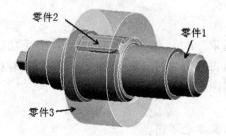

图 9－84

图 9－85

3. 创建新的分解视图并调整零件位置

(1)选择菜单中"视图"→"视图管理器"命令,打开"视图管理器"对话框。单击"分解"选项,再单击"新建"按钮,系统自动命名新的分解视图名称为"Exp0001",按回车键,完成新的分解视图的创建。

(2)选择菜单中"视图"→"分解"→"编辑位置"命令,打开"分解位置"对话框。

(3)在"运动参照"下拉列表框中选择"图元/边"选项。选择零件 1 的特征轴"A_1"作为零件移动的参照,然后选择零件 3,拖动光标将零件 3 移动到适当位置。在"运动参照"下拉列表框中选择"平面法向"选项。选择零件 2 即键的上平面作为零件移动的参照,然后选择零件 2,拖动光标将零件 2 移动到适当位置,如图 9－86 所示。

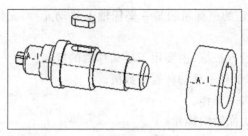

图 9 - 86

(4)单击"确定"按钮,完成分解图的建立。

9.6.3　建立偏距线

偏距线是用于表达各个元件之间相对关系的标示,它能增加图面的易读性,使元件之间的关系更加清晰地显示在使用者面前。

下面沿用上例创建分解视图的偏距线,具体操作步骤如下。

4. 具体操作步骤

(1)执行"视图"→"分解"→"偏距线"命令。

"偏距线"各子命令含义如下。

① "创建":创建偏距线。

② "修改":修改偏距线。

③ "删除":删除选取的偏距线。

(2)选择"创建"子命令,系统弹出"图元选取"菜单,如图 9 - 87 所示。接受默认的"轴"选项,选取零件 1 特征轴"A_1"的右端点,再选取零件 3 特征轴"A_1"的左端点,创建一条偏距线,系统显示两轴线之间的关系,如图 9 - 88 所示。

提示:

选取点的位置很重要,位置不同,偏距线的显示也不同。

图 9 - 87

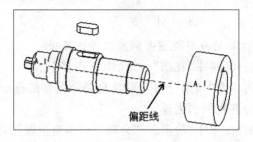

图 9 - 88

(3)在"图元选取"菜单中选择"曲面法向"选项,选取零件 1 的键槽底平面,再选取零件 2 键的底平面,创建一条偏距线,系统显示两轴线之间的关系,如图 9 - 89 所示,完成组件分解图偏距线的创建。

5. 保存分解状态及保存文件

(1)选择菜单中"视图"→"视图管理器"命令,打开"视图管理器"对话框。单击"分解"选项,再单击"编辑"下拉菜单中的"保存"命令,如图 9 - 90 所示,在弹出的"保存显示元素"对话框中单击"确定"按钮,完成分解状态的保存。

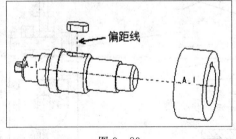

图 9 - 89

图 9 - 90

(2)单击工具栏中的保存文件按钮 ▢ ,完成当前文件的保存。

思考与练习

一、思考题

1. 简述匹配约束与对齐约束有什么不同,并举例进行对比。

2. 举例说明"允许假设"的含义。

3. 装配相同零件主要有哪几种方法? 简述各种方法的一般操作步骤。

4. 装配完成后,进行文件保存时"保存副本"与"备份"的区别是什么? 分别适于在什么情况下使用?

5. 完全约束、部分约束与约束冲突之间有何差异? 哪些是允许的? 哪些是不允许的?

6. 如何创建分解视图? 如何建立偏距线?

7. 在组件模式下可以创建新元件吗? 如何操作?

二、上机练习题

1. 打开随书光盘"chap09\chap09—05"文件夹内的零件,将零件装配成如图 9 - 91 所示的组件。

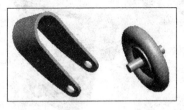

图 9 - 91

2. 打开随书光盘"chap09\ chap09—06"文件夹内的手压阀相关零件,按如图 9 - 92 所示提供的装配图,将零件装配成如图 9 - 93 所示的组件和建立分解图并创建偏距线。

手压阀的工作原理:

手压阀是吸进或排出液体的一种手动阀门。当握住手柄向下压紧阀杆时,弹簧因受力压缩使阀杆向下移动,液体入口与出口相通;手柄向上抬起时,由于弹簧弹力作用,阀杆向上移动,压紧阀体,使液体入口与出口不通。

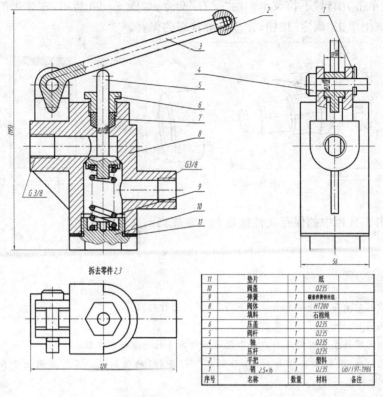

拆去零件2,3

序号	名称	数量	材料	备注
11	垫片	1	纸	
10	阀盖	1	Q235	
9	弹簧	1	碳素弹簧钢丝组	
8	阀体	1	HT200	
7	填料	1	石棉绳	
6	压盖	1	Q235	
5	阀杆	1	Q235	
4	轴	1	Q235	
3	压杆	1	Q235	
2	手把	1	塑料	
1	销 2.5×16	1	Q235	GB/197-1986
序号	名称	数量	材料	备注

图 9 - 92

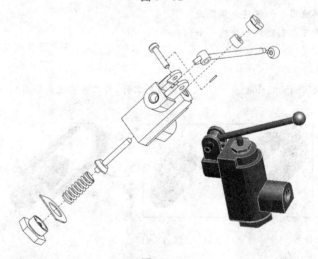

图 9 - 93

第 10 章　工　程　图

在产品设计流程中,为了设计细节和制造施工,需要更为清楚的方式表达产品模型各个视角及其内部构造。则需要生成平面工程图。所建立的工程图与原有的三维零件模型具有尺寸相关性,且 2D 工程图具有 3D 产品图所无法取代的优越性:3D 立体图无法像 2D 工程图一样,完整地标上加工时需要的各种尺寸精度和符号等,很多出现于复杂零件中的凹孔或斜槽,并不是单向立体图所能清楚表示的,但通过 2D 工程图,就能补其不足。工程图的设计国外和我国的要求不尽相同,因此设置好工程图的配置文件,对工程图的绘制可以事半功倍。

10.1　工程图环境简介

在菜单栏中选择菜单命令"文件"→"新建"或直接单击工具栏中的新建按钮 📄 ,系统会打开如图 10-1 所示的"新建"对话框,在类型栏中选择"绘图",输入文件名(系统默认的文件名为 drw0001)。单击"确定"按钮,系统打开"新制图"对话框,如图 10-2 所示。

图 10-1　　　　　　　　　　图 10-2

在"缺省模型"栏中左键单击"浏览"按钮,选取要创建工程图的三维模型。如果是为当前已经打开的模型创建工程图,则不需要此步骤。根据零件大小或设计要求选择图纸大小及图纸的放置方向(横向或坚向),我国常用的是 A0 至 A4 的图纸,左键单击"确定"按钮,系统会进入如图 10-3 所示的工程图环境。

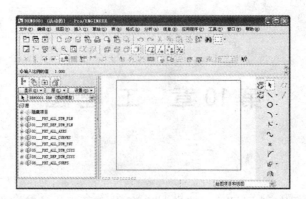

图 10-3

10.2 工程图设置

工程图的设置主要是 config.pro 文件中的选项和工程图参数文件 .dtl 的设置。由于国内国外的标准存在差异,故在绘图之前,要对 config.pro 文件和工程图文件 .dtl 文件进行修改,以满足我国制图标注的需要。

工程图参数是以 .dtl 文件控制工程图变量的。在 Pro/E 4.0 中,config.pro 的一些配置选项会影响工程图的环境,其中最重要的选项是:drawing_setup_file 和 filename.dtl。它用来指定 .dtl 文件的位置,生成工程图文件时,系统将按它规定的设置调入。

下面分别介绍它们的配置方法。

10.2.1 设置工程图参数文件 .dtl

在 Pro/E 工程图环境下,选择菜单命令"文件"→"属性",系统会显示出"文件属性"菜单管理器,如图 10-4 所示。

从菜单管理器中选取"绘图选项"命令,系统会显示出"选项"对话框,如图 10-5 所示。

图 10-4

图 10-5

有两种方法可以设置工程图参数文件 .dtl：一种是调用制图标准文件；另一种是在工程图环境中直接对默认的标准进行修改。

1. 调用制图标准

在 Pro/E 的安装目录下有一个 text 文件夹，其中存放有多个制图标准文件，默认的是 prodetail.dtl 文件，其视图采用第三角投影，采用 ANSI 标准。我国机械制图采用的是 ISO 标准，视图采用第一角投影。因此，可以选用 iso.dtl 文件。从绘图"选项"对话框中左键单击"打开配置文件"命令图标 ，系统会显示如图 10 - 6 所示的"打开"窗口，在这里可以导入 text 文件夹下的 iso.dtl 文件。

选中 iso.dtl 文件，并左键单击窗口左下角的"打开"按钮后，系统会显示如图 10 - 7 所示的"选项"窗口。

图 10 - 6　　　　　　　　　　　　　　　图 10 - 7

左键单击窗口右下角的"应用"按钮，然后左键单击窗口上方的命令图标 ，这样可以保存副本为"D：\proe 4.0\ gb.dtl"，退出绘图环境。

2. 修改当前绘图标准

另一种方法是在如图 10 - 7 所示的"选项"对话框中直接修改相关选项。例如 Pro/E 的默认绘图单位是英寸，需要把它设置为毫米。如图 10 - 8 所示，在"选项"窗口中的左侧栏中选择 drawing_units 项，可以从右侧栏中看到其值为 inch，默认为 inch，状态是启用状态。在窗口底部的"值"下拉列表中选取 mm，这时"添加/更改"按钮会变可用，因为修改后的选项状态发生了变化。左键单击"添加/更改"按钮，继续按表图 10 - 1 所示参数设置其他选项。修改了需要的所有选项后，左键单击"选项"窗口右下角的"应用"按钮，再左键单击窗口顶部的命令图标 以保存文件，并将文件命名为 gb.dtl，保存在指定的路径：D：\proe 4.0\ gb.dtl 。

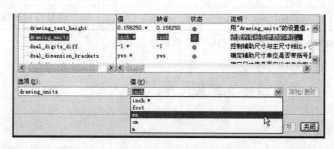

图 10 - 8

表 10 - 1　与工程图参数设置相关选项

	选　项	参考值	说　明
更改尺寸 文字选项	drawing_text_height	3.5	设置尺寸文字的高度
	text_thickness	0.35	设置文字的厚度
	text_width_factor	0.85	设置文字宽度和高度的比值
更改视图参数	broken_view_offset	5	设置破断视图的偏移距离
	def_view_text_height	3.5	设置视图注释文字高度
	half_view_line	symmetry_iso	设置半剖视图的线型
	projection_type	first_angle	设置投影视角为第一视角
更改截面及 箭头参数	crossec_arrow_length	5	设置截面箭头的长度
	crossec_arrow_style	tail_online	设置截面箭头的显示形式
	crossec_arrow_width	2	设置截面箭头的宽度
更改视图中的 实体显示参数	hidden_tangent_edges	erased	删除隐藏的相切边
	thread_standard	std_iso	设置"std_iso"标准来显示螺纹
更改尺寸 标注参数	clip_dim_arrow_style	arrowhead	设置尺寸箭头形式为箭头"arrowhead"
	text_orientation	parallel diam horiz	设置尺寸文本平行于尺寸线放置
	witness_line_delta	3	设置尺寸界线的延伸量
	witness_line_offset	1	设置尺寸界线的偏移量
更改尺寸 箭头参数	draw_arrow_length	3.5	设置尺寸箭头的长度
	draw_arrow_style	filled	设置尺寸箭头的形式为实心箭头
	draw_arrow_width	1.5	设置尺寸箭头的宽度
更改中心 轴线参数	axis_line_offset	3	设置轴线超出轮廓线的长度
	circle_axis_offset	3	设置轴线超出圆轮廓线的长度
	radial_pattern_axis_circle	yes	设置显示阵列特征的定位中心
更改杂项参数	drawing_units	mm	设置绘图单位
	max_balloon_radius	3	设置球标的最大允许半径
	min_balloon_radius	2	设置球标的最小允许半径

注：更多的工程图配置参数请参照 Pro/E 自带的帮助文件。

10.2.2　装入工程图标准配置文件

1. 创建文件夹

在电脑磁盘下新建一个文件夹用来保存 config. pro 文件和工程图参数文件 . dtl。例如"D:\proe 4.0"。

2. 设置 config. pro 配置文件

(1)在 Pro/E 菜单栏中执行"工具"→"选项"命令,系统弹出"选项"对话框。取消"仅显示从文件加载的选项"复选框的勾选,在对话框中的"选项"文本框中输入"drawing_setup_file"字符,单击"值"文本框的空白处,激活"浏览"按钮,如图 10-9 所示。

(2)单击"浏览"按钮,系统弹出"选择文件"对话框,找到"D:\proe 4.0"文件夹内的 gb. dtl 文件,如图 10-10 所示。

图 10-9

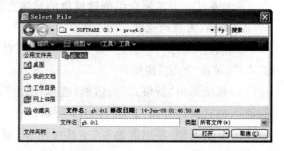

图 10-10

(3)单击"打开"按钮,"选项"对话框显示如图 10-11 所示。单击"添加/更改"按钮,将选项值加载。

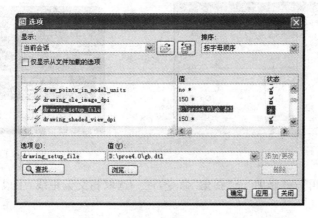

图 10-11

3. 保存更改后的配置文件

单击"选项"对话框的保存按钮 ,将修改后的 config. pro 文件保存到"D:\proe 4.0"目录下。

10.2.3 更改启动目录

右键单击桌面上的 PRO/E 的启动图标,在弹出的菜单中选择"属性"选项,弹出"属性"对话框,在该对话框的"起始位置"栏内将启动目录改为:"D:\ proe 4.0"(起始位置(S): D:\proe4.0)。这样,在每次启动 PRO/E 时,系统将自动加载该目录中的 config. pro 文件和工程图参数文件 gb. dtl 。

10.3　创建工程图模板

工程图模板是设计者绘制工程图的固定格式，由图框和表格组成，是工程图中反映有关信息的载体。利用模板创建设计者习惯的图框格式，有利于提高效率。

下面通过一个实例介绍创建模板的具体方法。具体操作步骤如下：

1. 图幅、图框的设定

（1）执行"文件"→"新建"命令，在"新建"对话框"类型"中选择"格式"选项。输入名称"A4"，单击"确定"按钮。

（2）系统弹出"新格式"对话框，选择"横向"，选择"标准大小"为"A4"，单击"确定"按钮，进入格式设计界面，如图 10－12 所示。

（3）单击右侧"使用边偏移"工具按钮 ，系统弹出"偏距操作"菜单，如图 10－13 所示。选择"单一图元"选项，选取右侧边，输入偏距值为"－5"，选取上侧边，输入偏距值为"5"，选取左侧边，输入偏距值为"25"，单击下侧边，输入偏距值为"－5"，单击中键，完成偏距，如图 10－14 所示。

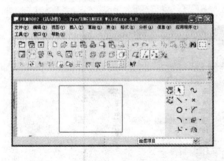

图 10－12

图 10－13

（4）执行"编辑"→"修剪"→"拐角"命令，逐一选取相交偏距线，生成图框如图 10－15 所示。

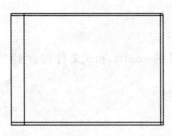

图 10－14

图 10－15

2. 创建标题栏

（1）执行"表"→"插入"→"表"命令，系统弹出"创建表"菜单，如图 10－16 所示。在菜单中选择"升序"→"左对齐"→"按长度"→"顶点"选项，信息栏提示"确定表的右下角"，单击图框的右下角的顶点，信息栏提示⇨用绘图单位（毫米）输入第一列的宽度[退出]，在文本框中输入"30"，按回车键，依次输入"20"、"15"、"15"、"20"、"25"、"15"，按两次回车键。信息栏提示⇨用绘图单位（毫米）输入第一行的高度[退出]，输入"8"，按回车键，再依次输入"8"、"8"、"8"、"8"、"8"、"8"，按两次回车键，完成输入。表格绘制完成，如图 10-17 所示。

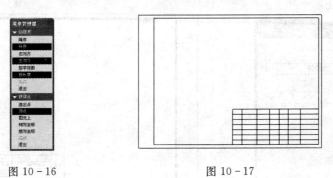

图 10-16　　　　　　　　　　　　　　　图 10-17

　　（2）执行"表"→"合并单元格"命令，系统弹出"表合并"菜单，如图 10-18 所示，接受系统默认的"行 & 列"选项，选取要合并的单元格进行合并，合并后效果如图 10-19 所示。

　　　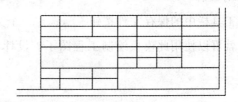

图 10-18　　　　　　　　　　　　　　　图 10-19

　　（3）双击标题栏中需要注释的单元格，系统自动弹出"注释属性"对话框。在其"文本"中先后输入如下字符"XX 职业技术学院"、"制图"、"审核"、"日期"、"材料"、"比例"、"图号"、"序号"、"材料名称"、"数量"、"备注"等字符。注意每输入完一段字符，要执行一次系统命令。

　　（4）然后窗选所有创建的注释，右击弹出快捷菜单，执行"文本样式"命令，如图 10-20 所示。系统弹出"文本样式"对话框，在此对话框中设置字体为 font，字体高度为 6，放置位置水平居中，如图 10-21 所示。单击"确定"按钮，表格如图 10-22 所示。

　　　　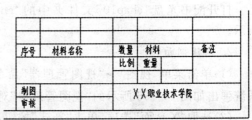

图 10-20　　　　　　　图 10-21　　　　　　　图 10-22

3. 加粗图框

按着 Ctrl 键,在视图中选取图框的四条边,单击右键,在快捷菜单选取"线型"选项,弹出的"修改线体"对话框,在"属性"栏中将宽度值改为 2,如图 10-23 所示。单击"修改线体"对话框的"应用"按钮,工程图模板如图 10-24 所示

图 10-23

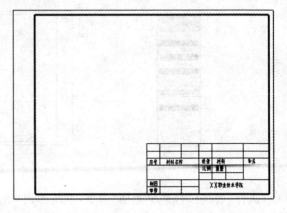

图 10-24

4. 保存文件

单击工具栏中的保存文件按钮 ,选定一个文件夹,完成当前文件的保存。

以后就可以使用此模板绘制工程图了。设计者还可以根据自己的需要设计更多的模板。

10.4　图形的创建、尺寸标注及技术要求的标注和编写

下面用一个简单的实例来跟大家讲解工程图图形的创建、尺寸标注及技术要求的标注和编写。

10.4.1　实体零件的创建和处理

1. 打开模型文件

打开配书光盘"chap10"文件夹中的"chap 图 10-01.prt"模型文件,如图 10-25 所示。

2. 创建剖面

(1)单击菜单"视图"→"视图管理器"命令或在工具栏中单击"视图管理器"按钮 ,系统弹出如图 10-26 所示的"视图管理器"对话框。

(2)选取"X 截面"选项,单击"新建"按钮,输入剖面名称为"A",如图 10-27 所示,按回车键弹出如图 10-28 所示"剖截面创建"菜单,接受"剖截面创建"菜单中"平面"→"单一"选项,然后单击"完成"命令。

（3）选取 FRONT 基准平面作为剖截平面，创建的 A 剖截面如图 10－28 所示。

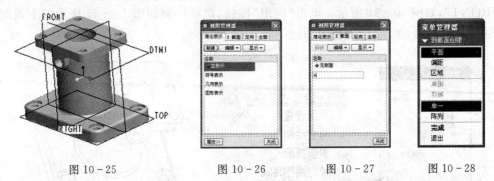

图 10－25　　　　　图 10－26　　　　图 10－27　　　　图 10－28

（4）用相同的方法创建剖截面 B（如图 10－29 所示）、剖截面 C（图 10－30 所示）。注意：创建剖截面 B 时选取 DTM1 基准平面作为剖截平面，创建剖截面 C 时选取 RIGHT基准平面作为剖截平面。

图 10－28　　　　　图 10－29　　　　　图 10－30

3．工程图设计界面的进入

（1）单击工具栏中的新建按钮 ▢ ，系统打开"新建"对话框，在类型栏中选择"绘图"，输入文件名"chap10－01"。单击"确定"按钮，系统打开"新制图"对话框。

（2）在"新制图"对话框中确定"缺省模型"栏中要创建工程图的三维模型为"chap10－01．prt"。"指定模板"栏中选择"格式为空"选项，单击格式样右侧的"浏览"按钮，在打开窗口中调入配盘文件夹"chap10"内的"a3．frm"标准图纸，回到"新制图"对话框，如图10－31 所示。

（3）单击"新制图"对话框的"确定"按钮，进入绘图设计界面，界面内 A3 标准图纸已调入。

提示：

在创建视图之前，请进行工程图配置文件的设置。

4．创建主视图

（1）选择菜单命令"插入"→"绘图视图"→"一般"，或者在主绘图区空白处长按右键，在弹出的快捷菜单中选取"插入普通视图"命令，如图 10－32 所示。

（2）系统提示选择放置视图的位置，在图纸的左上角单击，确定放置位置，生成如图10－33 所示图形。系统此时弹出如图 10－34 所示"绘图视图"对话框，在对话框中"视图方向"栏内有三种定向方法。

（3）接受系统默认的"查看来自模型的名称"选项，在模型视图名中双击选取"FRONT"，如图 10-34 所示。单击"应用"按钮，即可得到如图 10-35 所示的主视图。单击"关闭"按钮，关闭"绘图视图"对话框。

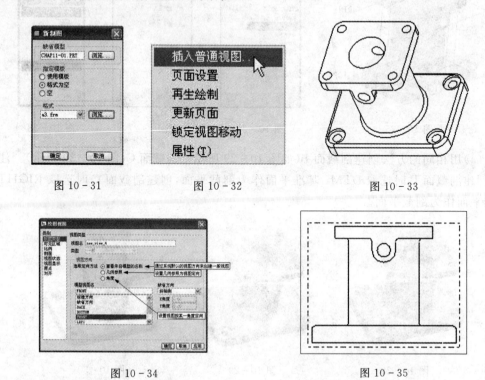

图 10-31　　　　　　　图 10-32　　　　　　　图 10-33

图 10-34　　　　　　　　　　　　　图 10-35

提示：

亦可通过"几何参照"选项来创建如图 10-35 所示的主视图，步骤如下：

在"视图方向"选取"几何参照"选项，在"参照 1"栏中接受参照位置为"前面"，选取零件的 FRONT 基准平面作为参照 1；在"参照 2"栏中选择参照位置为"顶"，选取零件的 TOP 基准平面作为参照 2。如图 10-36 所示，单击"绘图视图"对话框中的"应用"按钮，即可得到如图 10-35 所示的主视图。单击"关闭"按钮，关闭"绘图视图"对话框。

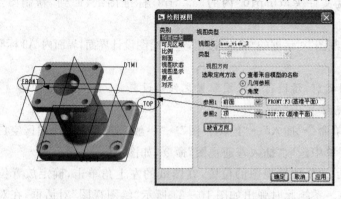

图 10-36

5. 编辑主视图

(1)更改比例:双击刚创建的主视图,系统再次弹出"绘图视图"对话框,在"类别"栏中选取"比例"选项,系统默认比例为 1:1,如图 10-37 所示。(如需要更改,可选"定制比例",再输入比例值)

(2)消隐不可见轮廓线:选择"绘图视图"对话框中"类别"栏中的"视图显示"选项,在"显示线型"栏中选择"无隐藏线",在"相切边显示样式"栏中选择"无",如图 10-38 所示。单击对话框的"应用"按钮。

图 10-37

图 10-38

(3)将主视图改为半剖视图:选择"绘图视图"对话框中"类别"栏中的"剖面"选项,在"剖面选项"栏中选取"2D 截面"选项,点击窗口中的 ＋(将横截面添加到视图)按钮,在其下面的"名称"栏内弹出如图 10-39 所示的选项,内部包含前面步骤创建的 A、B、C 三个剖截面。

图 10-39

(4)在"名称"栏内选取截面"A","剖切区域"栏内设定为"一半"(即创建半剖视图)。"参照"栏内选取 RIGHT 基准平面作为剖与不剖的分界面,如图 10-40 所示。在 RIGHT 面边上出现小箭头,箭头所指方向为剖切部分,选取 RIGHT 基准平面的右侧,定义 RIGHT 基准平面右侧为剖视,单击"应用"按钮,得到如图 10-41 所示的半剖主视图。单击"关闭"按钮,关闭"绘图视图"对话框。

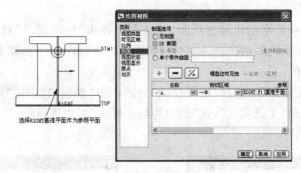

图 10 - 40

6. 生成俯视图和左视图

(1)选取主视图,单击右键,弹出如图 10 - 42 所示的快捷菜单,选取"插入投影视图"命令,在主视图下方适当位置点击一点,作为俯视图的放置位置。

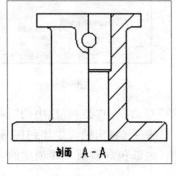

图 10 - 41

图 10 - 42

(2)同样的方法,在主视图右边适当位置点击一点,作为左视图的放置位置,生成图形如图 10 - 43 所示。

提示:

生成俯视图和左视图时,参照上一步骤对视图进行"消隐不可见轮廓线"的操作。

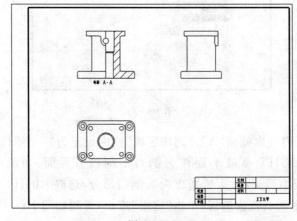

图 10 - 43

7. 编辑俯视图

(1)双击俯视图,系统弹出"绘图视图"对话框。选择"绘图视图"对话框中"类别"栏中的"剖面"选项,在"剖面选项"栏中选取"2D 截面"选项。

(2)点击窗口中的 ✦(将横截面添加到视图)按钮,在其下面的"名称"栏内选取截面"B","剖切区域"栏内设定为"一半"(即创建半剖视图)。"参照"栏内选取 FRONT 基准平面作为剖与不剖的分界面。在 FRONT 面边上出现小箭头,箭头所指方向为剖切部分,选取 FRONT 基准平面的下方,定义 FRONT 基准平面下方为剖视,单击"应用"按钮,得到如图 10‑44 所示的半剖俯视图。单击"关闭"按钮,关闭"绘图视图"对话框。

(3)添加剖面箭头(给截面 B 注释剖切位置):选取俯视图,单击右键,在弹出的快捷菜单中,选取"添加箭头"命令,如图 10‑45 所示。系统提示:给箭头选出一个截面在其处垂直的视图。选取主视图作为剖面箭头的放置视图,创建的剖面箭头如图 10‑46 所示。

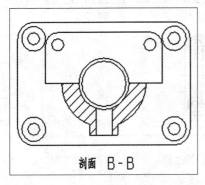

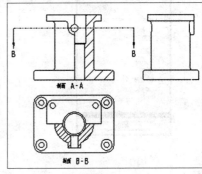

图 10‑44　　　　　　图 10‑45　　　　　　图 10‑46

8. 编辑左视图

双击左视图,系统弹出"绘图视图"对话框。在"类别"栏中选取"剖面",在"剖面选项"栏中选取"2D 截面"选项,点击窗口中的 ✦(将横截面添加到视图)按钮,在其下面的"名称"栏内选取截面"C","剖切区域"栏内设定为"完全"(即创建全剖视图),如图 10‑47所示。单击"应用"按钮得到如图 10‑47 所示全剖左视图。

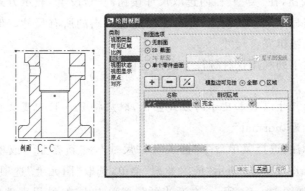

图 10‑47

9. 创建零件轴线

(1)选择菜单命令"视图"→"显示及拭除"命令,弹出"显示及拭除"对话框,单击按钮,在"类型"栏内选取轴按钮 ⊷ᴬˡ,设定"显示方式"选项为"视图",如图 10 - 48 所示。分别单击三个视图,并依次单击"选取"菜单中的"确定"按钮,完成轴线的创建。对创建的轴线进行一定的编辑(删除、拉长和缩短相应轴线),结果如图 10 - 49 所示。

提示:

选取轴线,单击右键,在弹出的快捷菜单内可通过"拭除"命令删除轴线。

图 10 - 48

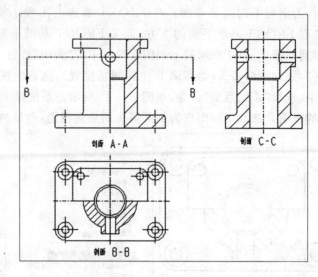

图 10 - 49

(2)在绘图区单击鼠标右键,在弹出的快捷菜单内取消"锁定视图移动"选项。然后移动视图到适当的位置,再锁定移动视图。

10. 无公差尺寸的标注

在 Pro/E 中标注尺寸的方式有两种:一种是由系统根据模型的实际尺寸自动创建尺寸,另一种方式是手动创建尺寸。也可以结合使用这两种方式进行尺寸标注。

(1)自动标注:选择菜单命令"视图"→"显示及拭除",系统弹出"显示及拭除"对话框,单击 显示 按钮,在"类型"栏内选取尺寸按钮 ⊢¹·²⁻ᴵ,设定"显示方式"选项为"视图",在绘图区选取所需显示尺寸的视图,即可显示此视图内的所有尺寸。但自动标注常常不理想,要通过修改、编辑完善尺寸。

(2)手动标注:下列利用这种标注方式进行讲解。

提示:

若要使标注的尺寸以基本尺寸的方式显示,则应将 Pro/E 配置文件 config. pro 内的参数"tol_mode"设为"normal"。

①视图尺寸标注:选择菜单命令"插入"→"尺寸"→"新参照",或单击工具栏中的命令图标 ⊢·ᴵ。弹出如图 10 - 50 所示"依附类型"菜单,选取"图元上"选项,左键选取支架的上底边和下底边,如图 10 - 51 所示,在适当的位置单击中键,结果零件高度尺寸标注如图 10 - 52 所示。(提示:手动标注的方法与草绘状态下标注尺寸方法一样)

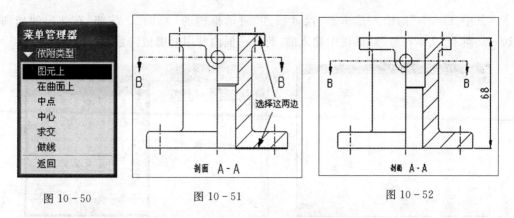

图 10-50　　　　　　图 10-51　　　　　　图 10-52

②标注零件其他尺寸后的结果如图 10-53 所示。

③箭头反向:选取尺寸 $\phi 8,\phi 6,14,10$,单击右键,选取快捷菜单中的"反向箭头"命令,即可得到如图 10-54 所示图形。

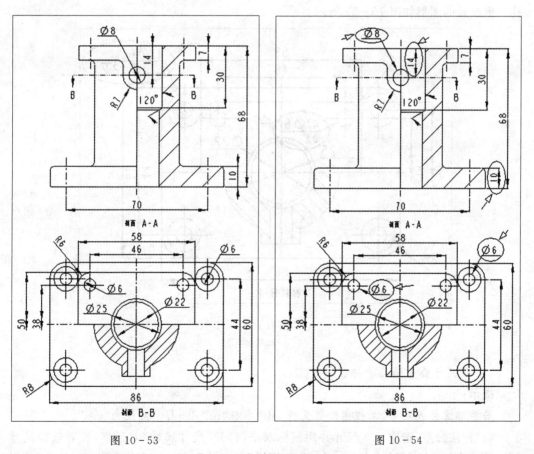

图 10-53　　　　　　　　　　　　　　　图 10-54

(4)文字修改:修改尺寸 $\phi 6$,双击尺寸 $\phi 6$,打开"尺寸属性"对话框(或者选择尺寸 $\phi 6$,单击右键选取"属性"命令),选择"尺寸文本"选项卡,如图 10-55 所示。对话框中有文本输入"前缀"、"后缀"以及"文本符号"按钮等选项。在文本框内输入如图 10-56 所示的文字。其中"⊔∅12▽2"的输入是单击"尺寸属性"对话框内的 文本符号 按钮，在弹出的如图10-56所示"文本符号"对话框中输入的，此对话框内常用的机械符号都可以找到。

图 10-55

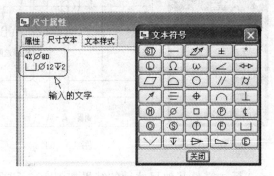

图 10-56

　　(5)用同样的方法，在另一∅6尺寸前面加入前级"4×"，回车，在下一行中输入"通孔"，更改后的图形如图10-57所示。

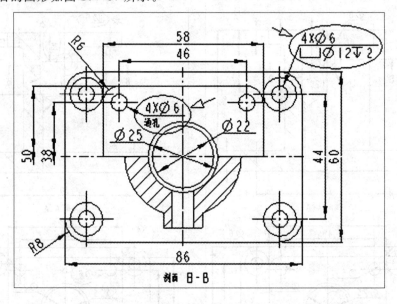

图 10-57

11. 带尺寸公差的尺寸标注

提示:

　　若要标注公差尺寸，工程图配置文件.dtl参数"tol_display"应设为"yes"。

　　(1)标注公差:选取∅25尺寸并用鼠标双击，打开"尺寸属性"对话框(或者选择尺寸∅25，单击右键选取"属性"命令)，在"公差模式"栏中选取"加_减"选项，在"小数位数"栏中将小数位数改为"3"，在"上公差"栏中输入"0.025"，在"下公差"栏中输入"0"，如图10-58所示。单击"尺寸属性"对话框"确定"按钮，完成∅25尺寸公差的标注，如图10-59所示。

图 10-58

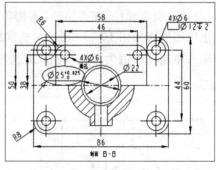

图 10-59

12. 标注表面粗糙度

(1)调用系统提供的表面粗糙度:选择菜单命令"插入"→"表面光洁度",系统弹出"得到符号"菜单,在菜单中选择"检索"选项,系统弹出"打开"对话框,在"打开"对话框中双击 machined 文件夹,在打开的文件夹中选择"standard1. sym"文件,然后单击"打开"按钮,如图 10-60 所示。

(2)在系统弹出的"实例依附"菜单,选择"图元"选项,如图 10-61 所示。

图 10-60

图 10-61

(3)在主视图用鼠标左键选择如图 10-62 所示的轮廓线作为表面粗糙度的放置位置,并在弹出的信息栏中输入粗糙度的值为"1.6",然后单击"选取"菜单中的"确定"命令,完成第一次标注,如图 10-63 所示。

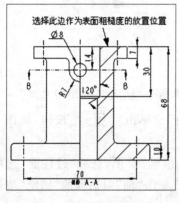

图 10-62

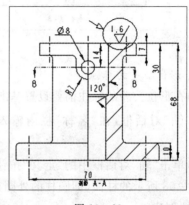

图 10-63

（4）继续粗糙度标注，在弹出的"实例依附"菜单中选择"法向"选项，如图 10-61 所示。在主视图选择如图 10-64 所示的轮廓线作为表面粗糙度的放置位置，并在弹出的信息栏中输入粗糙度的值为"1.6"，完成此次标注，如图 10-65 所示。

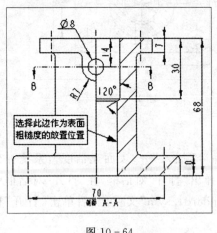

图 10-64

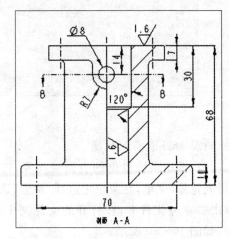

图 10-65

（5）继续粗糙度标注，如图 10-66 所示。

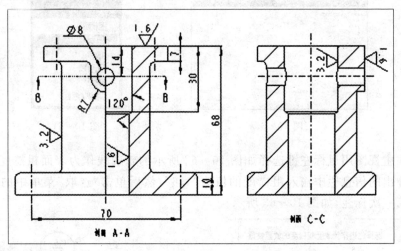

图 10-66

13. 形位公差的标注

（1）在形位公差的标注前要设置基准，选择菜单命令"插入"→"模型基准"→"轴"，系统弹出"轴"对话框，在"名称"栏内输入 V，"类型"栏单击 ─A─ 按钮，如图 10-67 所示。

（2）单击"轴"对话框中的"定义"按钮，弹出"基准轴"菜单，选取"过柱面"选项，选择如图 10-68 所示的柱面（即圆柱的外圆柱面），然后单击"轴"对话框的"确定"按钮，即可完成轴的创建。

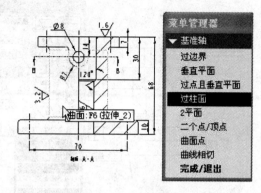

图 10 - 67　　　　　　　　　　　　　　　　图 10 - 68

　　(3)选择菜单命令"插入"→"几何公差",弹出"几何公差"对话框,单击垂直度 $\boxed{\perp}$ 按钮,如图 10 - 69 所示。

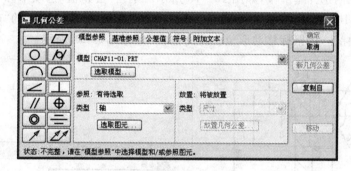

图 10 - 69

　　(4)单击"选取图元"按钮,选取刚刚创建的基准轴 V,如图 10 - 70 所示。

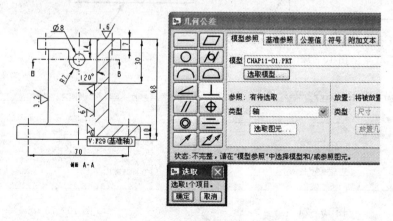

图 10 - 70

　　(5)在"放置"栏内的"类型"选项中,选择"带引线"选项,接着选取如图 10 - 71 所示的边作为形位公差引线引出位置,选取后单击"依附类型"菜单的"完成"命令,系统提示选取形位公差放置位置,在图形适当位置的单击一下。形位公差标注如图 10 - 72 所示。

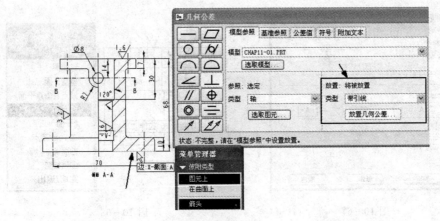

图 10-71

(6)双击刚创建的形位公差,系统再次弹出"几何公差"对话框,单击"基准参照"选项卡,在"基本"栏内选择基准 V,如图 10-73 所示。单击"公差值"选项卡和"符号"选项卡设定参数如图 10-74 和图 10-75 所示。然后单击"几何公差"对话框的"确定"按钮,完成形位公差的标注,用鼠标移动形位公差的位置至如图 10-76 所示。

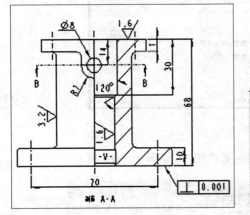

图 10-72

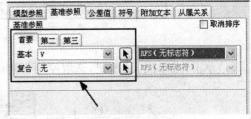

图 10-73

图 10-74

图 10-75

14. 书写技术要求

(1)选择菜单命令"插入"→"注释",在弹出的"注释类型"菜单中接受系统默认的所有选项,单击"制作注释",系统要求给出注释的位置,在图纸的右下角空白处单击确认文字的放置位置,在上方的信息栏中输入文字:"技术要求",回车,再继续输入:"所有未注

倒圆角均为 *R2*",如图 10 - 77 所示,连续两次回车,完成注释的输入。

(2)双击刚创建的注释文字,弹出"注释属性"对话框。选择"文本样式"选项卡,取消勾选的文字高度位缺省,改为 6。如图 10 - 78 所示。适当移动注释,完成注释的修改。

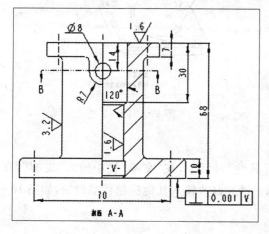

图 10 - 76

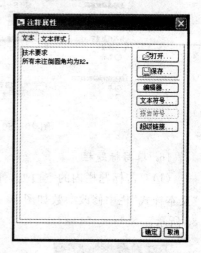

图 10 - 77

15. 增加轴测图

(1)选择菜单命令"插入"→"绘图视图"→"一般",在图纸的右下角空白处单击作为图形放置位置,系统弹出的"绘图视图"对话框,在"缺省方向"栏中选择"用户定义"选项,在下方的"X 角度"栏输入角度值"45",在"Y 角度"栏输入角度值"-30",如图 10 - 79 所示。

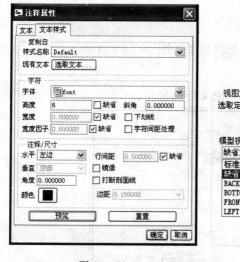

图 10 - 78

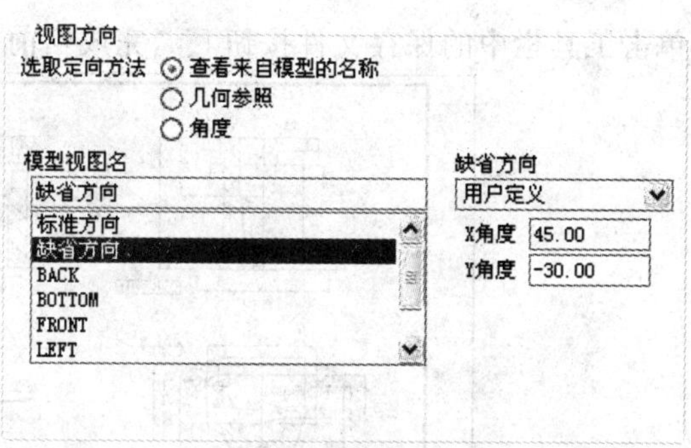

图 10 - 79

(2)在"绘图视图"对话框"类别"栏中的"视图显示"选项卡内,设置"显示线型"栏中为"无隐藏线","相切边显示样式"栏中为"实线",如图 10 - 80 所示。单击对话框的"确定"按钮,完成轴测图的加入。适当的移动轴测图的位置,如图 10 - 81 所示。

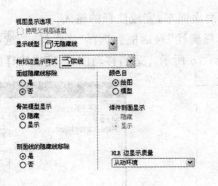

图 10-80   图 10-81

16. 填写标题栏

(1)双击标题栏内的空白处,弹出"注释属性"对话框,在"文本"栏中输入"支架",在"文本样式"栏中修改参数如图 10-82 所示。继续修改输入其他标题栏空白处,如图 10-83 所示。

图 10-82   图 10-83

至此,一张完整的零件工程图绘制完毕,最终结果如图 10-84 所示。

17. 保存文件

单击工具栏中的保存文件按钮 ▣,完成当前文件的保存。

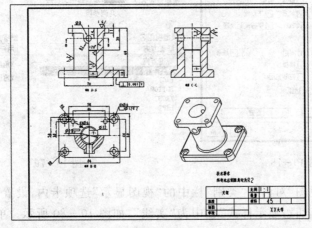

图 10-84

10.5　工程图图形的其他创建方法

10.5.1　局部剖视图、断面图及局部放大图的创建

下面通过一个实例来介绍局部剖视图、断面图及局部放大图的创建的具体方法。

1. 创建剖面

(1)打开配书光盘"chap10"文件夹中的"chap10-02.prt"模型文件。

(2)单击菜单"视图"→"视图管理器"命令或在工具栏中单击"视图管理器"按钮🖦，选取"X 截面"选项，单击"新建"按钮，分别创建截面 A、截面 B、截面 C。(提示：选取 FRONT 基准平面作为剖截平面创建截面 A，如图 10-85 所示。选取 DTM2 基准平面作为剖截平面创建截面 B，如图 10-86 所示。选取 DTM3 基准平面作为剖截平面创建截面 C，如图 10-87 所示。)

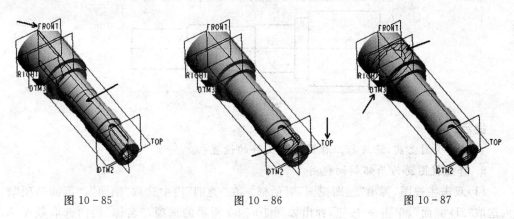

图 10-85　　　　　　　　　图 10-86　　　　　　　　　图 10-87

2. 工程图设计界面的进入

单击工具栏中的新建按钮 📄，在类型栏中选择"绘图"，输入文件名"chap10-02"。单击"确定"按钮，在"新制图"对话框中确定"缺省模型"栏中要创建工程图的三维模型为"chap10-02.prt"。"指定模板"栏中选择"格式为空"选项，单击格式样右侧的"浏览"按钮，在打开窗口中调入配盘文件夹"chap10"内的"a3.frm"标准图纸，单击"新制图"对话框的"确定"按钮，进入绘图设计界面，界面内 A3 大小图纸已调入。

3. 更改图纸的全局比例

在绘图设计界面的左下角双击的 比例:1.000 文字，信息栏提示↳输入比例的值时，在信息文本框内输入全局比例为 2，按回车结束比例输入。

4. 创建主视图

(1)选择菜单命令"插入"→"绘图视图"→"一般"，或者在主绘图区空白处单击右键，在弹出的快捷菜单中选取"插入普通视图"命令，系统提示选择放置视图的位置，在绘图

区合适位置单击左键,确定放置位置。系统此时弹出"绘图视图"对话框。

(2)接受系统默认的"查看来自模型的名称"选项,在模型视图名中双击"FRONT",单击"应用"按钮。选择"绘图视图"对话框中"类别"栏中的"视图显示"选项,在"显示线型"栏中选择"无隐藏线",在"相切边显示样式"栏中选择"无",单击"确定"按钮,即可得到如图 10-88 所示的主视图。

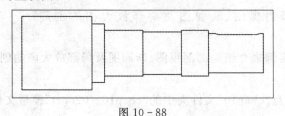

图 10-88

5. 创建零件轴线

选择菜单命令"视图"→"显示及拭除"命令,弹山"显示及拭除"对话框,单击 显示 按钮,在"类型"栏内选取轴按钮 ⋯A⋯,单击"显示方式"栏中的"显示全部"按钮,在弹出的"确定"对话框内单击"是"按钮,即得到如图 10-89 所示轴线。

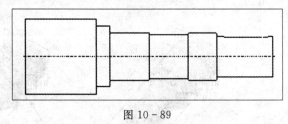

图 10-89

提示:

在创建视图之前,请进行工程图配置文件的设置。

6. 将主视图变为局部剖切视图

(1)双击主视图,弹出"绘图视图"对话框。在"类别"栏中选取"剖面","剖面选项"栏内选取"2D 截面",单击 + 按钮,弹出如图 10-90 所示的选项,"名称"栏内选取截面 A,"剖切区域"栏选取为"局部"。

(2)系统提示选择一点作为局部剖的中心点,在如图 10-91 所示的位置点击一点,系统提示用样条曲线将要剖视的区域封闭起来,在主视图上绘制如图 10-92 所示的样条曲线。单击"确定"按钮,完成局部剖视图的创建,如图 10-93 所示。

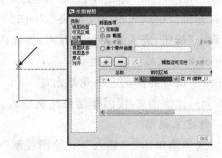

图 10-90　　　　　　　　图 10-91

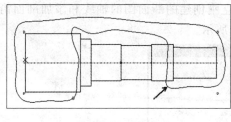

图 10 - 92

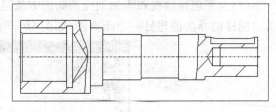

图 10 - 93

(3)在"剖面 A－A"文字上单击右键,在快捷菜单上选择"拭除"命令,拭除文字"剖面 A－A"。

(4)当前剖面线间距太大,可以双击剖面线,系统弹出"修改剖面线"菜单,在"修改剖面线"菜单中,单击"间距"命令,在弹出的"修改模式"下拉菜单中单击"值",在出现的"输入间距值"文本框中输入间距值为6。修改剖面线后的图形如图 10 - 94 所示。

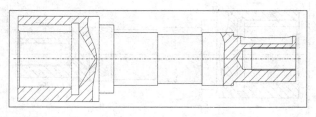

图 10 - 94

7. 创建断面图

(1)选择菜单命令"插入"→"绘图视图"→"一般",系统提示选择放置视图的位置,在图纸合适位置单击左键,确定放置位置。系统弹出"绘图视图"对话框。

(2)在"视图方向"栏内选择"几何参照","参照 1"栏内选择"前面",选取 DTM2 基准平面作为参照 1,"参照 2"栏内选择"顶",选取 TOP 基准平面作为参照 2,如图 10 - 95 所示,单击"应用"按钮。选择"绘图视图"对话框中"类别"栏中的"视图显示"选项,在"显示线型"栏中选择"无隐藏线",在"相切边显示样式"栏中选择"无",单击"确定"按钮,即可得到如图 10 - 96 所示的视图。

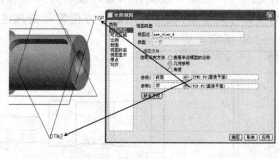

图 10 - 95

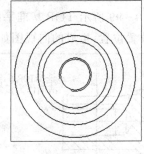

图 10 - 96

(3)双击刚创建的视图,弹出"绘图视图"对话。在"类别"栏中选取"剖面","剖面选项"栏内选取"2D 截面",单击 ＋ 按钮,"名称"栏内选取截面 B,"剖切区域"栏为"完全","模型边可见性"选取"区域",如图 10 - 97 所示。

(4)参照创建轴线和添加剖面箭头的方法建立刚创建的断面图的轴线和添加剖面箭头。同样的办法创建另一个断面图,如图 10-98 所示。

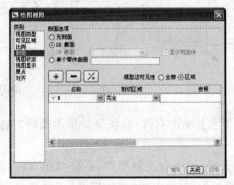

图 10-97

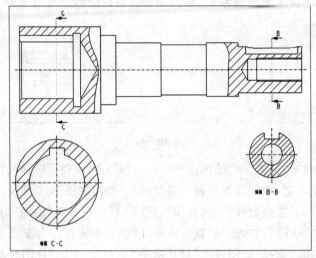

图 10-98

8. 生成并编辑向视图

(1)选择菜单命令"插入"→"绘图视图"→"辅助",系统提示选择投影方向参照,选取如图 10-99 所示 TOP 基准平面作为投影方向参照,在主视图的下方位置单击选定向视图的放置位置,生成的向视图如图 10-100 所示。

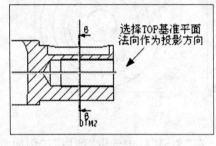

图 10-99

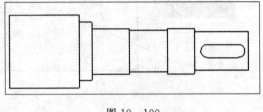

图 10-100

(2)双击刚创建的向视图,弹出"绘图视图"对话框。在"类别"栏中选取"剖面","剖面选项"栏内选取"单个零件曲面"选项,在向视图上选择如图 10 - 101 所示斜平面作为显示对象,单击"确定"按钮,结果如图 10 - 102 所示。并将向视图移动到合适位置。

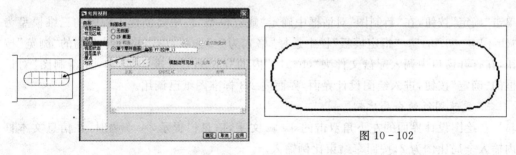

图 10 - 101

图 10 - 102

9. 标注尺寸

将视图拖动到适当的位置,标注尺寸,加上技术要求等,最终结果如图 10 - 103 所示。

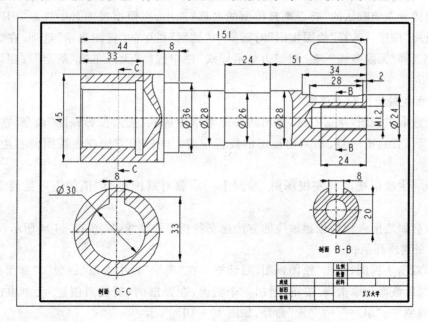

图 10 - 103

10. 保存文件

单击工具栏中的保存文件按钮 ▣ ,完成当前文件的保存。

10.5.2　阶梯剖视图的创建

下面通过一个实例来介绍阶梯剖视图创建的具体方法。

1. 打开三维模型

打开配书光盘"chap10"文件夹中的"chap10 - 03. prt"模型文件。

2. 工程图设计界面的进入

单击工具栏中的新建按钮 □ ，在类型栏中选择"绘图"，输入文件名"chap10 - 03"。单击"确定"按钮，在"新制图"对话框中确定"缺省模型"栏中要创建工程图的三维模型为"chap10 - 03. prt"。"指定模板"栏中选择"格式为空"选项，单击格式样右侧的"浏览"按钮，在打开窗口中调入配盘文件夹"chap10"内的"a3. frm"标准图纸，单击"新制图"对话框的"确定"按钮，进入绘图设计界面，界面内 A3 标准图纸已调用。

3. 更改图纸的全局比例

在绘图设计界面的左下角双击的 比例:1.000 文字，信息栏提示 ⇨ 输入比例的值 时，在信息文本框内输入全局比例为 2，按回车结束比例输入。

4. 创建主视图

(1)选择菜单命令"插入"→"绘图视图"→"一般"，系统提示选择放置视图的位置，在绘图区合适位置单击左键，确定放置位置。系统此时弹出"绘图视图"对话框。

(2)接受系统默认的"查看来自模型的名称"选项，在模型视图名中选取"FRONT"，单击"应用"按钮。选择"绘图视图"对话框中"类别"栏中的"视图显示"选项，在"显示线型"栏中选择"无隐藏线"，在"相切边显示样式"栏中选择"无"，单击"确定"按钮，即可得到主视图。

5. 生成俯视图和左视图

(1)选取主视图，单击右键，弹出的快捷菜单中选取"插入投影视图"命令，在主视图下方适当位置点击一点，作为俯视图的放置位置。同样的方法在主视图的右边创建左视图。

提示：生成俯视图和左视图时，参照上一步骤对视图进行"消隐不可见轮廓线"的操作。

(2)参照之前介绍的创建轴线的方法建立各视图的轴线，如图 10 - 104 所示。

6. 创建阶梯剖视图

(1)双击主视图，弹出"绘图视图"对话框。在"类别"栏中选取"剖面"，"剖面选项"栏内选取"2D 截面"，单击 + 按钮，增加一个截面，在弹出的"剖截面创建"菜单中选择"偏距"→"双侧"→"单一"→"完成"命令，如图 10 - 105 所示，

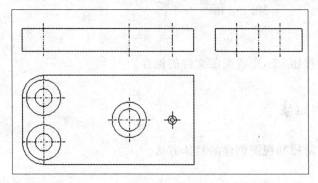

图 10 - 104

图 10 - 105

（2）在信息栏中输入截面的名称"A"，按回车键，系统自动进入零件的三维设计模块，在弹出的"设置草绘平面"菜单中，选择零件的上表面作为草绘平面，单击"正向"→"缺省"选项，系统进入草绘界面，在视图中绘制如图 10 - 106 所示的三条直线，单击草绘工具栏内的 ✓ 按钮，完成截面的绘制，退出草绘界面。

（3）系统自动回到工程图界面，单击"绘图视图"对话框的"确定"按钮。完成主视图更改为部视的操作。再次选取主视图，单击右键，在弹出的快捷菜单中选取"添加箭头"命令，单击选取俯视图，完成剖面箭头的添加，结果如图 10 - 107 所示。

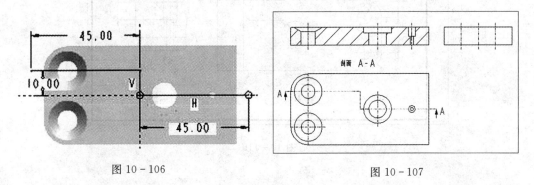

图 10 - 106

图 10 - 107

7. 创建局部放大图

选择菜单命令"插入"→"绘图试图"→"详细"，系统提示：在一现有主视图上选取要查看细节的中心点，单击如图 10 - 108 所示点，并用样条曲线把要放大的区域框选，接着系统提示选择放置的位置，在适当的位置单击，即可完成局部放大图，如图 10 - 109 所示。

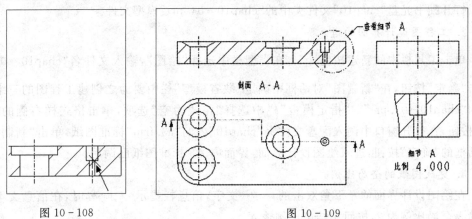

图 10 - 108

图 10 - 109

8. 标注尺寸

参照之前介绍的标注尺寸的方法，完成工程图绘制，结果如图 10 - 110 所示。

9. 保存文件

单击工具栏中的保存文件按钮 ▱，完成当前文件的保存。

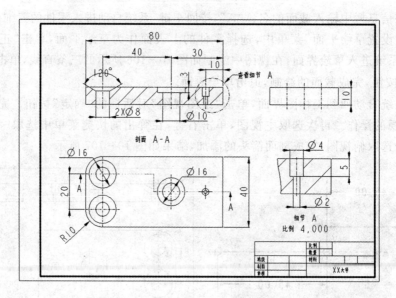

图 10 - 110

10.5.3　创建旋转剖视图

下面通过一个实例来介绍旋转剖视图创建的具体方法。

1. 打开三维模型

打开配书光盘"chap10"文件夹中的"chap10 - 04. prt"模型文件。

2. 工程图设计界面的进入

单击工具栏中的新建按钮 ▢，在类型栏中选择"绘图"，输入文件名"chap10 - 04"。

单击"确定"按钮，在"新制图"对话框中确定"缺省模型"栏中要为之创建工程图的三维模型为"chap10 - 04. prt"。"指定模板"栏中选择"格式为空"选项，单击格式样右侧的"浏览"按钮，在打开窗口中调入配盘文件夹"chap10"内的"a3. frm"标准图纸，单击"新制图"对话框的"确定"按钮，进入绘图设计界面，界面内 A3 标准图纸已调用。

3. 更改图纸的全局比例

在绘图设计界面的左下角双击的 比例:1.000 文字，信息栏提示⇨ 输入比例的值 时，在信息文本框内输入全局比例为 2，按回车结束比例输入。

4. 创建俯视图

（1）选择菜单命令"插入"→"绘图视图"→"一般"，系统提示选择放置视图的位置，在绘图区合适位置单击左键，确定放置位置。系统此时弹出"绘图视图"对话框。

（2）接受系统默认的"查看来自模型的名称"选项，在模型视图名中选取"TOP"，单击"应用"按钮。选择"绘图视图"对话框中"类别"栏中的"视图显示"选项，在"显示线型"栏中选择"无隐藏线"，在"相切边显示样式"栏中选择"无"，单击"确定"按钮，即可得到俯视图。

5. 生成主视图

选取刚创建的视图,单击右键,弹出的快捷菜单中选取"插入投影视图"命令,在主视图上方适当位置点击一点,作为主视图的放置位置。参照上一步骤对视图进行"消隐不可见轮廓线"的操作。生成主视图,如图 10-111 所示。

6. 生成阶梯剖视图

(1)双击主视图,弹出"绘图视图"对话框。在"类别"栏中选取"剖面","剖面选项"栏内选取"2D 截面",单击 **+** 按钮,增加一个截面,在弹出的"剖截面创建"菜单中选择"偏距"→"双侧"→"单一"→"完成"命令。

(2)在信息栏中输入截面的名称"A",按回车键,系统自动进入零件的三维设计模块,在弹出的"设置草绘平面"菜单中,选择零件的上表面作为草绘平面,单击"正向"→"缺省"选项,系统进入草绘界面,在视图中绘制如图 10-112 所示的两条直线,单击草绘工具栏内的 ✔ 按钮,完成截面的绘制,退出草绘界面。

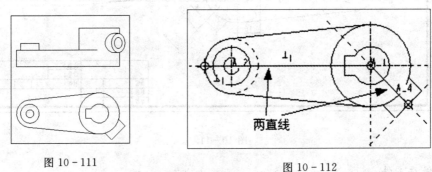

图 10-111   图 10-112

(3)系统自动回到工程图界面,在"剖切区域"栏内选择"全部(对齐)","参照"栏内选择"A_1"轴,如图 10-113 所示,单击"绘图视图"对话框的"确定"按钮。完成主视图更改为剖视的操作。

(4)再次选取主视图,单击右键,在弹出的快捷菜单中选取"添加箭头"命令,单击选取俯视图,完成剖面箭头的添加,如图 10-114 所示。

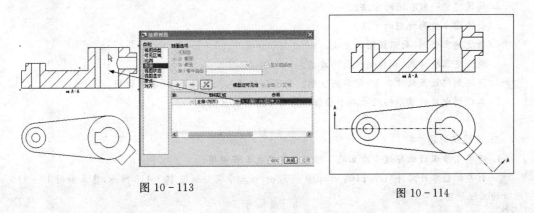

图 10-113   图 10-114

(5)加上轴测图,插入轴线,标注尺寸,完成零件工程图的绘制,结果如图 10-115 所示。

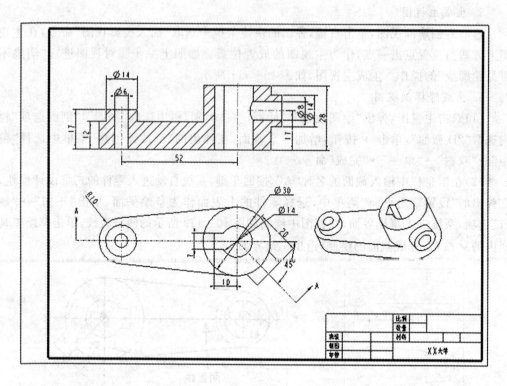

图 10-115

7. 保存文件

单击工具栏中的保存文件按钮 🖫 ，完成当前文件的保存。

思考与练习

一、思考题

1. 简述建立一个纵向的 A2 样式的工程图文件的步骤。

2. 简述建立一般视图的方法。

3. 简述建立投影视图的方法。

4. 简述建立全剖、局部视图的方法。

5. 简述建立阶梯剖、旋转剖视图的方法。

6. 简述如何设置尺寸公差，请举例说明。简述如何插入几何公差，请举例说明。

7. 工程图中自动显示的尺寸与手动标注的尺寸有什么区别？

二、上机练习题

1. 将第 4 章课后练习题 4 建立的三维模型转换成工程视图。

2. 打开配盘零件文件"\chap10\ chap10-05.prt"，三维模型如图 10-116 所示，建立如图 10-116 所示的工程视图。

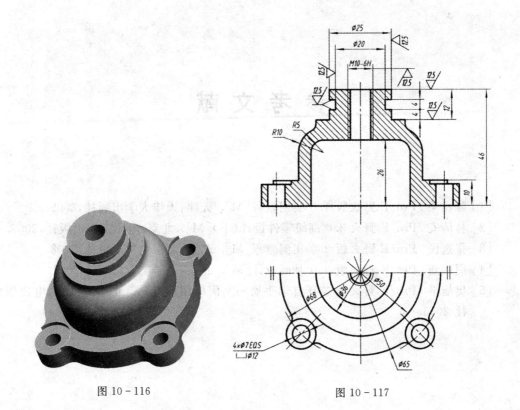

图 10 - 116

图 10 - 117

参 考 文 献

[1] 陈建荣.Pro/E 野火版 4.0 实用教程[M]. 天津：天津大学出版社,2009.

[2] 林清安.Pro/E 野火 3.0 高级零件设计（下）[M]. 北京：电子工业出版社,2006.

[3] 张选民.Pro/E 野火版 3.0 实例教程[M]. 北京：北京大学出版社,2008.

[4] 周四新.Pro/E 野火版 3.0 基础设计[M]. 北京.电子工业出版社 2007.

[5] 樊旭平.Pro/E 野火版 3.0 自学手册—实例应用篇[M]. 北京：人民邮电出版社 2006.